CG设计案例课堂

Premiere Pro CC视频编辑
案例课堂（第2版）

温培利　编著

清华大学出版社

北 京

内 容 简 介

Adobe Premiere Pro CC是Adobe公司推出的一款非常优秀的视频编辑软件，它以其编辑方式简便实用、对素材格式支持广泛等优势，得到众多视频编辑工作者和爱好者的青睐。

本书通过讲解220个具体实例，阐述如何使用Premiere Pro CC 2017制作高品质的影视作品。读者通过对这些实例的学习，可以举一反三，一定能够由此掌握影视动画制作与编辑的精髓。

本书按照软件功能以及实际应用进行结构划分，各章的实例在编排上循序渐进，其中既有打基础、筑根基的例子，又不乏综合创新的例子。本书的特点是把Premiere Pro CC 2017的知识点融入到实例中，读者可以从实例中学到视频剪辑基础、视频特效、视频过渡效果、字幕制作技巧、编辑音频、影视特技编辑、影视调色技巧、影视照片处理技巧等，以及相机广告片头、环保宣传广告、儿童电子相册、电影预告片头、婚礼片头、旅游短片欣赏、公益活动、企业宣传片头、感恩父母短片、交通警示录、房地产宣传动画等不同专业影视动画片头的制作方法。

本书内容丰富，语言通俗，结构清晰，面向初、中级读者。本书既可供从事多媒体设计、影像处理、婚庆礼仪制作的人员阅读，也可以作为大中专院校相关专业、相关计算机培训班的上机指导教材。

图书在版编目(CIP)数据

Premiere Pro CC视频编辑案例课堂 / 温培利编著. —2版. —北京：清华大学出版社，2018 (2022.7 重印)
(CG设计案例课堂)
ISBN 978-7-302-48849-1

Ⅰ. ①P··· Ⅱ. ①温··· Ⅲ. ①视频编辑软件 Ⅳ. ①TN94

中国版本图书馆CIP数据核字(2017)第287737号

责任编辑：张彦青
装帧设计：李　坤
责任校对：王明明
责任印制：杨　艳

出版发行：清华大学出版社
　　　　网　　　址：http://www.tup.com.cn，http://www.wqbook.com
　　　　地　　　址：北京清华大学学研大厦A座　　　邮　　　编：100084
　　　　社 总 机：010-83470000　　　　邮　　　购：010-62786544
　　　　投稿与读者服务：010-62776969，c-service@tup.tsinghua.edu.cn
　　　　质量反馈：010-62772015，zhiliang@tup.tsinghua.edu.cn
印 装 者：北京嘉实印刷有限公司
经　　销：全国新华书店
开　　本：203mm×260mm　　　印　　张：24.25　　　字　　数：590千字
　　　　　（附DVD 1张）
版　　次：2015年1月第1版　　2018年1月第2版　　　印　　次：2022年7月第8次印刷
定　　价：98.00元

产品编号：074481-01

1. Premiere Pro CC 2017 简介

Adobe Premiere Pro CC 是 Adobe 公司推出的一款非常优秀的视频编辑软件，它以其编辑方式简便实用、对素材格式支持广泛等优势，得到众多视频编辑工作者和爱好者的青睐。Premiere Pro CC 的功能比其以前的版本更加强大，不仅可以在计算机上编辑、观看多种文件格式的电影，还可以实时预览，具有多重嵌套的时间线窗口以及包含环绕声效果的全新的声音工具、内置的 YUV 调色工具，强有力的 Photoshop 文件处理能力、图像波形和矢量显示器、全新的更加方便的控制窗口和面板，而且可以全部自定义快捷键；不仅可以通过外部设备进行电影素材的采集，还可以将作品输出到录影带，尤其可以直接输出制作 DVD。同时，Premiere Pro CC 还具有强大的字幕编辑功能，完全可以创建广播级的字幕效果。

2. 本书的特色以及编写特点

本书以 220 个特效设计的实例详细介绍了 Premiere Pro CC 的强大图像处理及图形绘制等功能。本书注重理论与实践紧密结合，实用性和可操作性强。相对于同类 Premiere 实例书籍，本书具有以下特色：

● 信息量大：220 个实例可以为读者架起一座快速掌握 Premiere Pro CC 的使用与操作的"桥梁"；220 种设计理念可以让从事影视设计的专业人士在工作中灵感迸发；220 种艺术效果和制作方法可以使初学者融会贯通、举一反三。

● 实用性强：220 个实例经过精心设计、选择，不仅效果精美，而且非常实用。

● 注重方法的讲解与技巧的总结：本书特别注重对实例制作方法的讲解与技巧总结，在介绍具体实例制作的详细操作步骤的同时，对于一些重要而常用的实例的制作方法和操作技巧做了较为精辟的总结。

● 操作步骤详细：书中实例的操作步骤介绍非常详细，即使是初级入门的读者，只要一步一步按照书中介绍的步骤进行操作，也一定能做出相同的效果。

● 适用广泛：本书实用性和可操作性强，适用于广告设计、影视片头包装、网页设计等行业的从业人员和广大的计算机图形图像处理爱好者阅读参考，也可供各类电脑培训班作为教材使用。

3. 海量的学习资源和素材

本书附带一张 DVD 教学光盘，内容包括本书所有素材文件、场景文件、效果文件、多媒体有声视频教学录像，读者在读完本书内容以后，可以调用这些资源进行深入练习。

素材文件

场景文件

效果文件

视频教学

4. 本书案例视频教学录像观看方法

视频教学录像观看方法

5. 其他说明

一本书的出版可以说凝结了许多人的心血、凝聚了许多人的汗水和思想。在这里衷心感谢在本书出版过程中给予我帮助的张彦青老师，以及为这本书付出辛勤劳动的编辑老师、光盘测试老师，感谢你们！

本书主要由德州职业技术学院的张倩和刘影老师编写，同时参与本书编写的还有：刘蒙蒙、任大为、高甲斌、吕晓梦、孟智青、徐文秀、赵鹏达、于海宝、王玉、李娜、刘晶、王海峰、刘峥、陈月娟、陈月霞、刘希林、黄健、刘希望、黄永生、田冰、徐昊、张锋、相世强和弭蓬，白文才、刘鹏磊录制多媒体教学视频，其他参与编写的还有北方电脑学校的温振宁、刘德生、宋明、刘景君老师，感谢深圳的苏利和北京的张树涛为本书提供了大量的图像素材以及视频素材，谢谢你们在书稿前期材料的组织、版式设计、校对、编排以及大量图片的处理所做的工作。

本书总结了作者从事多年影视编辑的实践经验，目的是帮助想从事影视制作工作的广大读者迅速入门并提高学习和工作效率，同时对有一定视频编辑经验的朋友也有很好的参考作用。由于时间仓促，疏漏之处在所难免，恳请读者和专家指教。如果您对书中的某些技术问题持有不同的意见，欢迎与作者联系，E-mail：Tavili@tom.com。

编　者

书目名称：Premiere Pro CC 视频编辑案例课堂（第二版）

软件版本：Premiere Pro CC 2017

隶属系列：案例课堂

作者署名：温培利

案例数量：220

目 录

Contents

总 目 录

第1章

视频剪辑基础

第 5 章
编辑音频

第 6 章
影视效果编辑

第 7 章
影视调色技巧

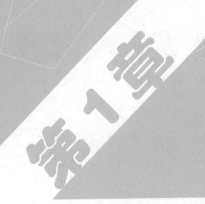

第1章

视频剪辑基础

本章重点

- 视频素材以及序列图像的导入
- 源素材的插入与覆盖
- 删除影片的编辑及剪辑
- 视音频的链接设置

- 设置关键帧以及改变素材的属性
- 剪辑素材并预览输出
- 视频格式的转换

Premiere Pro CC 2017 是美国 Adobe 公司出品的视音频非线性编辑软件。该软件功能强大，开放性很好，能够适用于任何影视后期制作环境，广泛应用于影视后期制作领域。

案例精讲 001　安装 Premiere Pro CC 2017

安装 Premiere Pro CC 2017 需要 64 位操作系统，安装 Premiere Pro CC 2017 软件的方法非常简单，只需根据提示便可轻松完成安装，具体操作步骤如下。

> 素材：无
> 场景：无
> 视频：视频教学 \ Cha01 \ 安装 Premiere Pro CC 2017.avi

(1) 首先将网络禁用或拔出网线，将 Premiere Pro CC 2017 的安装光盘放入计算机的光驱中，双击 Set-up.exe 文件，运行安装程序，首先进行初始化，如图 1-1 所示。

(2) 弹出如图 1-2 所示的界面说明正在安装 Premiere Pro CC 2017 软件。

(3) 选择【开始】|【所有程序】| Premiere Pro CC 2017 选项并右击，在快捷菜单中选择【发送到】|【桌面快捷方式】命令，如图 1-3 所示，即可在桌面创建 Premiere Pro CC 2017 快捷方式。

图 1-1　初始化界面　　　　图 1-2　安装进度　　　　图 1-3　选择【桌面快捷方式】命令

 案例精讲 002　卸载 Premiere Pro CC 2017【视频案例】

卸载 Premiere Pro CC 2017 的方法有两种，一种方法是通过【控制面板】卸载，另外一种方法是通过 360 软件管家卸载。

> 素材：无
> 场景：无
> 视频：视频教学 \ Cha01 \ 卸载 Premiere Pro CC 2017.avi

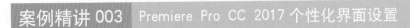

案例精讲 003 Premiere Pro CC 2017 个性化界面设置

本例讲解如何设置界面亮度，具体操作步骤如下。

素材：无

场景：无

视频：视频教学 \ Cha01 \ Premiere Pro CC 2017 个性化界面设置.avi

---

(1) 启动 Premiere Pro CC 2017，在菜单栏中执行【编辑】|【首选项】|【外观】命令，如图 1-4 所示。

(2) 弹出【首选项】对话框，在【亮度】选项下拖动●按钮，调整工作界面的亮度，之后单击【确定】按钮，如图 1-5 所示。

(3) 返回至工作界面，即可看到改变后的效果，如图 1-6 所示。

图 1-4　执行【外观】命令

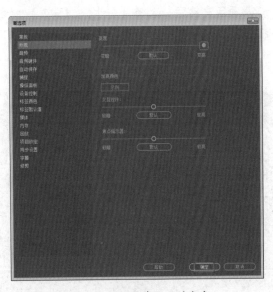

图 1-5　调整工作界面的亮度

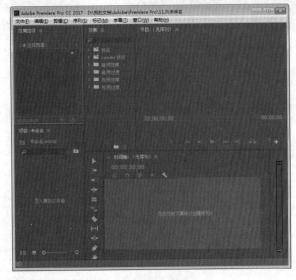

图 1-6　更改界面后的效果

案例精讲 004 导入视频素材

　　素材的导入，主要是指将已经存储在计算机硬盘中的素材导入【项目】面板，它相当于一个素材仓库，编辑视频时所用的素材都放在其中，具体操作步骤如下。

> 案例文件：CDROM \ 场景 \ Cha01 \ 导入视频素材.prproj
>
> 视频文件：视频教学 \ Cha01 \ 导入视频素材.avi

　　(1) 在进行视频素材导入之前需要先创建项目文件，安装 Premiere Pro CC 2017 软件后，双击桌面方式上的快捷方式图标，进入欢迎界面，如图 1-7 所示。

　　(2) 单击【新建项目】按钮，进入【新建项目】对话框中，选择项目保存的位置，并对项目进行命名，然后单击【确定】按钮，如图 1-8 所示。

　　(3) 新建项目文件后，选择【文件】|【导入】命令，如图 1-9 所示，打开【导入】对话框。

　　(4) 在打开的对话框中选择随书附带光盘中的 "CDROM \ 素材 \ Cha01 001.avi" 文件，单击【打开】按钮，将素材导入【项目】面板，如图 1-10 所示。

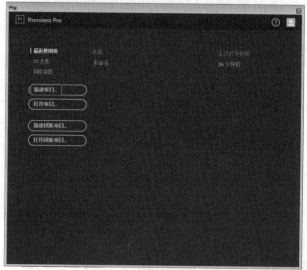

图 1-7　欢迎界面

图 1-8　新建项目

图 1-9　选择【导入】命令

图 1-10　导入素材

提 示

除使用【文件】|【导入】命令外，还有以下方法可以打开【导入】对话框：按Ctrl+I键；双击【项目】面板中的空白区域；右击【项目】面板中的空白区域，在弹出的快捷菜单中选择【导入】命令。

案例精讲 005　新建序列

在 Premiere Pro CC 2017 中新建项目文件后，若要对视频进行剪辑操作，需要新建序列。只有将视频或音频素材添加到新建序列的视频或音频轨道中，才可以对素材进行编辑。新建序列的操作步骤如下。

　案例文件：无
　　视频文件：视频教学 \ Cha01 \ 新建序列.avi

(1) 新建项目文件，右击【项目】面板中的空白区域，在弹出的快捷菜单中选择【新建项目】|【序列】命令，如图 1-11 所示。

(2) 在弹出的【新建序列】对话框中的【可用预设】中，选择一种预设；然后在【序列名称】中输入新建序列的名称。单击【确定】按钮，如图 1-12 所示。

图 1-11　选择【序列】命令　　　　　　　图 1-12　【新建序列】对话框

案例精讲 006　导入序列图像

本例讲解如何导入序列图像素材文件，效果如图 1-13 所示。

　案例文件：CDROM \ 场景 \ Cha01 \ 导入序列图像.prproj
　　视频教学：视频教学 \ Cha01 \ 导入序列图像.avi

图 1-13　序列图像效果

(1) 双击【项目】面板中的空白区域，如图 1-14 所示，打开【导入】对话框。

(2) 在随书附带光盘中选择要打开的第一个素材文件，然后勾选【图像序列】复选框，单击【打开】按钮，如图 1-15 所示。

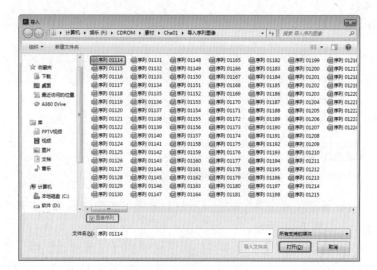

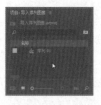

图 1-14　双击【项目】面板中的空白区域　　　　　图 1-15　选择素材文件

(3) 导入素材文件后，效果如图 1-16 所示。

(4) 选择素材文件，将其拖入【时间轴】面板 V1 视频轨道，在弹出的【剪辑不匹配警告】对话框中，单击【更改序列设置】按钮，单击【播放】按钮查看效果即可，如图 1-17 所示。

图 1-16　导入素材文件　　　　　　　图 1-17　将素材文件添加至轨道中

案例精讲 007　源素材的插入与覆盖

本例介绍源素材的插入与覆盖方法。使用【插入】按钮 插入源素材的方法如下。

案例文件：CDROM \ 场景 \ Cha01 \ 源素材的插入与覆盖 .prproj

视频文件：视频教学 \ Cha01 \ 源素材的插入与覆盖 .avi

(1) 新建项目文件和序列，将随书附带光盘 CDROM \ 素材 \ Cha01 文件夹中的"玫瑰 .mov"文件导入【项目】面板中。在弹出的对话框中选择【更改序列设置】选项，在【项目】面板中双击导入的视频素材，激活【源监视器】面板，分别在 00:00:04:00 和 00:00:08:00 处标记入点与出点（见案例精讲016），如图 1-18 所示。

(2) 单击【插入】按钮 ，将入点与出点之间的视频片段插入到【时间轴】面板中，如图 1-19 所示。

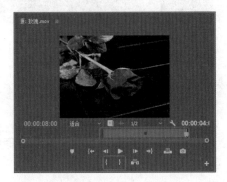

图 1-18　设置入点与出点

图 1-19　单击【插入】按钮

使用【覆盖】按钮 ，在【时间轴】面板中将原来的素材覆盖，具体操作步骤如下。

(1) 继续前面的操作，设置【时间轴】当前时间为 00:00:02:00，如图 1-20 所示。

(2) 在【源监视器】面板中单击 [覆盖] 按钮 ，即可将入点与出点之间的片段覆盖到【时间轴】面板中，如图 1-21 所示。

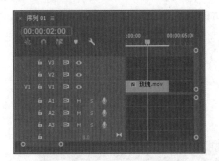

图 1-20　设置当前时间

图 1-21　覆盖素材

案例精讲 008　删除影片中的一段文件

本例介绍如何裁剪视频文件，然后通过 Delete 键将不需要的视频文件删除。

> **案例文件：无**
>
> **视频文件：视频教学 \ Cha01 \ 删除影片中的一段文件 .avi**

(1) 将素材拖入 V1 视频轨道，在【工具】面板中选择【剃刀工具】 ，对素材进行裁切，如图 1-22 所示。

(2) 裁切后选中中间部分，按 Delete 键完成删除，如图 1-23 所示。

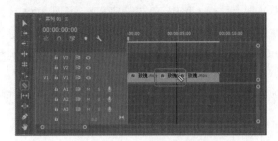

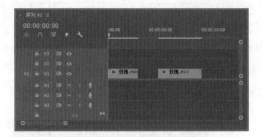

图 1-22　裁切素材　　　　　　　　　　图 1-23　删除素材中间部分

案例精讲 009　三点编辑和四点编辑

三点编辑和四点编辑是编辑节目的两种方法，由传统的线性编辑延续而来。所谓三点、四点指的是设置素材与节目的入点和出点个数。本例使用三点或四点编辑，将素材通过【源监视器】面板和【节目监视器】面板加入到【时间轴】面板中。

案例文件：CDROM \ 场景 \ Cha01 \ 三点编辑和四点编辑 .prproj
视频文件：视频教学 \ Cha01 \ 三点编辑和四点编辑 .avi

(1) 三点编辑的设置。在【项目】面板中双击素材文件"三点编辑和四点编辑 .wmv"，在弹出的对话框中选择【更改序列设置】选项，然后在【源监视器】面板中标记入点和出点，如图 1-24 所示。

(2) 将当前时间设置为 00:00:00:00，在【源监视器】面板中单击【插入】按钮，如图 1-25 所示。

(3) 四点编辑的设置。在【源监视器】面板中设置素材的入点和出点，在【源监视器】中单击【插入】按钮，弹出【适合剪辑】对话框，选中【更改剪辑速度 (适合填充)】单选按钮，单击【确定】按钮，如图 1-26 所示。

(4) 素材插入到【时间轴】面板中，如图 1-27 所示。

图 1-24　设置入点和出点　　　　　　　图 1-25　设置入点与插入素材

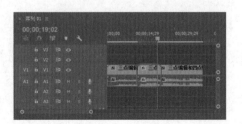

图 1-26　【适合剪辑】对话框　　　　　　图 1-27　插入素材

添加标记

在节目的编辑制作过程中,可以为素材的某一帧设置一个标记,以方便编辑过程中的反复查找和定位。标记分为非数字和数字两种,前者没有数量的限制,后者可以设置为 0~99。本例介绍如何对素材设置标记。

 案例文件:CDROM \ 场景 \ Cha01 \ 添加标记.prproj

视频文件:视频教学 \ Cha01 \ 添加标记.avi

(1) 将【项目】面板中的素材拖入【时间轴】面板 V1 视频轨道,设置时间为 00:00:01:15,如图 1-28 所示。

(2) 在【时间轴】面板中单击【添加标记】按钮 ♥,添加标记,如图 1-29 所示。

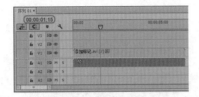
图 1-28　设置时间

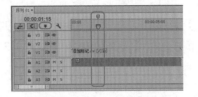
图 1-29　添加标记

 解除视音频链接

大家在平时阅读或者观看一些视频的时候,都想要把非常精彩的一部分留下来,以方便以后欣赏或者使用。当然,在截取视频的时候也会将音频一并截取,但是如果我们只需要视频部分,往往会因为存在音频而不得不放弃。本例介绍怎样解除视音频的链接。

案例文件:CDROM \ 场景 \ Cha01 \ 解除视音频链接.prproj

视频文件:视频教学 \ Cha01 \ 解除视音频链接.avi

(1) 添加素材文件,右击素材文件,在弹出的快捷菜单中选择【取消链接】命令,如图 1-30 所示。

(2) 执行完该命令之后即可将视频和音频取消链接,选择【剃刀工具】 ◇,单击视频的任意位置,切割视频,移动音频的位置,可以观察到音频并未受到影响,如图 1-31 所示。

图 1-30　选择【取消链接】命令

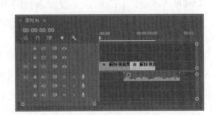
图 1-31　取消链接后的效果

案例精讲 012　链接视音频

本例介绍链接视音频的操作方法。在【时间轴】面板中汇总选择视频和音频文件，右击文件，在弹出的快捷菜单中选择【链接】命令即可。

> 案例文件：CDROM \ 场景 \ Cha01 \ 链接视音频 . prproj
> 视频文件：视频教学 \ Cha01 \ 链接视音频 . avi

(1) 打开软件，按 Ctrl+O 键，在弹出的对话框中选择随书附带光盘中的 "CDROM \ 素材 \ Cha01 \ 链接视音频 . prproj" 文件，如图 1-32 所示。

(2) 单击【打开】按钮，在【时间轴】面板中按住 Shift 键的同时选择视频和音频文件，右击文件，在弹出的快捷菜单中选择【链接】命令，如图 1-33 所示，即可将视频和音频进行链接。

图 1-32　【打开项目】对话框

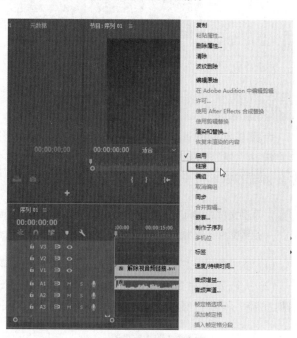

图 1-33　选择【链接】命令

案例精讲 013　改变素材的持续时间

素材的持续时间严格来说是指素材播放时的时间，本例介绍如何改变素材的持续时间。

> 案例文件：CDROM \ 场景 \ Cha01 \ 改变素材的持续时间 . prproj
> 视频文件：视频教学 \ Cha01 \ 改变素材的持续时间 . avi

(1) 添加素材文件，右击素材，在弹出的快捷菜单中选择【速度 / 持续时间】命令，打开【剪辑速度 / 持续时间】对话框，在该对话框中将【持续时间】设置为 00:00:15:00，如图 1-34 所示。

(2) 单击【确定】按钮，观察改变素材持续时间后的效果，如图 1-35 所示。

图 1-34　【剪辑速度 / 持续时间】对话框

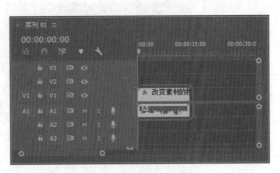

图 1-35　设置完成后的效果

案例精讲 014　设置关键帧

　　将素材拖入【时间轴】面板中，选择素材，此时会激活【效果控件】面板，可以在该面板中看到相应的设置。然后再通过为每个时间段添加关键帧，形成动态效果，如图 1-36 所示。

　　案例文件：CDROM ＼ 场景 ＼ Cha01 ＼ 设置关键帧 .prproj
　　视频文件：视频教学 ＼ Cha01 ＼ 设置关键帧 .avi

图 1-36　设置关键帧的效果图

　　(1) 添加素材文件，选择视频轨道中的素材，切换至【效果控件】面板，展开【运动】选项，将当前时间设置为 00:00:00:00，将【缩放】设置为 0，单击左侧的【切换动画】按钮，如图 1-37 所示。

　　(2) 将当前时间设置为 00:00:03:00，将【缩放】设置 35，按 Enter 键确认操作，如图 1-38 所示。

　　(3) 将当前时间设置为 00:00:05:00，将【缩放】设置 100，按 Enter 键确认操作，如图 1-39 所示。

图 1-37　设置 00:00:00:00 时的参数

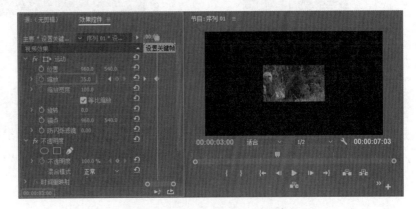

图 1-38　设置 00:00:03:00 时的参数

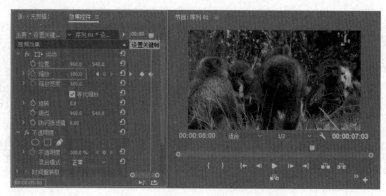

图 1-39　设置 00:00:05:00 时的参数

案例精讲 015　重命名素材

将素材导入【项目】面板后，还可以对它的某些属性进行修改，以方便管理和后面的工作。

> 案例文件：CDROM ＼ 场景 ＼ Cha01 ＼ 重命名素材 .prproj
>
> 视频文件：视频教学 ＼ Cha01 ＼ 重命名素材 .avi

(1) 双击素材，激活重命名素材文本框，将名称更改为球赛，如图 1-40 所示。

(2)如果需要修改的素材在修改之前已经添加至【时间轴】面板中，可以在【时间轴】面板中右击相应的素材，在弹出的快捷菜单中选择【重命名】命令，在弹出的对话框中对素材进行命名，如图1-41所示。

图 1-40　激活重命名文本框

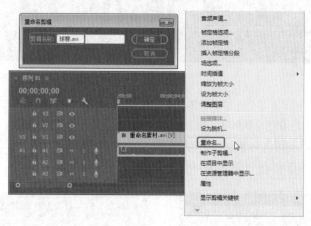

图 1-41　重命名素材

案例精讲 016　剪辑素材

本例通过在【源监视器】面板中设置素材的入点和出点来剪辑素材，仅使用素材中有用的部分。这是将素材引入【时间轴】面板中编辑节目经常需要做的工作。如果在【源监视器】面板中不对素材进行入点、出点设置，素材开始的画面位置就是入点，结尾就是出点。

案例文件：CDROM \ 场景 \ Cha01 \ 剪辑素材.prproj

视频文件：视频教学 \ Cha01 \ 剪辑素材.avi

(1) 添加素材文件并双击该素材文件，将其在【源监视器】面板中打开，在【源监视器】面板中将当前时间设置为 00:00:09:00，单击【标记入点】按钮 ，如图 1-42 所示。

(2) 将当前时间设置为 00:00:50:00，单击【标记出点】按钮 ，如图 1-43 所示。标记完成后在【项目】面板中选择素材，将其拖入【时间轴】面板中，观察剪辑后的效果。

图 1-42　标记入点　　　　　　　　　　　　图 1-43　标记出点

案例精讲 017　影片预览

影片的预览主要是为了检查编辑的效果，由于硬件性能的限制，如果在视频编辑中添加了大量的特效，那么在预览的过程中不会出现想要的效果。

案例文件：CDROM \ 场景 \ Cha01 \ 影片预览.prproj

视频文件：视频教学 \ Cha01 \ 影片预览.avi

(1) 将素材文件添加至【项目】面板中，如图 1-44 所示。

(2) 将素材拖入【时间轴】面板的 V1 视频轨道，在【节目监视器】中单击【播放】按钮 ，即可预览影片，如图 1-45 所示。

图 1-44　导入素材　　　　　　　　　　　　图 1-45　预览影片

案例精讲 018　输出影片

视频制作完成后，需要输出进行欣赏，在输出的过程中要对一些设置进行调整。

案例文件：无

视频文件：视频教学 \ Cha01 \ 影片输出.avi

（1）继续上一案例精讲的操作，选择【时间轴】面板，按 Ctrl+M 键，打开【导出设置】对话框，在该对话框中将【格式】设置为 AVI，单击【输出名称】右侧的蓝色文字，在弹出的对话框中选择要导出视频的路径及视频名称，如图 1-46 所示。

（2）单击【导出】按钮，视频即可以进度条的形式导出，如图 1-47 所示。

图 1-46　【导出设置】对话框

图 1-47　输出进度

案例精讲 019　转换视频格式

视频格式的转换需要在【导出设置】对话框中进行设置，本例介绍转换视频格式的操作步骤。

案例文件：无

视频文件：视频教学 \ Cha01 \ 转换视频格式.avi

随意导入一个视频文件，选择【时间轴】面板，按 Ctrl+M 键打开【导出设置】对话框，单击【格式】右侧的下三角按钮，在弹出的下拉列表中随意选择一种格式，即可转换素材的格式，如图 1-48 所示。

图 1-48　【格式】下拉列表

案例精讲 020　个性化设置

用户可以根据自己的喜好更改【项目】面板中标签的颜色。更改标签颜色的操作步骤如下。

> 📖 **案例文件：无**
>
> 　视频文件：视频教学 \ Cha01 \ 个性化设置.avi

(1) 新建项目和序列。在【项目】面板中，序列的默认标签颜色为森林绿色。在菜单栏中选择【编辑】|【首选项】|【标签颜色】命令，弹出【首选项】对话框，将森林绿色更改为"红"，如图 1-49 所示。

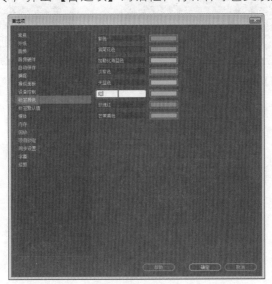

图 1-49　将森林绿色更改为"红"

(2) 单击右侧的颜色块，在弹出的【拾色器】对话框中，将 RGB 的值设置为 255、0、0，如图 1-50 所示。

图 1-50　设置 RGB 的值

(3) 单击【确定】按钮，切换至【标签默认值】选项卡，将【序列】更改为"红"，如图 1-51 所示。

(4) 单击【确定】按钮，在【项目】面板中，序列标签的颜色变为红色，如图 1-52 所示。

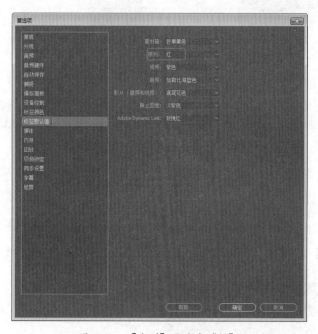

图 1-51　【序列】更改为"红"

图 1-52　序列标签颜色变为红色

第 2 章

视频效果

本章重点

- 视频色彩平衡校正
- 视频翻转效果
- 裁剪视频文件
- 羽化视频边缘
- 将彩色视频黑白化
- 替换画面中的色彩
- 扭曲视频效果
- 边角固定效果
- 球面化效果
- 水墨画效果
- 镜像效果
- 3D 空间效果
- 单色保留效果
- 画面模糊效果
- 画面锐化效果
- 设置渐变效果
- 棋盘格效果

- 动态色彩背景
- 镜头光晕效果
- 闪电效果
- 画面亮度调整
- 改变颜色
- 调整阴影 / 高光效果
- 块溶解效果
- 投影效果
- 斜角边效果
- 线条化效果
- 无用信号遮罩
- 视频抠像
- 画面浮雕效果
- 重复画面效果
- 马赛克效果
- Alpha 发光效果
- 相机闪光效果

　　本章制作的案例，主要运用了【效果】面板中常用的视频效果，同时通过关键帧设置为动态效果画面，熟练地运用效果是制作影视的前提。

案例精讲 021　视频色彩平衡校正

本例介绍如何通过视频效果中的【亮度与对比度】、【颜色平衡】效果对视频进行调整，效果如图 2-1 所示，具体操作步骤如下。

案例文件：CDROM \ 场景 \ Cha02 \ 视频色彩平衡校正 .prproj
视频文件：视频教学 \ Cha02 \ 视频色彩平衡校正 .avi

图 2-1　视频色彩平衡校正效果

(1) 运行 Premiere Pro CC，在欢迎界面单击【新建项目】按钮，在【新建项目】对话框中，选择项目的保存路径，对项目进行命名，单击【确定】按钮，进入工作界面后按 Ctrl+N 键，打开【新建序列】对话框，在【序列预设】选项卡中的【可用预设】选项下选择 DV-24P | 【标准 48kHz】选项，对序列进行命名，单击【确定】按钮。

(2) 双击【项目】面板中的空白区域，在弹出的对话框中选择随书附带光盘中的 "CDROM \ 素材 \ Cha02 \ 视频色彩平衡校正 .avi" 文件，单击【打开】按钮。

(3) 将素材导入【项目】面板中后，将素材拖入 V1 轨道，然后选择轨道中的素材，此时在【节目】面板中可以看到素材。

(4) 激活【效果】面板，打开【视频效果】文件夹，选择【颜色校正】下的【亮度与对比度】效果，将该效果拖入 V1 轨道中的素材文件上，如图 2-2 所示。

(5) 激活【效果控件】面板，将【亮度与对比度】选项下的【亮度】设置为 -20、【对比度】设置为 15，在【节目】面板中可以看到效果，如图 2-3 所示。

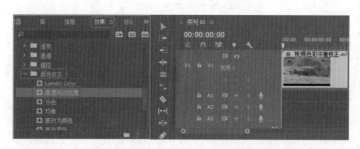

图 2-2　添加视频效果

图 2-3　调整【亮度与对比度】

(6) 在【效果】面板中，将【视频效果】|【颜色校正】|【颜色平衡】效果拖入轨道中的素材上；在【效果控件】面板中，将【中间调红色平衡】设置为 100，勾选【保持发光度】复选框，如图 2-4 所示。

图 2-4　添加并设置【颜色平衡】效果

(7) 设置完成后将场景保存，在【节目】面板中，单击【播放 - 停止切换】按钮▶观看效果即可。

案例精讲 022　视频翻转效果

本例介绍如何通过视频效果中的【垂直翻转】效果，来制作画面中垂直翻转的效果，如图 2-5 所示，具体操作步骤如下。

 案例文件：CDROM \ 场景 \ Cha02 \ 视频翻转效果 .prproj

　　视频文件：视频教学 \ Cha02 \ 视频翻转效果 .avi

图 2-5　视频翻转效果

(1) 运行 Premiere Pro CC，新建项目文件和序列，双击【项目】面板中的空白区域，在弹出的对话框中选择随书附带光盘中的 "CDROM\ 素材 \Cha02\ 视频翻转效果 01.jpg 和视频翻转效果 02.avi" 素材文件，单击【打开】按钮。

(2) 将导入的 "视频翻转效果 01.jpg" 拖入 V1 轨道，将 "视频翻转效果 02.avi" 文件拖入 V2 轨道，右击 V1 轨道中的素材，选择【速度持续时间】命令，在打开的对话框中设置【持续时间】为 00:00:07:02，然后单击【确定】按钮，如图 2-6 所示。

(3) 选择 V2 轨道中的素材，激活【效果】面板，打开【视频效果】文件夹，选择【变换】下的【垂直翻转】效果，将该效果拖入 V2 轨道中的 "视频翻转效果 .avi" 素材文件上，如图 2-7 所示。

图 2-6　设置持续时间

图 2-7　添加视频效果

（4）将场景保存，在【节目】面板中，单击【播放 - 停止切换】按钮 ▶ 观看效果。

本例介绍如何对视频文件进行裁剪，同时通过【不透明度】选项卡下的【混合模式】，使视频融入到静态背景中，具体操作步骤如下。

> 案例文件：CDROM \ 场景 \ Cha02 \ 裁剪视频文件.prproj
>
> 视频文件：视频教学 \ Cha02 \ 裁剪视频文件.avi

（1）运行 Premiere Pro CC，新建项目文件和序列，双击【项目】面板中的空白区域，在弹出的对话框中选择随书附带光盘中的"CDROM\ 素材 \Cha02\ 裁剪视频文件.mov 和裁剪视频文件.jpg"素材文件，单击【打开】按钮。

（2）导入素材后，将"裁剪视频文件.jpg"拖入"时间轴"窗口中的 V1 轨道，将"裁剪视频文件.mov"拖入 V2 轨道，使"裁剪视频文件.jpg"与"裁剪视频文件.mov"尾部对齐，如图 2-8 所示。

（3）选择"裁剪视频文件.mov"，激活【效果】面板，打开【视频效果】文件夹，选择【变换】下的【裁剪】效果并拖至素材上，激活【效果控件】面板，将【裁剪】选项下的【左侧】设置为 10%、【顶部】设置为 15%、【右侧】设置为 10%、【底部】设置为 15%，单击【羽化边缘】左侧的【切换动画】按钮 ⊙，将【不透明度】选项下的【混合模式】设置为【线性光】、【不透明度】设置为 0%，如图 2-9 所示。

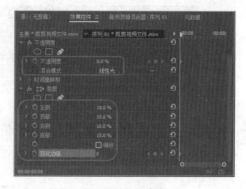

图 2-8　调整素材位置　　　　　　　　　　　　图 2-9　设置参数

（4）设置当前时间为 00:00:07:05，在【效果控件】面板中将【羽化边缘】设置为 55，如图 2-10 所示。

（5）设置当前时间为 00:00:15:15，在【效果控件】面板中将【不透明度】设置为 100%，如图 2-11 所示。

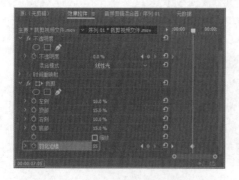

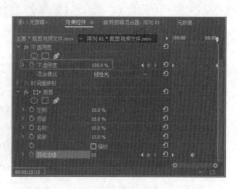

图 2-10　设置 00:00:07:05 时的参数　　　　　图 2-11　设置 00:00:15:15 时的参数

(6) 设置完成后将场景保存, 在【节目】面板中, 单击【播放 - 停止切换】按钮 ▶ 观看效果即可。

案例精讲 024　羽化视频边缘

本例介绍如何通过【羽化边缘】效果将视频的边缘与背景融合成一体, 具体操作步骤如下。

　案例文件：CDROM ＼ 场景 ＼ Cha02 ＼ 羽化视频边缘 .prproj

　视频文件：视频教学 ＼ Cha02 ＼ 羽化视频边缘 .avi

(1) 运行 Premiere Pro CC, 新建项目文件和序列, 双击【项目】面板中的空白区域, 在弹出的对话框中选择随书附带光盘中"CDROM＼素材＼Cha02＼羽化视频边缘 .mov 和羽化视频边缘效果 .jpg"素材文件, 单击【打开】按钮。

(2) 导入素材后, 将"羽化视频边缘 .mov"拖入 V1 轨道, 右击素材, 选择【缩放为帧大小】命令。

(3) 将"羽化视频边缘效果 .jpg"拖入 V2 轨道, 使"羽化视频边缘效果 .jpg"素材与 V1 轨道中的素材尾部对齐, 右击素材, 选择【缩放为帧大小】命令, 激活【效果】面板, 打开【视频效果】文件夹, 将【变换】下的【羽化边缘】效果拖至素材上, 如图 2-12 所示。

(4) 在 V2 轨道中选择素材, 切换至【效果控件】面板, 将【羽化边缘】选项下的【数量】设置为 100, 将【不透明度】设置为 63%, 如图 2-13 所示。

图 2-12　添加效果

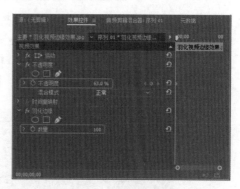

图 2-13　设置效果参数

(5) 设置完成后保存场景, 在【节目】面板中, 单击【播放 - 停止切换】按钮 ▶ 观看效果即可。

案例精讲 025　将彩色视频黑白化

本例介绍如何通过【黑白化】效果将彩色的视频转换为黑白的, 并通过【灰度系数校正】效果提高画面的亮度, 效果如图 2-14 所示, 具体操作步骤如下。

　案例文件：CDROM ＼ 场景 ＼ Cha02 ＼ 将彩色视频黑白化 .prproj

　视频文件：视频教学 ＼ Cha02 ＼ 将彩色视频黑白化 .avi

图 2-14　将彩色视频黑白化

(1) 运行 Premiere Pro CC，新建项目文件和序列。双击【项目】面板中的空白区域，在弹出的对话框中选择随书附带光盘"CDROM\ 素材 \Cha02\ 将彩色视频黑白化 .avi"素材文件，单击【打开】按钮。

(2) 将导入的"将彩色视频黑白化 .avi"素材文件拖入 V1 轨道，右击素材，选择【缩放为帧大小】命令，然后激活【效果】面板，打开【视频效果】文件夹，将【图像控制】下的【黑白】和【灰度系数校正】两个效果拖至素材上，如图 2-15 所示。

图 2-15　选择并添加效果

(3) 选择 V1 轨道中的素材，将时间设置为 00:00:00:00，切换至【效果控件】面板，设置【灰度系数校正】下的【灰度系数】为 5，然后单击【灰度系数】左侧的【切换动画】按钮，如图 2-16 所示。

(4) 将当前时间修改为 00:00:08:10，在【效果控件】面板中将【灰度系数】设置为 28，如图 2-17 所示。

图 2-16　设置 00:00:00:00 时的参数　　　　图 2-17　设置 00:00:08:10 时的参数

(5) 设置完成后，将场景保存，在【节目】面板中单击【播放 - 停止切换】按钮即可观看效果。

案例精讲 026　替换画面中的色彩

本例介绍如何通过【颜色替换】效果对视频中的颜色进行替换，效果如图 2-18 所示，具体操作步骤如下。

> 案例文件：CDROM \ 场景 \ Cha02 \ 替换画面中的色彩 .prproj
>
> 视频文件：视频教学 \ Cha02 \ 替换画面中的色彩 .avi

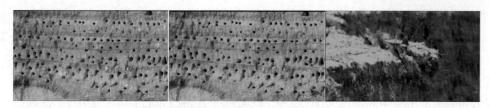

图 2-18　替换画面中的色彩

（1）运行 Premiere Pro CC，新建项目文件和序列，双击【项目】面板中【名称】选项下的空白区域，在弹出的对话框中选择随书附带光盘中的"CDROM\ 素材 \Cha02\ 替换画面中的色彩 .avi"文件，单击【打开】按钮。

（2）将"替换画面中的色彩 .avi"素材文件拖入 V1 轨道，激活【效果】面板，打开【视频效果】文件夹，将【图像控制】下的【颜色替换】效果拖至素材上。

（3）切换至【效果控件】面板，将当前时间设置为 00:00:00:00，将【颜色替换】选项组下的【相似性】设置为 95，单击【目标颜色】右侧的色块按钮，在弹出的【拾色器】对话框中，将 RGB 值设置为 255、199、97，单击【替换颜色】右侧的色块，在弹出的对话框中设置 RGB 为 0、246、255，并单击其左侧的【切换动画】按钮 ，如图 2-19 所示。

（4）将当前时间设置为 00:00:09:13，在【效果控件】面板中单击【替换颜色】右侧的色块，在弹出的【拾色器】对话框中，将 RGB 值设置为 0、255、30，然后单击【确定】按钮，如图 2-20 所示。

图 2-19　设置【颜色替换】效果

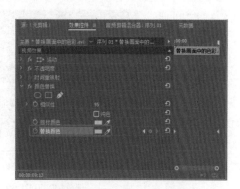

图 2-20　更改【替换颜色】

（5）设置完成后将场景保存，在【节目】面板中单击【播放 - 停止切换】按钮 ，即可观看效果。

案例精讲 027　扭曲视频效果

本例介绍如何通过【扭曲】效果为画面添加扭曲的视频效果，效果如图 2-21 所示，具体操作步骤如下。

> 案例文件：CDROM \ 场景 \ Cha02 \ 扭曲视频效果 .prproj
>
> 视频文件：视频教学 \ Cha02 \ 扭曲视频效果 .avi

图 2-21　扭曲视频效果

(1) 运行 Premiere Pro CC, 新建项目文件和序列, 双击【项目】面板中【名称】选项下的空白区域, 在弹出的对话框中选择随书附带光盘中的"CDROM\ 素材 \Cha02\ 扭曲视频效果 .avi"文件, 单击【打开】按钮。

(2) 将"扭曲视频效果 .avi"文件拖入 V1 轨道, 激活【效果】面板, 打开【视频效果】文件夹, 将【扭曲】下的【旋转】效果拖至素材上, 如图 2-22 所示。

(3) 在【效果控件】面板中将当前时间设置为 00:00:00:00, 将【旋转】下的【角度】设置为 300°、【旋转扭曲半径】设置为 48, 并单击【角度】左侧的【切换动画】按钮 , 打开关键帧记录, 如图 2-23 所示。

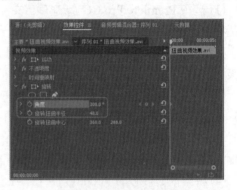

图 2-22 选择并添加效果　　　　　　图 2-23 设置效果参数

(4) 将当前时间设置为 00:00:01:00、【角度】设置为 50, 如图 2-24 所示。

(5) 将当前时间设置为 00:00:02:00、【角度】设置为 -200°, 如图 2-25 所示。

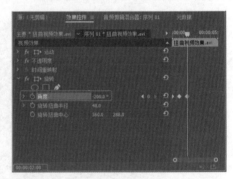

图 2-24 设置 00:00:01:00 时的【角度】　　图 2-25 设置 00:00:02:00 时的【角度】

(6) 将当前时间设置为 00:00:03:00、【角度】设置为 -50°, 将当前时间设置为 00:00:04:00、【角度】设置为 100, 将当前时间设置为 00:00:05:00、【角度】设置为 0°。

(7) 设置完成后将场景保存, 在【节目】面板中单击【播放 - 停止切换】按钮 , 即可观看效果。

案例精讲 028 边角固定效果

本例介绍如何通过【边角定位】效果, 将一段视频放在背景素材上, 并对其参数进行调整, 效果如图 2-26 所示, 具体操作步骤如下。

图 2-26 边角固定效果

 案例文件：CDROM \ 场景 \ Cha02 \ 边角固定效果 .prproj
　　　　视频文件：视频教学 \ Cha02 \ 边角固定效果 .avi

(1) 运行 Premiere Pro CC, 新建项目文件和序列, 进入操作界面, 双击【项目】面板中【名称】选项下的空白区域, 在弹出的【导入】对话框中选择随书附带光盘中的"CDROM\ 素材 \Cha02\ 边角固定效果 .avi 和边角固定效果 .jpg"素材文件, 然后单击【打开】按钮。

(2) 将 "边角固定效果 .avi" 文件拖入 V2 轨道,将 "边角固定效果 .jpg" 文件拖入 V1 轨道,使其与 "边角固定效果 .avi" 尾部对齐,如图 2-27 所示。

(3) 在 V1 和 V2 轨道中,选择 "边角固定效果 .jpg" 和 "边角固定效果 .avi" 素材并右击,选择【缩放为帧大小】命令。

(4) 切换至【效果】面板,打开【视频效果】文件夹,将【扭曲】下的【边角定位】效果拖入 V2 轨道中的 "边角固定效果 .avi" 上。选择素材,切换至【效果控件】面板,将【边角定位】选项下的【左上】设置为 81、146,【右上】设置为 637、147,【左下】设置为 84、440,【右下】设置为 632、440,如图 2-28 所示。

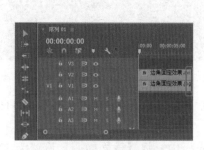

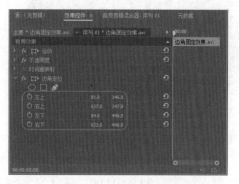

图 2-27　调整持续时间　　　　　　　图 2-28　设置效果参数

(5) 设置完成后将场景保存,在【节目】面板中单击【播放 - 停止切换】按钮 ▶,即可观看效果。

案例精讲 029　球面化效果

本例介绍如何通过【球面化】效果为图像添加动态效果,效果如图 2-29 所示,具体操作步骤如下。

案例文件:CDROM \ 场景 \ Cha02 \ 球面化效果 .prproj

视频文件:视频教学 \ Cha02 \ 球面化效果 .avi

图 2-29　球面化效果

(1) 运行 Premiere Pro CC,新建项目文件和序列,进入操作界面,双击【项目】面板中【名称】选项下的空白区域,在弹出的对话框中选择随书附带光盘中的 "CDROM\ 素材 \Cha02\ 球面化效果 .jpg" 素材文件,单击【打开】按钮。

(2) 在【项目】面板中,将导入的 "球面化效果 .jpg" 素材文件拖入 V1 轨道,右击素材,选择【缩放为帧大小】命令。

(3) 切换至【效果】面板,打开【视频效果】文件夹,将【扭曲】下的【球面化】效果拖入 V1 轨道中的 "球面化效果 .jpg" 上,即可为其添加【球面化】效果。

(4) 切换至【效果控件】面板，将当前时间设置为 00:00:00:00，将【球面化】选项下的【半径】设置为 258，【球面中心】设置为 160、151，并单击【半径】和【球面中心】左侧的【切换动画】按钮 ，打开动画关键帧，如图 2-30 所示。

(5) 将当前时间设置为 00:00:01:00，在【效果控件】面板中，将【球面中心】设置为 1160、151，如图 2-31 所示。

图 2-30　设置 00:00:00:00 时的【球面化】效果　　图 2-31　设置 00:00:01:00 时的【球面化】效果

(6) 将当前时间设置为 00:00:02:00，在【效果控件】面板中，将【球面中心】设置为 1160、833，如图 2-32 所示。

(7) 将当前时间设置为 00:00:03:00，在【效果控件】面板中，将【球面中心】设置为 230、833，将当前时间设置为 00:00:04:00，将【球面中心】设置为 664、575，将【半径】设置为 635，设置参数后的效果如图 2-33 所示。

图 2-32　设置 00:00:02:00【球面化】效果　　图 2-33　设置 00:00:03:00 时的【球面化】效果

(8) 设置完成后将场景保存，在【节目】面板中单击【播放 - 停止切换】按钮 ，即可观看效果。

案例精讲 030　水墨画效果

水墨画具有很强的民族文化特色，将画面处理成水墨画效果，会给人一种古色古香、韵味十足的感觉。本例介绍如何将一幅山水风景画面处理成水墨画，效果如图 2-34 所示，具体操作步骤如下。

案例文件：CDROM \ 场景 \ Cha02 \ 水墨画效果 .prproj

视频文件：视频教学 \ Cha02 \ 水墨画效果 .avi

图 2-34　水墨画效果

(1) 运行 Premiere Pro CC，新建项目文件和序列，进入操作界面，双击【项目】面板【名称】选项下的空白区域，在弹出的对话框中，选择随书附带光盘 "CDROM\ 素材 \Cha02\ 水墨画效果 .jpg" 素材文件，单击【打开】按钮。在【项目】面板中将导入的素材拖入 V1 轨道，右击素材，选择【缩放为帧大小】命令。

(2) 按 Ctrl+T 键，新建字幕，在打开的对话框中，将【名称】命名为 "古诗"，单击【确定】按钮。进入字幕编辑器，在字幕工具栏中，选择【垂直区域文字工具】 ，创建矩形，输入文字，然后选择输入的文字，将【字体系列】设置为【楷体】、【字体大小】设置为 25、【字符间距】设置为 30。在【填充】选项中将【颜色】设置为黑色，在【变换】选项中将【X 位置】设置为 117.3、【Y 位置】设置为 133.7，如图 2-35 所示，关闭字幕编辑器。

(3) 将 "古诗" 素材拖入 V2 轨道，选择 V1 轨道中的素材，激活【效果】面板，打开【视频效果】文件夹，选择【图像控制】下的【黑白】效果，将其拖入【效果控件】面板中，为画面去色。

(4) 保存场景，在【节目】面板中单击【播放 - 停止切换】按钮 即可观看效果。

图 2-35　设置字幕

案例精讲 031　镜像效果

本例介绍如何通过【镜像】效果制作水中倒影的效果，如图 2-36 所示，具体操作步骤如下。

> 案例文件：CDROM \ 场景 \ Cha02 \ 镜像效果 .prproj
> 视频文件：视频教学 \ Cha02 \ 镜像效果 .avi

图 2-36　镜像效果

(1) 运行 Premiere Pro CC，新建项目文件和序列，进入操作界面，双击【项目】面板【名称】选项下的空白区域，在弹出的对话框中，选择随书附带光盘中的 "CDROM\ 素材 \Cha02\ 镜像效果 01.jpg、镜像效果 02.png" 素材文件，单击【打开】按钮。

(2) 将 "镜像效果 01.jpg" 素材文件拖入 V1 轨道，右击素材，选择【缩放为帧大小】命令。将 "镜像效果 02.png" 素材文件拖入 V2 轨道，右击素材，选择【缩放为帧大小】命令。确定 "镜像效果 02.png" 素材文件处于选择状态，为其添加【镜像】效果，切换至【效果控件】面板，在【运动】选项下，将【缩放】设置为 55，将【位置】设置为 447、315，在【镜像】选项下将【反射中心】设置为 1007、432，将【反射角度】设置为 92°，如图 2-37 所示。

图 2-37　设置【镜像】效果

(3) 设置完成后将场景保存，在【节目】面板中即可观看效果。

案例精讲 032　3D 空间效果

本例将制作 3D 空间的效果，通过使用【基本 3D】效果，为图像调整出 3D 空间的效果，然后再对空间进行装饰，效果如图 2-38 所示，具体操作步骤如下。

图 2-38　3D 空间效果

 案例文件：CDROM \ 场景 \ Cha02 \ 3D 空间效果 .prproj

视频教学：视频教学 \ Cha02 \ 3D 空间效果 .avi

(1) 运行 Premiere Pro CC，新建项目文件和序列，进入操作界面，双击【项目】面板【名称】选项下的空白区域，在弹出的对话框中选择随书附带光盘中的素材文件，单击【打开】按钮，导入素材，如图 2-39 所示。

(2) 在【项目】面板【名称】选项下右击，将 "墙中间 .jpg" 拖入 V1 轨道，将 "墙左侧 .jpg" 拖入 V2 轨道。右击素材，选择【缩放为帧大小】命令，然后为 "墙左侧 .jpg" 添加【基本 3D】效果，切换至【效果控件】面板，将【运动】选项下的【位置】设置为 82、240，将【基本 3D】选项下的【旋转】设置为 -75、【与图像的距离】设置为 35，如图 2-40 所示。

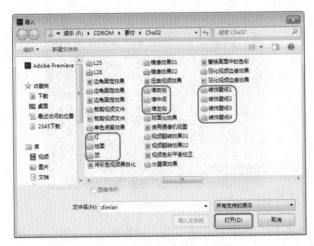

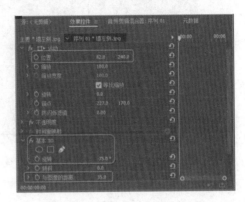

图 2-39　导入素材　　　　　　　　　　　　图 2-40　设置【基本 3D】效果

　　(3) 将"墙右侧 .jpg"拖入 V3 轨道，为其添加【基本 3D】效果。激活【效果控件】面板，将【运动】选项下的【位置】设置为 643、240，将【基本 3D】选项下的【旋转】设置为 72°、【与图像的距离】设置为 -10，如图 2-41 所示。

　　(4) 将"顶 .jpg"拖入 V4 轨道，为其添加【基本 3D】效果。激活【效果控件】面板，将【运动】选项下的【位置】设置为 360、40，将【基本 3D】选项下的【倾斜】设置为 56°、【与图像的距离】设置为 -19，如图 2-42 所示。

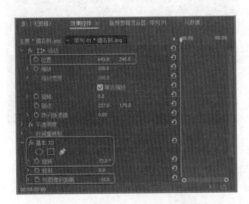

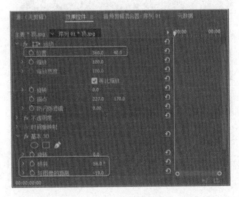

图 2-41　设置"墙右侧"的效果参数　　　　　图 2-42　设置"顶"的效果参数

　　(5) 将"地面 .jpg"拖入 V5 轨道，为其添加【基本 3D】效果。激活【效果控件】面板，将【运动】选项下的【位置】设置为 359、422，在【基本 3D】选项下，将【倾斜】设置为 -70°、【与图像的距离】设置为 35，如图 2-43 所示。

　　(6) 将"装饰壁纸 1.jpg"拖入 V6 轨道，为其添加【基本 3D】效果。激活【效果控件】面板，将【运动】选项下的【位置】设置为 245、240，【缩放】设置为 13，使用相同方法向 V7 轨道中添加"装饰壁纸 2.jpg"，并设置参数。

　　(7) 将"装饰壁纸 3.jpg"拖入 V8 轨道，并为其添加【基本 3D】效果。切换至【效果控件】面板，将【运动】选项下的【位置】设置为 92、244，【缩放】设置为 18，在【基本 3D】选项下，将【旋转】设置为 -54°、【与图像的距离】设置为 39，如图 2-44 所示。

图 2-43　设置"地面"的效果参数

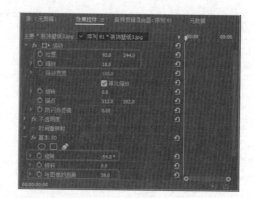

图 2-44　设置"装饰壁纸 3"的效果参数

(8) 将"装饰壁纸 4.jpg"拖入 V9 轨道，为其添加【基本 3D】效果。激活【效果控件】面板，将【运动】选项下的【位置】设置为 633、240，【缩放】设置为 13，将【基本 3D】选项下的【旋转】设置为 64°、【与图像的距离】设置为 -4，如图 2-45 所示。

(9) 将"灯.jpg"拖入 V10 轨道，激活【效果控件】面板，将【运动】选项下的【位置】设置为 369、169，【缩放】设置为 17，将【不透明度】选项下的【混合模式】设置为深色，如图 2-46 所示。

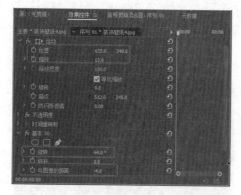

图 2-45　设置【基本 3D】效果参数

图 2-46　设置"灯"的效果参数

(10) 设置完成后将场景保存，然后在【节目】面板中查看效果即可。

案例精讲 033　单色保留效果

本例介绍如何通过【颜色过滤】效果，在【效果控件】面板中设置效果的参数，效果如图 2-47 所示。

> 案例文件：CDROM ＼ 场景 ＼ Cha02 ＼ 单色保留效果 .prproj
>
> 视频文件：视频教学 ＼ Cha02 ＼ 单色保留效果 .avi

图 2-47　单色保留效果

(1) 运行 Premiere Pro CC，新建项目文件和序列，进入操作界面，双击【项目】面板中【名称】选项下的空白区域，在弹出的对话框中选择随书附带光盘中的 "CDROM\ 素材 \Cha02\ 单色保留效果 .jpg" 文件，单击【打开】按钮。

(2) 将 "单色保留效果 . jpg" 拖入【时间轴】窗口中的【视频 1】轨道，并右击素材，选择【缩放为帧大小】命令，打开【效果】面板，为素材添加【颜色过滤】效果，在【效果控件】面板中，将【颜色过滤】选项下的【相似性】设置为 25，将【颜色】RGB 值设置为 128、87、51，如图 2-48 所示。

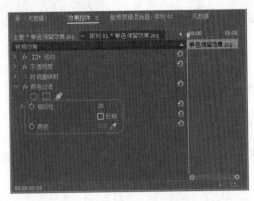

图 2-48 设置【颜色过滤】

(3) 设置完成后将场景保存，在【节目】面板中即可观看效果。

案例精讲 034 画面模糊效果

本例介绍如何制作画面模糊效果，效果如图 2-49 所示，具体操作步骤如下。

 案例文件：CDROM \ 场景 \ Cha02 \ 画面模糊效果 .prproj

视频文件：视频教学 \ Cha02 \ 画面模糊效果 .avi

图 2-49 画面模糊效果

(1) 运行软件后，在欢迎界面单击【新建项目】按钮，在【新建项目】对话框中，选择项目保存的路径，将项目命名为 "画面模糊效果"，单击【确定】按钮。右击【项目】面板中的空白区域，在弹出的快捷菜单中选择【新建项目】|【序列】命令，如图 2-50 所示。

(2) 弹出【新建序列】对话框，在该对话框中选择 DV–PAL|【标准 48kHz】选项，单击【确定】按钮，双击【项目】面板中的空白区域，在弹出的对话框中选择随书附带光盘中的 "CDROM\ 素材 \Cha02\L1. jpg" 文件，单击【打开】按钮，将其拖入 V1 轨道，如图 2-51 所示。

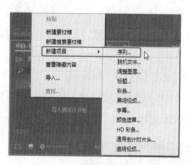

图 2-50　选择【序列】命令

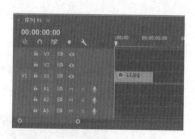

图 2-51　将素材添加至序列面板中

（3）右击素材，选择【缩放为帧大小】命令，在【效果】面板中选择【视频效果】|【模糊和锐化】|【通道模糊】效果，将其添加至素材文件上。将当前时间设置为 00:00:00:00，将【通道模糊】区域下的【红色模糊度】设置为 15、【绿色模糊度】设置为 15、【蓝色模糊度】设置为 95、【Alpha 模糊度】设置为 250，并打开其左侧的【切换动画】按钮 ○，如图 2-52 所示。

（4）将当前时间设置为 00:00:03:00，将【红色模糊度】设置为 0、【绿色模糊度】设置为 0、【蓝色模糊度】设置为 0，如图 2-53 所示。

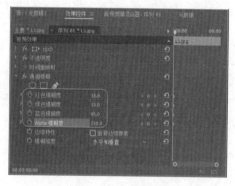

图 2-52　设置参数

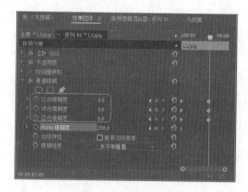

图 2-53　设置参数

（5）将影片导出后保存场景。

案例精讲 035　画面锐化效果

锐化效果可以将模糊的视频变清楚，效果如图 2-54 所示，具体操作步骤如下。

 案例文件：CDROM \ 场景 \ Cha02 \ 画面锐化效果.prproj

视频文件：视频教学 \ Cha02 \ 画面锐化效果.avi

图 2-54　画面锐化效果

(1) 启动软件，新建项目和序列，双击【项目】面板中的空白区域，在弹出的对话框中选择素材 L3.avi，将其拖入 V1 轨道，在弹出的对话框中选择【保持现有设置】，取消视音频链接，将音频删除。

(2) 打开【效果】面板，选择【视频效果】|【颜色校正】|【亮度与对比度】和【视频效果】|【模糊与锐化】|【锐化】效果，将其添加至素材文件上，为素材添加【亮度与对比度】和【锐化】效果。在【效果控件】面板中，将当前时间设置为 00:00:00:00，将【不透明度】设置为 50%、【混合模式】设置为【正常】，单击【亮度】、【对比度】、【锐化量】左侧的【切换动画】按钮 ，将当前时间设置为 00:00:01:00，将【不透明度】设置为 100%，单击【亮度】、【对比度】、【锐化量】右侧的【添加/移除关键帧】按钮 ，如图 2-55 所示。

(3) 将当前时间设置为 00:00:02:15，将【亮度】、【对比度】、【锐化量】分别设置为 53、35、45，如图 2-56 所示。设置完成后将影片导出，最后将场景保存。

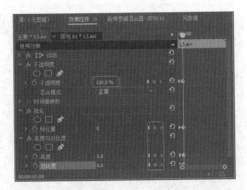
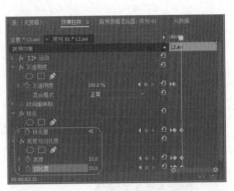

图 2-55 设置参数　　　　　　　　　　　图 2-56 设置【亮度】、【对比度】、【锐化量】

案例精讲 036　设置渐变效果

本例介绍如何为图片添加渐变效果，效果如图 2-57 所示，具体操作步骤如下。

> 案例文件：CDROM \ 场景 \ Cha02 \ 设置渐变效果.prproj
> 视频文件：视频教学 \ Cha02 \ 设置渐变效果.avi

图 2-57 设置渐变效果

(1) 运行软件，新建项目和序列，双击【项目】面板中的空白区域，在弹出的对话框中选择素材文件 L4.jpg，单击【打开】按钮。右击【项目】面板中的空白区域，在弹出的快捷菜单中选择【新建项目】|【颜色遮罩】命令，弹出【新建颜色遮罩】对话框，在该对话框中单击【确定】按钮，弹出【拾色器】对话框。在【拾色器】对话框中将颜色设置为白色，单击【确定】按钮，弹出【选择名称】对话框。在【选择名称】对话框中将名称设置为"遮罩 L"，设置完成后单击【确定】按钮，如图 2-58 所示。

(2) 将"遮罩 L"拖入 V2 轨道，将 L4.jpg 拖入 V1 轨道，选择 L4.jpg，在【效果控件】面板中将【缩放】设置为 77。在【效果】面板中选择【视频效果】|【变换】|【羽化边缘】效果，双击为 L4.jpg 添加该效果，在【效果控件】面板中将【羽化边缘】选项组中的【数量】设置为 39，如图 2-59 所示。

(3) 选择"遮罩 L"，在【效果】面板中选择【视频效果】|【生成】|【渐变】效果，双击【渐变】效果，将【不透明度】下的【混合模式】设置为【相乘】，将【渐变起点】设置为 338.6、350.4，将【渐变终点】设置为 338、743，将【起始颜色】RGB 值设置为 240、204、182，将【结束颜色】RGB 值设置为 255、66、0，将【渐变形状】设置为【径向渐变】，将【与原始图像混合】设置为 50%，如图 2-60 所示。

(4) 设置完成后，激活【序列】面板，在菜单栏中选择【文件】|【导出】|【媒体】命令，弹出【导出设置】对话框，在该对话框中将【格式】设置为 JPEG，单击【输出名称】右侧的文字，弹出【另存为】对话框，设置存储路径，并将【文件名】设置为"渐变效果"，单击【保存】按钮，如图 2-61 所示。

图 2-58　【选择名称】对话框

图 2-59　设置【羽化边缘】参数

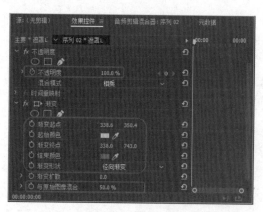

图 2-60　设置【渐变】参数

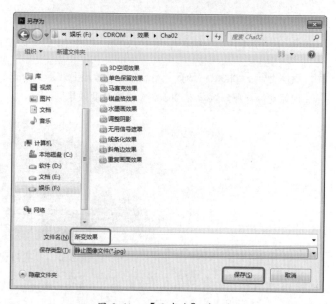

图 2-61　【另存为】对话框

(5) 返回到【导出设置】对话框，单击【导出】按钮即可将图片导出，导出完成后将场景保存。

案例精讲 037　棋盘格效果

本例介绍如何利用【复制】和【棋盘】效果为选中的图片添加棋盘格效果，效果如图 2-62 所示，具体操作步骤如下。

案例文件：CDROM \ 场景 \ Cha02 \ 棋盘格效果.prproj

视频文件：视频教学 \ Cha02 \ 棋盘格效果.avi

图 2-62　棋盘格效果

(1) 运行软件，新建项目和序列，导入 L5.jpg 和 L6.jpg 素材文件，将 L5.jpg 和 L6.jpg 分别拖入 V2、V1 轨道中。选择 L6.jpg 素材文件，在【效果控件】面板中将【缩放】设置为 77，在【效果】面板中选择【视频效果】|【风格化】|【复制】效果，双击该效果，在【效果控件】面板中将【计数】设置为 2，如图 2-63 所示。

(2) 选择 L5.jpg 素材文件，为其添加【复制】效果，将【计数】设置为 2。选择【视频效果】|【生成】|【棋盘】效果，双击该效果，在【效果控件】面板中将【棋盘】选项中的【锚点】设置为 512、384，将【大小依据】设置为【边角点】，将【边角】设置为 1113.9、821.4，将【混合模式】设置为【模板 Alpha】，如图 2-64 所示。

图 2-63　设置【计数】

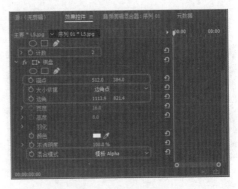
图 2-64　设置参数

案例精讲 038　动态色彩背景

本例介绍如何制作动态色彩背景，效果如图 2-65 所示，具体操作步骤如下。

案例文件：CDROM \ 场景 \ Cha02 \ 动态色彩背景.prproj

视频文件：视频教学 \ Cha02 \ 动态色彩背景.avi

图 2-65　动态色彩背景

(1) 运行软件,新建项目和序列,右击【项目】面板中的空白区域,在弹出的快捷菜单中选择【新建项目】|【颜色遮罩】命令,弹出【新建颜色遮罩】对话框,在该对话框中单击【确定】按钮,弹出【拾色器】对话框,将【颜色】设置为白色,单击【确定】按钮,弹出【选择名称】对话框,在该对话框中保持默认设置,单击【确定】按钮。

(2) 将【颜色遮罩】拖入【序列】面板中的 V1 轨道,将时间设置为 00:00:10:00,使其结尾处与时间线对齐,如图 2-66 所示。

(3) 打开【效果】面板,选择【视频效果】|【生成】|【四色渐变】效果。双击该效果,将当前时间设置为 00:00:00:00,将【点 1】设置为 72、57.6,【点 2】设置为 648、57.6,【点 3】设置为 72、518.4,【点 4】设置为 648、518.4,将【颜色 1】RGB 值设置为 255、255、0,【颜色 2】RGB 值设置为 0、255、0,【颜色 3】RGB 值设置为 255、0、255,【颜色 4】RGB 值设置为 0、0、255,如图 2-67 所示。

(4) 分别单击【颜色 1】、【颜色 2】、【颜色 3】、【颜色 4】左侧的【切换动画】按钮 ，将当前时间设置为 00:00:02:00,将【颜色 1】RGB 值设置为 255、108、0,【颜色 2】RGB 值设置为 234、255、0,【颜色 3】RGB 值设置为 54、0、255,【颜色 4】RGB 值设置为 240、0、255,如图 2-68 所示。

(5) 将当前时间设置为 00:00:03:00,单击【颜色 1】~【颜色 4】右侧的【添加 / 移除关键帧】按钮 ，将当前时间设置为 00:00:05:00,将【颜色 1】RGB 值设置为 97、218、0,【颜色 2】RGB 值设置为 255、0、0,【颜色 3】RGB 值设置为 255、0、246,【颜色 4】RGB 值设置为 0、48、255,如图 2-69 所示。

图 2-66　调整轨道中的文件

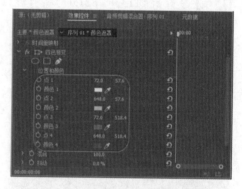

图 2-67　设置【四色渐变】参数

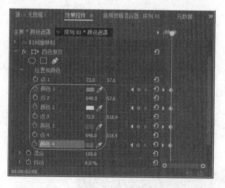

图 2-68　设置 00:00:02:00 时的参数

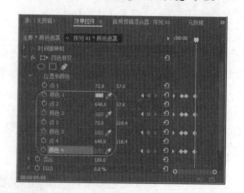

图 2-69　设置 00:00:05:00 时的参数

(6) 使用同样的方法设置其他动画,设置完成后将影片导出并保存场景。

案例精讲 039　镜头光晕效果

本例介绍如何为素材图片添加镜头光晕效果，效果如图 2-70 所示，具体操作步骤如下。

案例文件：CDROM ＼ 场景 ＼ Cha02 ＼ 镜头光晕效果 .prproj

视频文件：视频教学 ＼ Cha02 ＼ 镜头光晕效果 .avi

图 2-70　镜头光晕效果

(1) 运行软件后，新建项目和序列，双击【项目】面板中的空白区域，在弹出的对话框中选择 L7.jpg 文件。将 L7.jpg 拖入 V1 轨道中，选择该素材，在【效果控件】面板中将【缩放】设置为 77，如图 2-71 所示。

(2) 在【效果】面板中选择【视频效果】|【生成】|【镜头光晕】效果，将该效果添加至素材文件上，将当前时间设置为 00:00:00:00，将【光晕中心】设置为 160、51，将【光晕亮度】设置为 158%，单击【光晕中心】、【光晕亮度】左侧的【切换动画】按钮，如图 2-72 所示。

(3) 将当前时间设置为 00:00:04:10，将【光晕中心】设置为 837、51，将【光晕亮度】设置为 90%，如图 2-73 所示。

图 2-71　设置【缩放】

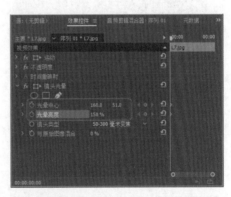

图 2-72　设置 00:00:00:00 时的参数

图 2-73　设置 00:00:04:10 时的参数

案例精讲 040　闪电效果

本例介绍如何添加闪电效果，效果如图 2-74 所示，具体操作步骤如下。

> 案例文件：CDROM \ 场景 \ Cha02 \ 闪电效果 .prproj
>
> 视频文件：视频教学 \ Cha02 \ 闪电效果 .avi

图 2-74　闪电效果

（1）运行软件，新建项目和序列，导入素材 L8.jpg，将该素材拖入 V1 轨道。选择素材，在【效果控件】面板中将【缩放】设置为 78，在【效果】面板中选择【视频效果】|【生成】|【闪电】效果，将该效果添加至素材文件上。在【效果控件】面板中将【起始点】设置为 123、60，将【结束点】设置为 315、490，将【分段】设置为 12，将【振幅】设置为 20，如图 2-75 所示。

（2）在【效果控件】面板中右击【闪电】效果，在弹出的快捷菜单中选择【复制】命令，然后右击【效果控件】面板中的空白区域，在弹出的快捷菜单中选择【粘贴】命令，将【起始点】设置为 784、129，将【结束点】设置为 699、528，将【速度】设置为 1，如图 2-76 所示。

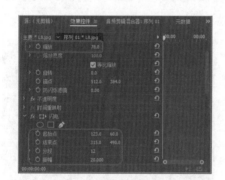

图 2-75　设置【闪电】参数

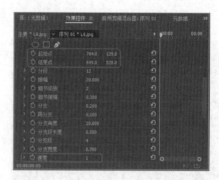

图 2-76　复制【闪电】效果并设置参数

案例精讲 041　画面亮度调整

本例介绍如何调整画面的亮度，效果如图 2-77 所示，具体操作步骤如下。

> 案例文件：CDROM \ 场景 \ Cha02 \ 画面亮度调整 .prproj
>
> 视频文件：视频教学 \ Cha02 \ 画面亮度调整 .avi

图 2-77　画面亮度调整

(1) 启动软件，新建项目和序列，导入素材 L9.jpg，在【效果控件】面板中将【缩放】设置为 77。

(2) 将 L9.jpg 拖入 V1 轨道，在【效果】面板中选择【视频效果】|【颜色校正】|【亮度与对比度】效果，双击该效果。将当前时间设置为 00:00:00:00，单击【亮度】和【对比度】左侧的【切换动画】按钮，如图 2-78 所示。

(3) 将当前时间设置为 00:00:04:00，将【亮度】设置为 43，将【对比度】设置为 25，如图 2-79 所示。

(4) 设置完成后将影片导出并保存场景。

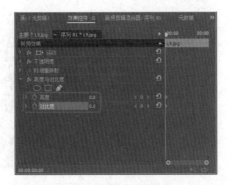

图 2-78　添加关键帧 图 2-79　设置参数

案例精讲 042　改变颜色

本例介绍如何改变对象的颜色，效果如图 2-80 所示，具体操作步骤如下。

案例文件：CDROM \ 场景 \ Cha02 \ 改变颜色.prproj

视频文件：视频教学 \ Cha02 \ 改变颜色.avi

图 2-80　改变颜色

(1) 启动软件，新建项目和序列，双击【项目】面板中的空白区域，在弹出的对话框中选择随书附带光盘中的″CDROM\ 素材 \Cha02\L10.jpg″文件，单击【打开】按钮，将 L10.jpg 拖入 V1 轨道，选择素材，在【效果控件】面板中将【缩放】设置为 77，如图 2-81 所示。

图 2-81　设置缩放

(2) 在【效果】面板中选择【视频效果】|【颜色校正】|【更改颜色】效果，双击该效果，在【效果控件】面板中将【色相变换】设置为 643，将【亮度变换】设置为 6，将【饱和度变换】设置为 100，将【要更改的颜色】RGB 值设置为 247、83、117，将【匹配柔和度】设置为 78%，如图 2-82 所示。

(3) 单击【色相变换】左侧的【切换动画】按钮 ，将当前时间设置为 00:00:02:15，将【色相变换】设置为 559，如图 2-83 所示。

(4) 将当前时间设置为 00:00:04:10，将【色相变换】设置为 418，如图 2-84 所示。

图 2-82　设置【更改颜色】参数

图 2-83　设置 00:00:02:15 时的【色相变换】参数

图 2-84　设置 00:00:04:10 时的【色相变换】参数

(5) 至此改变颜色效果就制作完成了，将影片导出后保存场景。

案例精讲 043　调整阴影／高光效果

本例介绍如何调整阴影／高光效果，效果如图 2-85 所示，具体操作步骤如下。

案例文件：CDROM ＼ 场景 ＼ Cha02 ＼ 调整阴影＼高光效果.prproj

视频文件：视频教学 ＼ Cha02 ＼ 调整阴影＼高光效果.avi

图 2-85　调整阴影／高光效果

(1) 运行软件，新建项目和序列，导入随书附带光盘中的 "CDROM\ 素材 \Cha02\L11.jpg" 素材，将素材拖入 V1 轨道，在【效果控件】面板中将【缩放】设置为 79，在【效果】面板中选择【视频效果】| Obsolete |【阴影 / 高光】效果，双击该效果，在【效果控件】面板中展开【阴影 / 高光】选项，取消勾选【自动数量】复选框，将【阴影数量】设置为 81，将【高光数量】设置为 6，如图 2-86 所示。

(2) 展开【更多选项】选项，将【阴影色调宽度】设置为 93，将【阴影半径】设置为 19，将【高光色调宽度】设置为 92，将【高光半径】设置为 76，将【颜色校正】设置为 20，如图 2-87 所示。

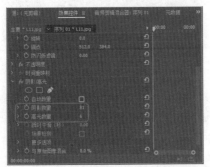
图 2-86　设置【阴影数量】和【高光数量】

图 2-87　设置参数

(3) 至此调整阴影 / 高光效果就制作完成了，将图片导出后保存场景。

案例精讲 044　块溶解效果

本例介绍如何为对象添加块溶解效果，效果如图 2-88 所示，具体操作步骤如下。

| 案例文件：CDROM \ 场景 \ Cha02 \ 块溶解效果 .prproj |
| 视频文件：视频教学 \ Cha02 \ 块溶解效果 .avi |

图 2-88　块溶解效果

(1) 启动软件，新建项目和序列，导入 L12.jpg、L13.jpg 素材图片，将 L12.jpg 添加至 V2 轨道，将 L13.jpg 添加至 V1 轨道。在【效果控件】面板中将素材的【缩放】设置为 78。在【效果】面板中选择【视频效果】|【过渡】|【块溶解】效果，将其拖至 V2 轨道中的素材文件上，将当前时间设置为 00:00:00:00，单击【过渡完成】左侧的【切换动画】按钮，将【块宽度】设置为 46，将【块高度】设置为 22，如图 2-89 所示。

(2) 将当前时间设置为 00:00:03:16，将【过渡完成】设置为 100%，如图 2-90 所示。至此块溶解效果就制作完成了，影片导出后将场景进行保存即可。

图 2-89　设置 00:00:00:00 时的参数

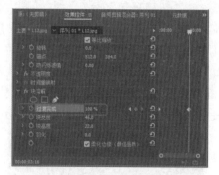

图 2-90　设置 00:00:03:16 时的参数

案例精讲 045　投影效果

本例介绍如何为对象添加投影效果，效果如图 2-91 所示，具体操作步骤如下。

> 案例文件：CDROM ＼ 场景 ＼ Cha02 ＼ 投影效果 .prproj
>
> 视频文件：视频教学 ＼ Cha02 ＼ 投影效果 .avi

图 2-91　投影效果

（1）启动软件，新建项目和序列，右击【项目】面板中的空白区域，在弹出的快捷菜单中选择【新建项目】|【颜色遮罩】命令，在弹出的对话框中保持默认设置，单击【确定】按钮，在弹出的【拾色器】对话框中将颜色设置为白色，单击【确定】按钮，再在弹出的对话框中单击【确定】按钮。将【颜色遮罩】拖入 V1 轨道。

（2）在【效果】面板中选择【视频效果】|【生成】|【渐变】效果，双击该效果，在【效果控件】面板中将【渐变起点】设置为 360、262，将【渐变终点】设置为 360、740，将【渐变形状】设置为【径向渐变】，将【起始颜色】RGB 值设置为 199、150、255，将【结束颜色】RGB 值设置为 81、0、137，如图 2-92 所示。

（3）在【效果】面板中选择【杂色】效果，双击该效果，在【效果控件】面板中，将【杂色数量】设置为 19%，取消勾选【使用颜色杂色】复选框，如图 2-93 所示。

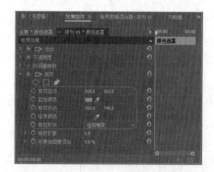

图 2-92　设置【渐变】效果

图 2-93　设置【杂色】效果

(4) 按 Ctrl+T 键，在弹出的对话框中保持默认设置，单击【确定】按钮，打开【字幕】对话框。在【字幕】对话框中选择【文字工具】 T ，输入文本，将【字体系列】设置为 Arial，将【字体大小】设置为 81，将【填充】选项中的【颜色】设置为白色，单击【外描边】右侧的【添加】按钮，将【大小】设置为 30，将【颜色】RGB 值设置为 233、119、58，再次单击【外描边】右侧的【添加】按钮，将【大小】设置为 50，将【颜色】RGB 值设置为 255、255、0，如图 2-94 所示。

(5) 在【变换】选项中将【X 位置】、【Y 位置】分别设置为 391、291，将对话框关闭。将【字幕01】拖入 V2 轨道，在【效果】面板中选择【投影】效果，在【效果控件】面板中将【阴影颜色】RGB值设置为 52、52、52，将【不透明度】设置为 35%，将【方向】设置为 0，将【距离】设置为 35，将当前时间设置为 00:00:00:00，单击【方向】左侧的【切换动画】按钮 Ō ，如图 2-95 所示。

图 2-94 【字幕】对话框

图 2-95 设置投影参数

(6) 将当前时间设置为 00:00:04:10，将【方向】设置为 360°，至此投影效果就制作完成了，导出影片后将场景保存。

案例精讲 046 斜角边效果【视频案例】

本例介绍如何为对象添加斜角边效果，效果如图 2-96 所示，具体的操作可以参考随书附带光盘视频教程。

> 📖 案例文件：CDROM \ 场景 \ Cha02 \ 斜角边效果 .prproj
>
> 视频文件：视频教学 \ Cha02 \ 斜角边效果 .avi

图 2-96 斜角边效果

案例精讲 047 　线条化效果【视频案例】

本例介绍如何为选择的对象添加线条化效果，效果如图 2-97 所示，具体的操作可以参考随书附带光盘视频教程。

> 案例文件：CDROM \ 场景 \ Cha02 \ 线条化效果.prproj
> 视频文件：视频教学 \ Cha02 \ 线条化效果.avi

图 2-97　线条化效果

案例精讲 048 　设置遮罩【视频案例】

无用信号遮罩可以通过调整锚点，使选择的对象以不同的形状显示，效果如图 2-98 所示，具体的操作可以参考随书附带光盘视频教程。

> 案例文件：CDROM \ 场景 \ Cha02\ 设置遮罩.prproj
> 视频文件：视频教学 \ Cha02 \ 设置遮罩.avi

图 2-98　无用信号遮罩

案例精讲 049 　视频抠像【视频案例】

视频抠像可以通过亮度键效果对选择的对象进行扣除，效果如图 2-99 所示，具体的操作可以参考随书附带光盘视频教程

> 案例文件：CDROM \ 场景 \ Cha02 \ 视频抠像.prproj
> 视频文件：视频教学 \ Cha02 \ 视频抠像.avi

图 2-99　视频抠像

案例精讲 050 画面浮雕效果【视频案例】

本例介绍如何为对象添加画面浮雕效果，效果如图 2-100 所示，具体的操作可以参考随书附带光盘视频教程。

> 案例文件：CDROM \ 场景 \ Cha02 \ 画面浮雕效果 .prproj
>
> 视频文件：视频教学 \ Cha02 \ 画面浮雕效果 .avi

图 2-100　画面浮雕效果

案例精讲 051 重复画面效果【视频案例】

本例介绍如何将选择的对象进行重复显示，效果如图 2-101 所示，具体的操作可以参考随书附带光盘视频教程。

> 案例文件：CDROM \ 场景 \ Cha02 \ 重复画面效果 .prproj
>
> 视频文件：视频教学 \ Cha02 \ 重复画面效果 .avi

图 2-101　重复画面效果

案例精讲 052 马赛克效果【视频案例】

本例介绍如何为对象添加马赛克效果，效果如图 2-102 所示，具体的操作可以参考随书附带光盘视频教程。

> 案例文件：CDROM \ 场景 \ Cha02 \ 马赛克效果 .prproj
>
> 视频文件：视频教学 \ Cha02 \ 马赛克效果 .avi

图 2-102　马赛克效果

案例精讲 053　Alpha 发光效果【视频案例】

本例介绍如何为对象添加 Alpha 发光效果，效果如图 2-103 所示，具体的操作可以参考随书附带光盘视频教程。

📖 案例文件：CDROM \ 场景 \ Cha02 \Alpha 发光效果 .prproj

视频文件：视频教学 \ Cha02 \Alpha 发光效果 .avi

图 2-103　Alpha 发光效果

案例精讲 054　相机闪光效果【视频案例】

本例介绍如何为对象添加相机闪光效果，效果如图 2-104 所示，具体的操作可以参考随书附带光盘视频教程。

📖 案例文件：CDROM \ 场景 \ Cha02 \ 相机闪光效果 .prproj

视频文件：视频教学 \ Cha02 \ 相机闪光效果 .avi

图 2-104　相机闪光效果

第 3 章

视频过渡效果

本章重点

- 立方体旋转切换效果
- 翻转切换效果
- 交叉划像切换效果
- 圆划像切换效果
- 页面剥落效果
- 翻页切换效果
- 交叉溶解效果
- 双侧平推门效果

- 带状擦除效果
- 时钟式擦除效果
- 油漆飞溅效果
- 百叶窗效果
- 风车效果
- 螺旋框效果
- 纹理化效果

　　一部电影或一档电视节目是由很多镜头组成的，镜头之间组合显示的变化被称为过渡。本章将介绍如何为视频片段与片段之间添加过渡效果。

案例精讲 055　立方体旋转切换效果

立方体旋转切换效果是将两幅图像映射到立方体的两个面,从而进行立体的旋转,效果如图3-1所示,具体操作步骤如下。

案例文件：CDROM \ 场景 \ Cha03 \ 立方体旋转切换效果.prproj

视频文件：视频教学 \ Cha03 \ 立方体旋转切换效果.avi

图 3-1　立方体旋转切换效果

(1) 双击【项目】面板中的空白区域,弹出【导入】对话框,选择随书附带光盘中"CDROM \ 素材 \Cha03\001.jpg 和 002.jpg"文件,如图3-2所示。

(2) 单击【打开】按钮,打开素材文件后,将其拖入【时间轴】面板中的 V1 视频轨道,如图3-3所示。

图 3-2　选择素材文件

图 3-3　将素材文件拖入 V1 轨道

(3) 在轨道中选择 001.jpg 素材文件,在【效果控件】面板中将【缩放】设置为 57,如图3-4所示。

(4) 在轨道中选择 002.jpg 素材文件,在【效果控件】面板中将【缩放】设置为 77,如图3-5所示。

图 3-4　设置 001 素材的缩放参数

图 3-5　设置 002 素材的缩放参数

(5) 切换到【效果】面板,打开【视频过渡】文件夹,选择【3D 运动】下的【立方体旋转】特效,将其拖入【时间轴】面板中的两个素材之间，如图 3-6 所示。

（6）在两个素材之间选择添加的切换效果，在【效果控件】面板中单击切换缩略图上方的下三角按钮，更改图像的旋转方向，如图 3-7 所示。按空格键预览效果。

图 3-6　添加特效　　　　　　　　　图 3-7　更改图像的旋转方向

案例精讲 056　翻转切换效果

翻转切换效果是指图像 A 翻转到所选颜色后，再翻转显示出图像 B，效果如图 3-8 所示，应用翻转切换效果的具体操作步骤如下。

 案例文件：CDROM \ 场景 \ Cha03 \ 翻转切换效果.prproj

　　　　视频文件：视频教学 \ Cha03 \ 翻转切换效果.avi

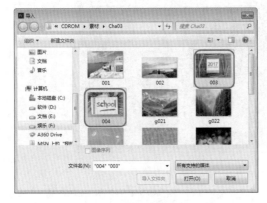

图 3-8　翻转切换效果

（1）双击【项目】面板中的空白区域，弹出【导入】对话框，选择随书附带光盘中的"CDROM\ 素材 \Cha03\003.jpg 和 004.jpg"文件，如图 3-9 所示。

（2）单击【打开】按钮，打开素材文件后，将其拖入【时间轴】面板中的 V1 视频轨道，如图 3-10 所示。

图 3-9　选择素材文件　　　　　　　　図 3-10　将素材文件拖入 V1 轨道

（3）在轨道中选择 003.jpg 素材文件，在【效果控件】面板中将【缩放】设置为 160，如图 3-11 所示。

（4）在轨道中选择 004.jpg 素材文件，在【效果控件】面板中将【缩放】设置为 160，如图 3-12 所示。

图 3-11　设置 003 素材的缩放参数　　　图 3-12　设置 004 素材的缩放参数

（5）切换到【效果】面板，打开【视频过渡】文件夹，选择【3D 运动】下的【翻转】特效，将其拖至两个素材之间，如图 3-13 所示。

（6）选择添加的切换效果，在【效果控件】面板中单击【自定义】按钮，如图 3-14 所示。

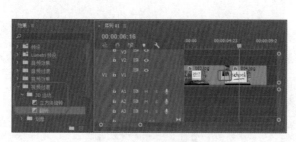

图 3-13　添加效果　　　　　　　图 3-14　单击【自定义】按钮

（7）在弹出的对话框中将【带】设置为 8，如图 3-15 所示。

（8）单击【填充颜色】右侧的色块，在弹出的对话框中将 RGB 值设置为 255、255、255，如图 3-16 所示，设置完成后单击两次【确定】按钮即可。

图 3-15　设置【带】参数　　　　　图 3-16　设置填充颜色

交叉划像切换效果

交叉划像切换效果指的是打开交叉形状擦除，以显示图像 A 下面的图像 B，具体操作步骤如下。

📖 案例文件：CDROM \ 场景 \ Cha03 \ 交叉划像切换效果 .prproj
　视频文件：视频教学 \ Cha03 \ 交叉划像切换效果 .avi

(1) 双击【项目】面板中的空白区域，弹出【导入】对话框，选择随书附带光盘中的 "CDROM\ 素材 \Cha03\005.jpg 和 006.jpg" 文件，如图 3-17 所示。

(2) 单击【打开】按钮，打开素材文件后，将其拖入【时间轴】面板中的 V1 视频轨道，如图 3-18 所示。

图 3-17 选择素材文件

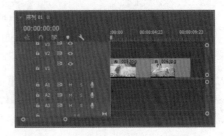

图 3-18 将素材文件拖入 V1 轨道

(3) 在轨道中选择 005.jpg 素材文件，在【效果控件】面板中将【缩放】设置为 60，如图 3-19 所示。

(4) 在轨道中选择 006.jpg 素材文件，在【效果控件】面板中将【缩放】设置为 60，如图 3-20 所示。

(5) 切换到【效果】面板，打开【视频过渡】文件夹，选择【划像】下的【交叉划像】特效，如图 3-21 所示。

图 3-19 设置 005 素材的缩放参数

图 3-20 设置 006 素材的缩放参数

(6) 将特效拖至两个素材之间，添加特效后的效果如图 3-22 所示。

(7) 按空格键预览效果，如图 3-23 所示。

图 3-21 添加【交叉划像】特效

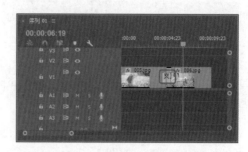
图 3-22 添加特效后的效果

图 3-23 预览效果

案例精讲 058 圆划像切换效果

本例介绍如何使用【视频过渡】中的【圆划像】特效，方法是将【圆划像】特效添加到两个素材之间，通过设置效果的【持续时间】和【方向】得到想要的效果。

> 案例文件：CDROM \ 场景 \ Cha03 \ 圆划像切换效果 .prproj
> 视频文件：视频教学 \ Cha03 \ 圆划像切换效果 .avi

(1) 新建项目文件及序列，在【项目】面板中导入随书附带光盘中的 "CDROM\ 素材 \Cha03 007.jpg 和 008.jpg" 文件，如图 3-24 所示。

(2) 单击【打开】按钮，打开素材文件后，将其拖入 V1 视频轨道，如图 3-25 所示。

图 3-24 导入素材文件

图 3-25 将素材拖入 V1 视频轨道

(3) 在轨道中选择 007.jpg 素材文件，在【效果控件】面板中将【缩放】设置为 110，如图 3-26 所示。

(4) 在轨道中选择 008.jpg 素材文件，在【效果控件】面板中将【缩放】设置为 140，如图 3-27 所示。

图 3-26 设置 007 素材的缩放参数

图 3-27 设置 008 素材的缩放参数

（5）打开【效果】面板，选择【视频过渡】|【划像】|【圆划像】特效，将其添加到两个素材之间，如图 3-28 所示。

（6）选择添加的特效，将【持续时间】设置为 00:00:03:00，移动 A 的中心点，如图 3-29 所示。

（7）按空格键预览效果，如图 3-30 所示。

图 3-28 添加【圆划像】特效

图 3-29 设置特效参数

图 3-30 预览效果

案例精讲 059　页面剥落效果

本例介绍视频过渡中的【页面剥落】效果，方法是将【页面剥落】效果添加到两个素材之间，通过设置效果的【持续时间】和【方向】得到想要的效果。

> 案例文件：CDROM \ 场景 \ Cha03 \ 页面剥落效果.prproj
>
> 视频文件：视频教学 \ Cha03 \ 页面剥落效果.avi

（1）新建项目文件及序列，在【项目】面板中导入随书附带光盘中的"CDROM\ 素材 \Cha03\009.jpg 和 010.jpg"文件，如图 3-31 所示。

（2）选择导入的两个素材文件，将其拖入 V1 视频轨道，如图 3-32 所示。

图 3-31　导入素材文件　　　　　图 3-32　将素材拖入 V1 视频轨道

(3) 打开【效果】面板，选择【视频过渡】|【页面剥落】|【页面剥落】特效，并将其拖至两个素材之间，如图 3-33 所示。

(4) 切换到【效果控件】面板，将剥落方向设置为【自东南向西北】，如图 3-34 所示。

图 3-33　添加【页面剥落】特效　　　　　图 3-34　设置剥落方向

(5) 按空格键预览效果，如图 3-35 所示。

图 3-35　预览效果

案例精讲 060　翻页切换效果

翻页切换效果是使图像 A 卷曲以显示图像 B，本例介绍如何应用翻页切换效果，具体操作步骤如下。

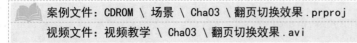

案例文件：CDROM ＼ 场景 ＼ Cha03 ＼ 翻页切换效果 .prproj
视频文件：视频教学 ＼ Cha03 ＼ 翻页切换效果 .avi

(1) 继续上一实例的操作，切换到【效果】面板，打开【视频过渡】文件夹，选择【页面剥落】下的【翻页】特效，如图 3-36 所示。

(2) 将特效拖至两个素材之间，即可添加【翻页】特效，如图 3-37 所示。

(3) 按空格键预览效果，如图 3-38 所示。

图 3-36　添加【翻页】特效　　　　图 3-37　选择【翻页】特效

图 3-38　预览效果

案例精讲 061　交叉溶解效果

本例介绍【交叉溶解】效果，方法是将【交叉溶解】效果添加到两个素材之间，通过设置效果的持续时间得到想要的效果。

 案例文件：CDROM \ 场景 \ Cha03 \ 交叉溶解效果.prproj
　　　　　　视频文件：视频教学 \ Cha03 \ 交叉溶解效果.avi

(1) 新建项目文件及序列，在【项目】面板中导入随书附带光盘中的"CDROM\ 素材 \Cha03\011.jpg和 012.jpg" 文件，如图 3-39 所示。

(2) 选择导入的两个素材文件将其拖入 V1 视频轨道，如图 3-40 所示。

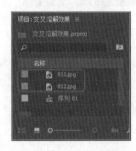　　　　

图 3-39　导入素材文件　　　　图 3-40　将素材拖入 V1 视频轨道

(3) 在轨道中选择 011.jpg 素材文件，在【效果控件】面板中将【缩放】设置为 60，如图 3-41 所示。

(4) 在轨道中选择 012.jpg 素材文件，在【效果控件】面板中将【缩放】设置为 160，如图 3-42 所示。

 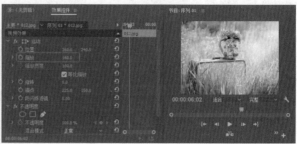

图 3-41　设置 011 素材缩放参数　　　　图 3-42　设置 012 素材的缩放参数

(5) 打开【效果】面板，选择【视频过渡】|【溶解】|【交叉溶解】特效，将其拖入两个素材之间，如图 3-43 所示。

(6) 选择【交叉溶解】特效，在【效果控件】面板中将【持续时间】设置为 00:00:03:00，如图 3-44 所示。

图 3-43　添加【交叉溶解】特效　　　　　　　图 3-44　设置持续时间

(7) 按空格键预览效果，如图 3-45 所示。

图 3-45　预览效果

案例精讲 062　双侧平推门效果

【双侧平推门】切换效果可以使图像 B 以由中央向外打开的方式从图像 A 的下面显示出来。本例介绍如何应用【双侧平推门】切换效果，具体操作步骤如下。

　　📖　案例文件：CDROM \ 场景 \ Cha03 \ 双侧平推门效果 .prproj
　　　　视频文件：视频教学 \ Cha03 \ 双侧平推门效果 .avi

(1) 双击【项目】面板中的空白区域，弹出【导入】对话框，选择随书附带光盘中的 "CDROM\ 素材 \Cha03\013.jpg 和 014.jpg" 文件，如图 3-46 所示。

(2) 单击【打开】按钮，打开素材文件后，将其拖入 V1 视频轨道，如图 3-47 所示。

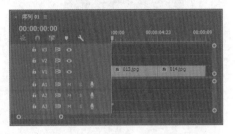

图 3-46　选择素材文件　　　　　　　　　图 3-47　将素材文件拖入 V1 轨道

(3) 在轨道中选择 013.jpg 素材文件，在【效果控件】面板中将【缩放】设置为 160，如图 3-48 所示。

(4) 在轨道中选择 014.jpg 素材文件，在【效果控件】面板中将【缩放】设置为 160，如图 3-49 所示。

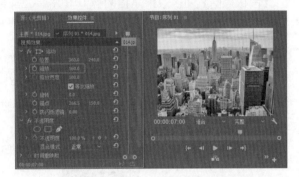

图 3-48　设置 013 素材的缩放参数　　　　图 3-49　设置 014 素材的缩放参数

(5) 切换到【效果】面板，打开【视频过渡】文件夹，选择【擦除】下的【双侧平推门】特效，如图 3-50 所示。

(6) 将特效拖至两个素材之间，即可添加该特效，如图 3-51 所示。

图 3-50　选择【双侧平推门】特效　　　　图 3-51　添加特效

(7) 选择添加的特效，在【效果控件】面板中将【边框宽度】设置为 0，将【边框颜色】设置为白色，并勾选【反向】右侧的复选框，如图 3-52 所示。

(8) 按空格键预览效果，如图 3-53 所示。

图 3-52　设置特效参数

图 3-53　预览效果

案例精讲 063　带状擦除效果

【带状擦除】切换效果是指图像 B 在水平、垂直或对角线方向呈现条形扫除图像 A，从而逐渐显示。本例介绍如何应用【带状擦除】切换效果，具体操作步骤如下。

案例文件：CDROM \ 场景 \ Cha03 \ 带状擦除效果.prproj

视频文件：视频教学 \ Cha03 \ 带状擦除效果.avi

(1) 继续上一案例精讲的操作，切换到【效果】面板，打开【视频过渡】文件夹，选择【擦除】下的【带状擦除】特效，如图 3-54 所示。

(2) 将该特效拖至两个素材之间，即可添加【带状擦除】特效，如图 3-55 所示。

图 3-54　选择【带状擦除】特效　　　图 3-55　添加【带状擦除】特效

(3) 选择所添加的特效，在【效果控件】面板中单击【自定义】按钮，如图 3-56 所示。

(4) 在弹出的对话框中将【带数量】设置为 12，如图 3-57 所示，然后单击【确定】按钮。

(5) 按空格键预览效果，如图 3-58 所示。

图 3-56　单击【自定义】按钮　　图 3-57　设置【带数量】参数　　　图 3-58　预览效果

案例精讲 064 时钟式擦除效果

本例介绍【视频过渡】中的【时钟式擦除】效果，方法是将【时钟式擦除】效果添加到两个素材之间，通过设置效果的【持续时间】和【方向】得到想要的效果。

> 案例文件：CDROM \ 场景 \ Cha03 \ 时钟式擦除效果.prproj
> 视频文件：视频教学 \ Cha03 \ 时钟式擦除效果.avi

(1) 新建项目文件及序列，在【项目】面板中导入随书附带光盘中的 CDROM\ 素材 \Cha03 文件夹中的 015.jpg 和 016.jpg 文件，如图 3-59 所示。

(2) 选择导入的两个素材文件并拖入 V1 视频轨道，如图 3-60 所示。

(3) 打开【效果】面板，选择【视频过渡】|【擦除】|【时钟式擦除】特效，将其拖入两个素材之间，如图 3-61 所示。

图 3-59 导入素材文件

图 3-60 拖入 V1 视频轨道

图 3-61 添加特效

(4) 选择添加的【时钟式擦除】效果，在【效果控件】面板中将【持续时间】设置为 00:00:02:00，如图 3-62 所示。

(5) 按空格键预览效果，如图 3-63 所示。

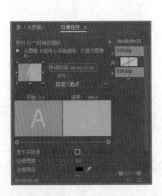
图 3-62 设置持续时间

图 3-63 预览效果

案例精讲 065 中心拆分切换效果

【中心拆分】切换效果可以将图像 A 分成四部分，并滑动到角落以显示图像 B，如图 3-64 所示。本例介绍如何应用【中心拆分】切换效果，具体操作步骤如下。

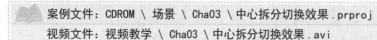

案例文件：CDROM \ 场景 \ Cha03 \ 中心拆分切换效果.prproj

视频文件：视频教学 \ Cha03 \ 中心拆分切换效果.avi

图 3-64　中心拆分切换效果

　　(1) 双击【项目】面板中的空白区域，弹出【导入】对话框，导入随书附带光盘中的"CDROM\ 素材 \Cha03\017.jpg 和 018.jpg"文件，如图 3-65 所示。

　　(2) 单击【打开】按钮，打开素材文件后，将其拖入【时间轴】面板中的 V1 视频轨道，如图 3-66 所示。

　　(3) 在轨道中选择 017.jpg 素材文件，在【效果控件】面板中将【缩放】设置为 15，如图 3-67 所示。

图 3-65　选择素材文件　　图 3-66　将素材文件拖入轨道　　　图 3-67　设置 017 素材的缩放参数

　　(4) 在轨道中选择 018.jpg 素材文件，在【效果控件】面板中将【缩放】设置为 10，如图 3-68 所示。

　　(5) 切换到【效果】面板，打开【视频过渡】文件夹，选择【滑动】下的【中心拆分】特效，如图 3-69 所示。

　　(6) 将特效拖至两个素材之间，即可添加【中心拆分】特效，如图 3-70 所示。

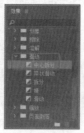

图 3-68　设置 018 素材的缩放参数　　图 3-69　选择【中心拆分】特效　　图 3-70　添加【中心拆分】特效

案例精讲 066　棋盘切换效果

　　【棋盘】切换效果是指两组框交替擦除，以显示图像 A 下面的图像 B，如图 3-71 所示。本例介绍如何应用【棋盘】切换效果，具体操作步骤如下。

案例文件：CDROM \ 场景 \ Cha03 \ 棋盘切换效果.prproj

视频文件：视频教学 \ Cha03 \ 棋盘切换效果.avi

图 3-71　棋盘切换效果

(1) 双击【项目】面板中的空白区域，弹出【导入】对话框，选择随书附带光盘中的 "CDROM\ 素材 \Cha03\019.jpg 和 020.jpg" 文件，如图 3-72 所示。

(2) 单击【打开】按钮，打开素材文件后，将其拖入 V1 视频轨道，如图 3-73 所示。

(3) 在轨道中选择 019.jpg 素材文件，在【效果控件】面板中将【缩放】设置为 10，如图 3-74 所示。

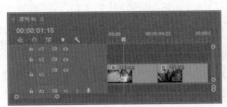

图 3-72　选择素材文件　　　图 3-73　将素材文件拖入视频轨道　　　图 3-74　设置 019.jpg 素材的缩放参数

(4) 在轨道中选择 020.jpg 素材文件，在【效果控件】面板中将【缩放】设置为 73，如图 3-75 所示。

(5) 切换到【效果】面板，打开【视频过渡】文件夹，选择【擦除】下的【棋盘】特效，如图 3-76 所示。

(6) 将特效拖至两个素材之间，即可添加该特效，如图 3-77 所示。

图 3-75　设置 020 素材的缩放参数　　　图 3-76　选择【棋盘】特效　　　图 3-77　添加【棋盘】特效

(7) 选择添加的特效，在【效果控件】面板中将【边框宽度】设置为 1.5，将【边框颜色】设置为白色，如图 3-78 所示。

(8) 按空格键预览效果，如图 3-79 所示。

图 3-78　设置【边框宽度】和【边框颜色】参数

图 3-79　预览效果

案例精讲 067　油漆飞溅效果【视频案例】

　　本例介绍【视频过渡】中的【油漆飞溅】效果的应用，方法是将【油漆飞溅】效果添加到两个素材之间，通过设置效果的【持续时间】得到想要的效果，具体的操作可以参考随书附带光盘视频教程。

 案例文件：CDROM ＼ 场景 ＼ Cha03 ＼ 油漆飞溅效果 .prproj
　　视频文件：视频教学 ＼ Cha03 ＼ 油漆飞溅效果 .avi

案例精讲 068　百叶窗效果【视频案例】

　　本例介绍【视频过渡】中的【百叶窗】效果的应用，方法是将【百叶窗】效果添加到两个素材之间，通过设置效果的【持续时间】和【方向】得到想要的效果，具体的操作可以参考随书附带光盘视频教程。

 案例文件：CDROM ＼ 场景 ＼ Cha03 ＼ 百叶窗效果 .prproj
　　视频文件：视频教学 ＼ Cha03 ＼ 百叶窗效果 .avi

案例精讲 069　风车效果【视频案例】

　　本例介绍【视频过渡】中的【风车】效果的应用，方法是将【风车效果】效果添加到两个素材之间，通过设置效果的【持续时间】、【边框宽度】和【边框颜色】得到想要的效果，如图 3-80 所示，具体的操作可以参考随书附带光盘视频教程。

案例文件：CDROM \ 场景 \ Cha03 \ 风车效果.prproj

视频文件：视频教学 \ Cha03 \ 风车效果.avi

图 3-80　风车效果

案例精讲 070　螺旋框效果【视频案例】

　　本例介绍【视频过渡】中的【螺旋框】效果的应用，方法是将【螺旋框】效果添加到两个素材之间，通过设置效果的【持续时间】和【方向】得到想要的效果，如图 3-81 所示，具体的操作可以参考随书附带光盘视频教程。

 案例文件：CDROM \ 场景 \ Cha03 \ 螺旋框效果.prproj

视频文件：视频教学 \ Cha03 \ 螺旋框效果.avi

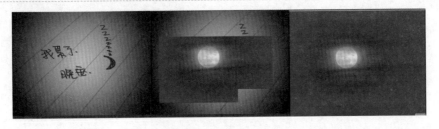

图 3-81　螺旋框效果

案例精讲 071　水波块效果【视频案例】

　　本例介绍【视频过渡】中的【水波块】效果的应用，方法是将【水波块】效果添加到两个素材之间，通过设置效果的【持续时间】得到想要的效果，如图 3-82 所示，具体的操作可以参考随书附带光盘视频教程。

 案例文件：CDROM \ 场景 \ Cha03 \ 水波块效果.prproj

视频文件：视频教学 \ Cha03 \ 水波块效果.avi

图 3-82　水波块效果

第4章

字幕制作技巧

本章重点

- 字幕排列
- 使用软件自带的字幕模板
- 在视频中添加字幕
- 渐变字幕
- 纹理效果的字幕
- 阴影效果字幕
- 路径文字
- 发光字幕
- 涂鸦字幕
- 中英文字幕
- 卡通字幕
- 水平滚动的字幕

- 垂直滚动的字幕
- 逐字打出的字幕
- 卷展效果的字幕
- 远处飞来的字幕
- 沿路径运动的字幕
- 手写字效果
- 带滚动效果的字幕
- 立体旋转效果的字幕
- 制作波纹文字
- 动态旋转的字幕
- 数字化字幕
- 掉落的文字

　　本章中制作的案例精讲主要在字幕编辑器中完成。本章的重点在于如何为背景添加一个静态的字幕，这种方法在广告中最为常见。学完本章的案例精讲，相信读者可以制作出效果更佳的作品来。

案例精讲 072　字幕排列

本例的制作主要是对不同的字进行不同的设置。首先添加背景素材，新建字幕，然后在字幕编辑器中对不同的字进行不同的设置，就可以得到想要的效果，如图 4-1 所示。

> 案例文件：CDROM \ 场景 \ Cha04 \ 字幕排列.prproj
> 视频文件：视频教学 \ Cha04 \ 字幕排列.avi

图 4-1　字幕排列效果

(1) 运行 Premiere Pro CC 2017，在界面中单击【新建项目】，在弹出的对话框中指定保存路径及名称，如图 4-2 所示。

(2) 单击【确定】按钮，按 Ctrl+N 键，在弹出的对话框中选择【设置】选项卡，将【编辑模式】设置为【自定义】，将【时基】设置为 23.976 帧 / 秒，将【帧大小】设置为 520，将【水平】设置为 480，将【像素长宽比】设置为 D1/DV NTSC(0.9091)，如图 4-3 所示。

图 4-2　指定保存路径及名称

图 4-3　设置序列

(3) 单击【确定】按钮，双击【项目】面板中的空白区域，在弹出的对话框中选择要导入的素材文件，如图 4-4 所示。

(4) 单击【打开】按钮，在【项目】面板中选择添加的素材文件，将其拖入 V1 轨道，选择该轨道中的素材文件，在【效果控件】面板中将【缩放】设置为 17，如图 4-5 所示。

(5) 按 Ctrl+T 键，在弹出的对话框中保留默认设置，如图 4-6 所示。

(6) 单击【确定】按钮，打开字幕编辑器输入"春"，选择输入的文字，将【字体系列】设置为【汉仪秀英体简】，将【字体大小】设置为 90，在【填充】选项将【颜色】设置为 #FFB500，在【描边】选项下单击【外描边】右侧的【添加】，将【大小】设置为 3，将【颜色】设置为 #FFFFFF，如图 4-7 所示。

(7) 勾选【阴影】复选框，将【颜色】设置为白色，将【不透明度】、【角度】、【距离】、【大小】、【扩展】分别设置为 100%、45°、3、0、21，如图 4-8 所示。

(8) 继续选择该文字,在【变换】选项下将【X 位置】、【Y 位置】分别设置为 187.1、227.3,如图 4-9 所示。

图 4-4 选择素材文件

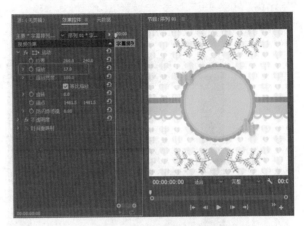

图 4-5 设置【缩放】参数

图 4-6 【新建字幕】对话框

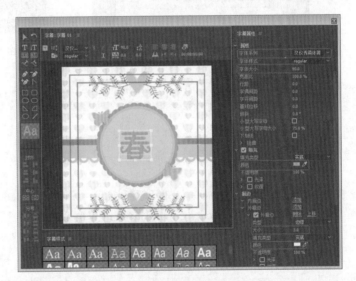

图 4-7 设置字体及颜色等参数

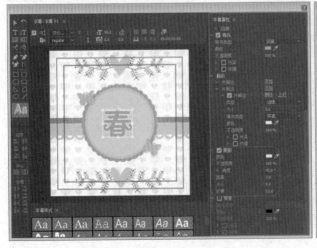

图 4-8 设置阴影参数

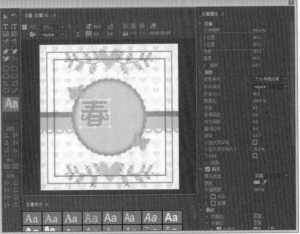

图 4-9 调整文字位置

（9）选择该文字，按住 Alt 键拖动文字，对选择的文字进行复制，如图 4-10 所示。

（10）选择复制后的文字，将其修改为"意"，关闭字幕编辑器，在【项目】面板中选择【字幕01】，将其拖入 V2 视频轨道，完成后的效果如图 4-11 所示。

图 4-10　复制文字

图 4-11　完成后的效果

案例精讲 073　使用软件自带的字幕模板

本例主要讲解如何利用字幕编辑器中自带的字幕样式，如图 4-12 所示。通过为文字添加字幕样式可以大幅节省时间，提高工作效率。

图 4-12　软件自带的字幕模板

案例文件：CDROM ＼ 场景 ＼ Cha04 ＼ 使用软件自带的字幕模板.prproj

视频文件：视频教学 ＼ Cha04 ＼ 使用软件自带的字幕模板.avi

（1）运行 Premiere Pro CC 2017，新建项目文件和序列，在弹出的界面中单击【新建项目】，在弹出的对话框中指定保存路径及名称。单击【确定】按钮，按 Ctrl+N 键，在弹出的对话框中选择【设置】选项卡，将【编辑模式】设置为【自定义】，将【时基】设置为 23.976 帧 / 秒，将【帧大小】设置为500，将【水平】设置为 480，将【像素长宽比】设置为 D1/DV NTSC(0.9091)，然后在项目面板中双击，选择随书附带光盘中的素材文件，并将导入的素材拖入 V1 轨道中，选中该素材文件，在【效果控件】面板中将【缩放】设置为 15，如图 4-13 所示。

（2）按 Ctrl+T 键，在弹出的【新建字幕】对话框中保留默认设置，如图 4-14 所示。

（3）单击【确定】按钮，进入字幕编辑器，使用【文字工具】 T 输入英文 HELLO。然后选择 HELLO，在【字幕样式】面板中选择 Times New Roman Regular red glow 样式，将【字体系列】设置为 Times New Roman，将【字体大小】设置为 99，如图 4-15 所示。

（4）调整文字位置，再在文字下方输入 Rabbit，在【字幕样式】面板中选择 Arial Bold soft drop shadow 样式，将【字体系列】设置为 Vladimir Script，将【字体大小】设置为 56，将【宽高比】设置为137.5，如图 4-16 所示。

（5）调整文字的位置，关闭字幕编辑器，然后在【项目】面板中将"字幕 01"拖入 V2 轨道，在【节目】面板中查看效果。

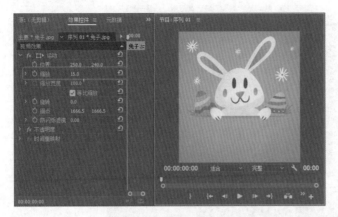

图 4-13 设置【缩放】参数

图 4-14 【新建字幕】对话框

图 4-15 设置 HELLO 的样式

图 4-16 设置 Rabbit 的样式

案例精讲 074 在视频中添加字幕

本例介绍如何为视频添加字幕，效果如图 4-17 所示。首先导入添加视频的素材文件，将其拖入 V1 轨道，创建视频需要的字幕，并将其添加到 V2 轨道，设置合适的持续时间以得到想要的效果。

图 4-17 在视频中添加字幕

 案例文件：CDROM \ 场景 \ Cha04 \ 在视频中添加字幕.prproj

视频文件：视频教学 \ Cha04 \ 在视频中添加字幕.avi

(1) 运行 Premiere Pro CC 2017，新建项目文件和序列，导入随书附带光盘中的素材文件。

(2) 将导入的素材拖入 V1 轨道。按 Ctrl+T 键，保留默认设置，进入字幕编辑器，使用【文字工具】 T 输入"幸福晚年"，在【字幕属性】面板中将【字体系列】设置为【华文行楷】，将【字体大小】设置为 65，将【字符间距】设置为 6.7，将【填充】选项组下的【颜色】RGB 值设置为 214、76、135，将【不透明度】设置为 100%，勾选【阴影】复选框，将【颜色】设置为白色，【不透明度】设置为 100%，【角度】设置为 45°，【大小】设置为 40.1，【扩展】设置为 64.8，如图 4-18 所示。

图 4-18　设置文字参数

(3) 设置完成后关闭该窗口，在项目面板中将"字幕 01"拖至 V2 轨道中，将其结尾处与 V1 视频轨道中的素材的结尾处对齐，在【节目】面板中查看效果。

案例精讲 075　渐变字幕

本例介绍颜色渐变的字幕效果，在对字幕设置填充时，应用了【四色渐变】类型，效果如图 4-19 所示。

| 案例文件：CDROM \ 场景 \ Cha04 \ 渐变字幕 .prproj |
| 视频文件：视频教学 \ Cha04 \ 渐变字幕 .avi |

图 4-19　渐变字幕

(1) 新建项目文件和 DV-PAL 选项组下的【标准 48kHz】序列文件，在【项目】面板导入随书附带光盘中的素材文件，如图 4-20 所示。

(2) 选择【项目】面板中的素材文件，将其拖入 V1 轨道，选择轨道中的素材文件，在效果控件面板中，将【缩放】设置为 132，按 Ctrl+T 键新建字幕，使用默认设置并单击【确定】按钮。使用【输入工具】输入文字，选择文字，在右侧将【字体系列】设置为 Narkisim，【字体大小】设置为 199.3，将【填充】选项下的【填充类型】设置为【四色渐变】，将左上角的色块设置为 #AA087C，将右上角的色块设置为 #FF0096，将下方的两个色块均设置为 # 090650，在【描边】选项下单击【外描边】右侧的【添加】按钮，将【大小】设置为 26，将【颜色】设置为 # FFFFFF，如图 4-21 所示。

(3) 勾选【阴影】复选框，将【颜色】设置为 #FF0096、【不透明度】设置为 50%、【角度】设置为 0°、【距离】设置为 0、【大小】设置为 25、【扩展】设置为 46，然后将【变换】区域下的【X 位置】、【Y 位置】分别设置为 405.5、296.1，如图 4-22 所示。

(4) 对该文字进行复制，将复制的文字修改为 Release conference，调整其大小及位置，效果如图 4-23 所示。

(5) 关闭字幕编辑器，将创建完成后的字幕拖入 V2 视频轨道，在【节目】面板中查看效果即可。

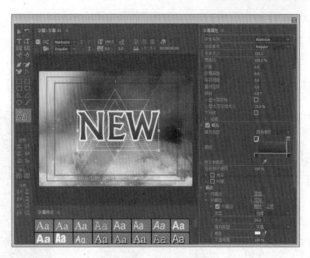

图 4-20　导入素材

图 4-21　设置字幕

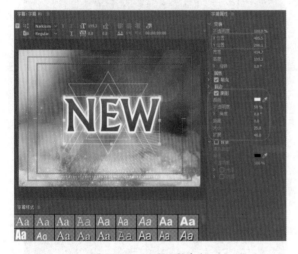

图 4-22　设置阴影参数

图 4-23　复制文字并进行修改

案例精讲 076　纹理效果字幕

　　本例介绍带纹理效果字幕的制作。在对字幕进行设置时用到了材质效果，然后再通过特效对字幕进一步设置，效果如图 4-24 所示。

 案例文件：CDROM \ 场景 \ Cha04 \ 纹理效果字幕 .prproj
　　视频文件：视频教学 \ Cha04 \ 纹理效果字幕 .avi

图 4-24　纹理效果的字幕

　　(1) 运行 Premiere Pro CC 2017，新建项目和 DV-PAL|【宽屏 48kHz】序列。导入随书附带光盘中的素材文件，将导入的素材拖入 V1 视频轨道。选择轨道中的素材文件，在效果控件面板中，将【缩放】设置为 42。

　　(2) 按 Ctrl+T 键，在弹出的对话框中使用默认命名，单击【确定】按钮，进入字幕编辑器。使用【文字工具】输入英文 FIRST。将【字体系列】设置为 Snap ITC、【字体大小】设置为 161、【字符间距】设置为 30，【字体颜色】设置为黑色，选择该文字并调整其位置，如图 4-25 所示。

（3）在【填充】区域下勾选【纹理】复选框，并将其展开，单击【纹理】右侧图块，在弹出的【选择纹理图像】对话框中，选择随书附带光盘中的素材文件，单击【打开】按钮。将【缩放】选项下的【对象 X】、【对象 Y】都设置为【纹理】，将【水平】、【垂直】分别设置为 40、35，取消勾选【平铺 X】、【平铺 Y】复选框，将【对齐】选项下的【X 偏移】、【Y 偏移】分别设置为 -28、-27，如图 4-26 所示。

图 4-25　设置字体及大小

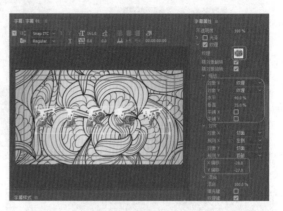

图 4-26　设置纹理

（4）在【描边】选项下单击【外描边】右侧的【添加】，将【大小】设置为 21，【颜色】设置为黑色，如图 4-27 所示。

（5）勾选【阴影】复选框，将【不透明度】设置为 50%，将【角度】、【距离】、【大小】、【扩展】分别设置为 135°、10、4、2，如图 4-28 所示。

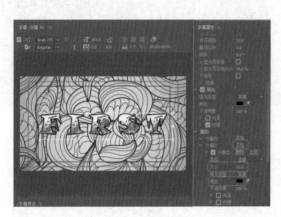

图 4-27　设置描边

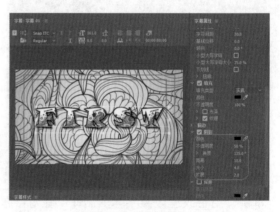

图 4-28　设置阴影

（6）关闭字幕编辑器，将"字幕 01"拖入【时间轴】面板中的 V2 轨道即可。

案例精讲 077　阴影效果字幕

本例介绍如何制作带阴影效果的字幕。首先制作一个字幕，设置合适的字体和字体大小，在【字幕属性】选项中通过设置【填充类型】、【外侧边】及【阴影】得到阴影效果，效果如图 4-29 所示。

图 4-29　阴影效果字幕

 案例文件：CDROM \ 场景 \ Cha04 \ 阴影效果字幕 . prproj
视频文件：视频教学 \ Cha04 \ 阴影效果字幕 . avi

(1) 新建项目文件和 DV24P 选项组下的【标准 48kHz】序列文件，在【项目】面板中导入随书附带光盘中的素材文件，如图 4-30 所示。

(2) 选择背景素材文件，将其拖入 V1 视频轨道，切换至【效果控件】面板，将【运动】选项下的【缩放】设置为 21，【位置】设置为 360、240，如图 4-31 所示。

图 4-30　导入素材

图 4-31　设置【缩放】参数

(3) 按 Ctrl+T 键新建字幕，保留默认设置，单击【确定】按钮，进入字幕编辑器，使用【输入工具】 T 输入文字并选择文字，将【字体系列】设置为 Snap ITC、【字体大小】设置为 174，将【填充】选项下的【颜色】设置为 # FF0000，在【变换】选项下将【X 位置】与【Y 位置】分别设置为 333.9、257，如图 4-32 所示。

(4) 在【描边】选项下添加一个【内描边】，将【大小】设置为 18，【颜色】设置为 # FFFFFF，勾选【阴影】复选框，将【不透明度】设置为 35%、【角度】设置为 50°、【距离】设置为 10、【大小】设置为 0、【扩展】设置为 30，如图 4-33 所示。

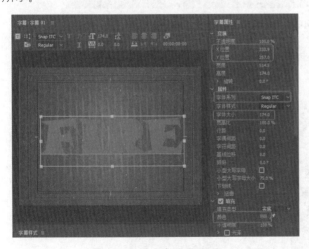

图 4-32　设置字体及位置

图 4-33　添加描边及阴影

(5) 关闭字幕编辑器，将其他素材文件拖入视频轨道，并进行相应的设置，在【节目】面板中查看效果即可。

案例精讲 078　路径文字

　　本例介绍如何制作带路径效果的文字，如图 4-34 所示。制作路径字幕的关键是创建合适的字幕，路径创建完成后，通过设置不同的字幕属性从而得到理想中的路径字幕。

> 案例文件：CDROM \ 场景 \ Cha04 \ 路径文字.prproj
> 视频文件：视频教学 \ Cha04 \ 路径文字.avi

图 4-34　路径文字

　　(1) 新建项目文件和序列文件，导入随书附带光盘中的素材文件，如图 4-35 所示。
　　(2) 选择添加的素材文件，将其拖入 V1 视频轨道，在【效果控件】面板中将【缩放】设置为 11，如图 4-36 所示。

图 4-35　导入素材文件

图 4-36　添加素材并设置【缩放】参数

　　(3) 按 Ctrl+T 键，弹出【新建字幕】对话框，保留默认设置，单击【确定】按钮，如图 4-37 所示。
　　(4) 进入字幕编辑器，选择【路径文字工具】 ，单击任意位置以绘制路径，如图 4-38 所示。

图 4-37　【新建字幕】对话框

图 4-38　绘制路径

（5）输入文字后，选择输入的文字，将【字体系列】设置为【方正综艺简体】，将【字体大小】设置为 82，并调整其位置，如图 4-39 所示。

（6）勾选【填充】选项下的【纹理】复选框，单击【纹理】右侧的图块，在弹出的对话框中选择相应的素材文件，单击【打开】按钮，将【缩放】下的【水平】、【垂直】分别设置为 144%、117%，将【对齐】下的【Y 偏移】设置为 -10，如图 4-40 所示。

图 4-39　设置字体系列及大小

图 4-40　设置纹理

（7）单击【描边】选项下【外描边】右侧的【添加】按钮，将【大小】设置为 18，将【颜色】设置为 #FFFFFF，如图 4-41 所示。

（8）关闭字幕编辑器，将新创建的字幕拖入 V2 视频轨道，效果如图 4-42 所示。

图 4-41　添加外描边

图 4-42　创建后的效果

案例精讲 079　发光字幕

本例介绍如何制作带发光效果的字幕。本例中的发光字幕首先应用了 BOLD 样式，在该样式的基础上通过添加外侧边和阴影使文字呈现出发光效果，如图 4-43 所示。

图 4-43　发光字幕

> 案例文件：CDROM \ 场景 \ Cha04 \ 发光字幕.prproj
>
> 视频文件：视频教学 \ Cha04 \ 发光字幕.avi

(1) 新建项目文件和 DV-24P 下的【标准 48kHz】序列文件，导入随书附带光盘中的 "CDROM\ 素材 \Cha04\g003.jpg" 文件，如图 4-44 所示。

(2) 选择添加的素材文件，将其拖入 V1 视频轨道，如图 4-45 所示。

(3) 按 Ctrl+T 键，弹出【新建字幕】对话框，保留默认设置，单击【确定】按钮，如图 4-46 所示。

图 4-44　导入素材文件　　　图 4-45　将素材导入 V1 视频轨道　　　图 4-46　【新建字幕】对话框

(4) 进入字幕编辑器，使用【文本工具】，在舞台中输入 "I LOVE YOU……"，将【字体系列】设置为 Adobe Caslon Pro，将【字体样式】设置为 Bold，将【字体大小】设置为 70，将【字符间距】设置为 0，将【倾斜】设置为 15°，如图 4-47 所示。

(5) 勾选【填充】复选框，将【填充类型】设置为【实底】，将【颜色】设置为白色，如图 4-48 所示。

图 4-47　设置字体　　　　　　　　　　图 4-48　设置填充

(6) 添加一个【外描边】,将【大小】设置为 42,将【填充类型】设置为【实底】,将【颜色】设置为白色,如图 4-49 所示。

(7) 勾选【阴影】复选框,将【颜色】设置为白色,将【不透明度】设置为 100%,将【角度】设置为 45°,将【距离】设置为 0,将【大小】设置为 10,将【扩展】设置为 65,如图 4-50 所示。

图 4-49　设置外描边

图 4-50　设置阴影

(8) 在【变换】选项中将【X 位置】设置为 330,将【Y 位置】设置为 433,如图 4-51 所示。

(9) 关闭字幕编辑器,在 V1 轨道中选择添加的素材文件,打开【效果控件】面板,将【缩放】设置为 64,如图 4-52 所示。

(10) 将创建的"字幕 01"拖入 V2 轨道,并使其与 V1 轨道中的素材文件对齐,如图 4-53 所示。

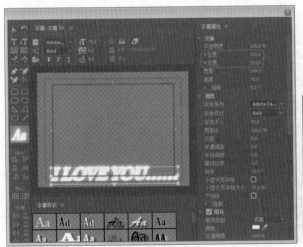

图 4-51　设置位置

图 4-52　设置【缩放】参数

图 4-53　添加字幕

案例精讲 080　涂鸦字幕

本例介绍如何制作涂鸦字幕。涂鸦在日常生活中随处可见,创建涂鸦字幕时,首先为字幕创建一个涂鸦式的纹理,然后通过设置【外描边】和【阴影】使其呈现出涂鸦式的效果,如图 4-54 所示。

 案例文件:CDROM \ 场景 \ Cha04 \ 涂鸦字幕.prproj

视频文件:视频教学 \ Cha04 \ 涂鸦字幕.avi

图 4-54　涂鸦字幕

(1) 新建项目文件和 DV-24P 下的【标准 48kHz】序列文件，导入随书附带光盘中的 "CDROM\ 素材 \Cha04\g004.jpg、g005.jpg 和 g006.jpg" 文件，如图 4-55 所示。

(2) 选择 g004.jpg 文件，将其拖入 V1 轨道，选择添加的素材文件，打开【效果控件】面板，将【运动】选项下的【缩放】设置为 64，如图 4-56 所示。

图 4-55　导入素材文件

图 4-56　设置【缩放】参数

(3) 按 Ctrl+T 键，弹出【新建字幕】对话框，保留默认设置，单击【确定】按钮，如图 4-57 所示。

(4) 进入字幕编辑器，选择【文字工具】，输入文字，将【字体系列】设置为【汉仪竹节体简】，将【字体大小】设置为 185，将【倾斜】设置为 20°，如图 4-58 所示。保持默认值，

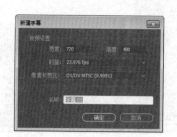

图 4-57　【新建字幕】对话框

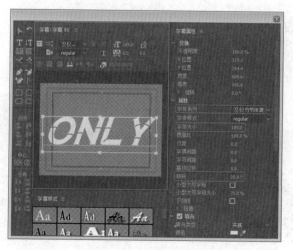

图 4-58　设置字体

(5) 添加一个内描边，将【类型】设置为【凹进】、【角度】设置为 90°，然后勾选【纹理】复选框。单击【纹理】右侧的图标，弹出【选择纹理图像】对话框，选择随书附带光盘中的 "CDROM\ 素材 \Cha04\g005.jpg" 文件，单击【打开】按钮，如图 4-59 所示。

(6) 添加一个外描边，将【大小】设置为 40，然后勾选【纹理】复选框。单击【纹理】右侧的图标，弹出【选择纹理图像】对话框，选择随书附带光盘中的 "CDROM\ 素材 \Cha04\g006.jpg" 文件，单击【打开】按钮，如图 4-60 所示。

(7) 继续添加一个外描边，设置与上一步的外描边相同的参数，如图 4-61 所示。

(8) 勾选【阴影】复选框，将【不透明度】设置为 100%，将【角度】设置为 -215°，将【距离】设置为 25，将【扩展】设置为 50，如图 4-62 所示。

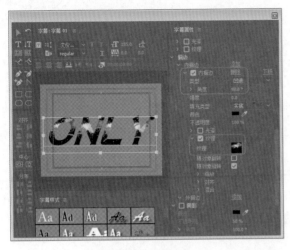

图 4-59 设置内描边

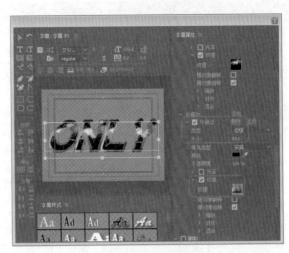

图 4-60 设置外描边

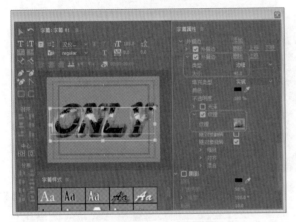

图 4-61 继续设置外描边

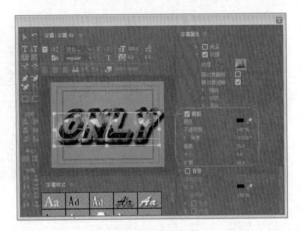

图 4-62 设置阴影

(9) 在【变换】选项中将【X 位置】设置为 320，将【Y 位置】设置为 240，如图 4-63 所示。

(10) 关闭字幕编辑器，将【字幕 01】拖入 V2 轨道，并与 V1 轨道中的素材文件对齐，如图 4-64 所示。

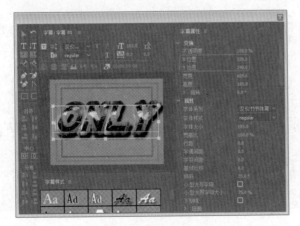

图 4-63 设置位置

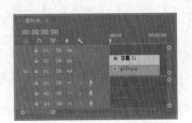

图 4-64 添加到 V2 轨道

案例精讲 081　中英文字幕

本例介绍如何制作中英文字幕。制作中英文字幕没有具体要求，只要文字和背景之间相互协调即可，效果如图 4-65 所示。

图 4-65　中英文字幕

案例文件：CDROM \ 场景 \ Cha04 \ 中英文字幕 .prproj

视频文件：视频教学 \ Cha04 \ 中英文字幕 .avi

(1) 新建项目文件和 DV-24P 下的【标准 48kHz】序列文件，导入随书附带光盘中的 "CDROM\ 素材 \Cha04\g007.jpg" 文件，如图 4-66 所示。

(2) 选择 g007.jpg 文件，将其拖入 V1 轨道，选择添加的素材文件，打开【效果控件】面板，将【运动】选项下的【缩放】设置为 65，如图 4-67 所示。

(3) 按 Ctrl+T 键，弹出【新建字幕】对话框，保持默认值，单击【确定】按钮，如图 4-68 所示。

图 4-66　导入素材文件

图 4-67　设置素材缩放

图 4-68　【新建字幕】对话框

(4) 弹出字幕编辑器，选择【文字工具】，输入 "花"，将【字体系列】设置为【方正行楷简体】，将【字体大小】设置为 150，如图 4-69 所示。

(5) 在【填充】选项中将【填充类型】设置为【线性渐变】，将第一个色标的颜色设置为 #C1A961，将第二个色标的颜色设置为 #F5E19E，并适当调整色标的位置，如图 4-70 所示。

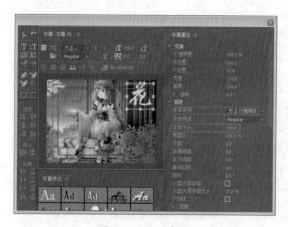

图 4-69　设置字体

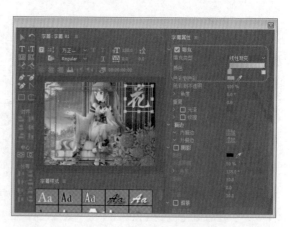

图 4-70　设置填充类型

(6) 勾选【阴影】复选框，将【颜色】设置为 #FD1F00，将【不透明度】设置为 89%，将【角度】

设置为 90°，将【距离】设置为 0，将【大小】设置为 14，将【扩展】设置为 63，如图 4-71 所示。

(7) 使用【选择工具】选择创建的"花"文字，按 Ctrl+C 键进行复制，按 Ctrl+V 键进行粘贴，然后将复制的文字"花"修改为 Flower，如图 4-72 所示。

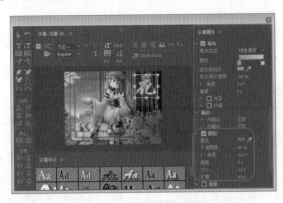

图 4-71　设置阴影参数　　　　　　　　　　　　　图 4-72　复制并修改文字

(8) 选择修改的文字，将【字体系列】设置为 Bell MT，将【字体样式】设置为 Italic，将【字体大小】设置为 55，将【字符间距】设置为 5，如图 4-73 所示。

(9) 使用【选择工具】对中英文字的位置进行适当调整，如图 4-74 所示。

(10) 关闭字幕编辑器，将创建的【字幕 01】拖入 V2 轨道，使其与 V1 轨道中的素材文件对齐，如图 4-75 所示。

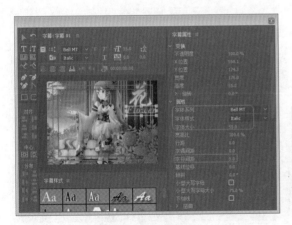

图 4-73　设置字体　　　　　　图 4-74　调整文字的位置　　　图 4-75　添加字幕到 V1 轨道

案例精讲 082　卡通字幕

本例介绍如何制作卡通字幕，卡通字幕主要是指本身形状和颜色符合卡通形象。本例中的卡通字幕主要是通过【钢笔工具】绘制出文字的大体轮廓，然后为其添加渐变色，使其呈现卡通形象，如图 4-76 所示。

 案例文件：CDROM \ 场景 \ Cha04 \ 卡通字幕.prproj
　　　　　　视频文件：视频教学 \ Cha04 \ 卡通字幕.avi

图 4-76　卡通字幕

（1）新建项目文件和 DV-24P 下的【标准 48kHz】序列文件，导入随书附带光盘中的 "CDROM\素材\Cha04\g008.jpg" 文件，如图 4-77 所示。

（2）选择 g008.jpg 文件，将其拖入 V1 轨道，选择添加的素材文件，打开【效果控件】面板，将【运动】选项下的【缩放】设置为 64，如图 4-78 所示。

（3）按 Ctrl+T 键，弹出【新建字幕】对话框，在该对话框中保持默认值，单击【确定】按钮，如图 4-79 所示。

（4）进入字幕编辑器，选择【钢笔工具】📷绘制路径，如图 4-80 所示。

图 4-77　导入素材文件　　图 4-78　设置缩放　　图 4-79　【新建字幕】对话框　　图 4-80　绘制路径

（5）在【字幕属性】面板中，将【图形类型】设置为【填充贝塞尔曲线】，将【填充类型】设置为【线性渐变】，将第一个色标的颜色设置为 #FE6AFE，将第二个色标的颜色设置为 #FFA7FE，如图 4-81 所示。

（6）继续使用【钢笔工具】绘制路径，如图 4-82 所示。

图 4-81　设置填充颜色　　　　　　　　　　图 4-82　绘制路径

（7）在【字幕属性】面板中，将【图形类型】设置为【填充贝塞尔曲线】，将【填充类型】设置为【线性渐变】，将第一个色标的颜色设置为 #6767fD，将第二个色标的颜色设置为 #86A6F9，如图 4-83 所示。

（8）继续使用【钢笔工具】绘制路径，如图 4-84 所示。

（9）在【字幕属性】面板中，将【图形类型】设置为【填充贝塞尔曲线】，将【填充类型】设置为【线性渐变】，将第一个色标的颜色设置为 #10D699，将第二个色标的颜色设置为 #58ECBA，如图 4-85 所示。

（10）选择【椭圆工具】绘制椭圆，将【填充类型】设置为【实底】、【颜色】设置为 #F0F9FE，并将其调整到适当的位置，如图 4-86 所示。

（11）使用【选择工具】选择上一步绘制的图形和椭圆并对其进行复制，然后调整到适当的位置，如图 4-87 所示。

(12) 使用【钢笔工具】绘制路径，如图 4-88 所示。

(13) 在【字幕属性】面板中，将【图形类型】设置为【填充贝塞尔曲线】，将【填充类型】设置为【线性渐变】，将第一个色标设置为 #179AB8，将第二个色标的颜色设置为 #14BFC6，如图 4-89 所示。

图 4-83　设置填充颜色

图 4-84　绘制路径

图 4-85　设置填充颜色

图 4-86　绘制椭圆

图 4-87　复制图形

图 4-88　绘制路径

图 4-89　设置填充颜色

(14) 使用同样的方法绘制图形的高光区域，并对其填充白色，将【不透明度】设置为 60%，完成后的效果如图 4-90 所示。

(15) 关闭字幕编辑器，将 "字幕 01" 拖入 V2 轨道并与 V1 轨道中的素材文件对齐，如图 4-91 所示。

图 4-90　完成后的效果

图 4-91　添加字幕

案例精讲 083　水平滚动的字幕

本例介绍如何制作水平滚动的字幕，效果如图4-92所示，其中字幕的制作方法和前面其他字幕相同，只是在创建完字幕后对其设置了【滚动/游动选项】，然后设置【字幕类型】和【定时】即可完成水平滚动字幕的创建。

> 案例文件：CDROM \ 场景 \ Cha04 \ 水平滚动的字幕.prproj
> 视频文件：视频教学 \ Cha04 \ 水平滚动的字幕.avi

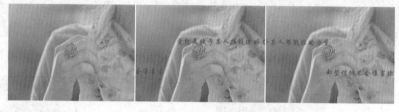

图 4-92　水平滚动的字幕

（1）运行软件后，在欢迎界面单击【新建项目】按钮，在【新建项目】对话框中选择项目的保存路径，将项目命名为"水平滚动的字幕"，单击【确定】按钮。右击【项目】面板中的空白区域，在弹出的快捷菜单中选择【新建项目】|【序列】命令，弹出【新建序列】对话框，在该对话框中选择DV-PAL|【标准48kHz】。单击【确定】按钮，如图4-93所示。

（2）双击【项目】面板中的空白区域，在弹出的对话框中选择随书附带光盘中的"CDROM\素材\Cha04\p1.jpg"素材文件，单击【打开】按钮，如图4-94所示。

（3）将导入的素材拖入V1轨道，确定素材文件处于选择状态，右击素材，在弹出的快捷菜单中选择【缩放为帧大小】命令，打开【效果控件】面板，将【缩放】设置为103，如图4-95所示。

图 4-93　【新建序列】对话框

图 4-94　【导入】对话框

图 4-95　【效果控件】面板

（4）按Ctrl+T键新建字幕，弹出【新建字幕】对话框，使用默认设置，单击【确定】按钮，打开字幕编辑器，选择【文字工具】，输入文字"爱就是赋予某人摧毁你的力量"，将【字体系列】设置为【华文行楷】，将【字体大小】设置为36，将【填充】选项组中的【颜色】RGB值设置为244、24、221，将【X位置】、【Y位置】分别设置为391、220，如图4-96所示。

（5）单击【滚动/游动选项】按钮，弹出【滚动/游动选项】对话框，将【字幕类型】设置为【向左游动】，在【定时(帧)】选项中勾选【开始于屏幕外】和【结束于屏幕外】复选框，设置完成后单击【确定】按钮，如图 4-97 所示。

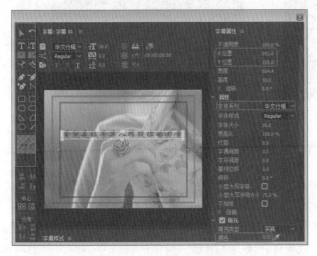

图 4-96　【字幕】对话框

图 4-97　【滚动 / 游动选项】对话框

(6) 单击【基于当前字幕新建字幕】按钮 ，弹出【新建字幕】对话框，使用默认设置，单击【确定】按钮，将原有的文字删除，然后输入文字"却坚信他不会伤害你"，将【X 位置】、【Y 位置】分别设置为 440、399，如图 4-98 所示。

(7) 单击【滚动 / 游动选项】按钮 ，弹出【滚动 / 游动选项】对话框，将【字幕类型】设置为【向右游动】，设置完成后单击【确定】按钮。关闭字幕编辑器，右击 V1 轨道中的素材文件，在弹出的快捷菜单中选择【速度 / 持续时间】命令，在弹出的对话框中将【持续时间】设置为 00:00:08:00，单击【确定】按钮，如图 4-99 所示。

(8) 将当前时间设置为 00:00:00:00，在【项目】面板中将"字幕 01"拖入 V2 轨道，使"字幕 01"与 V1 轨道中的素材尾部对齐，如图 4-100 所示。

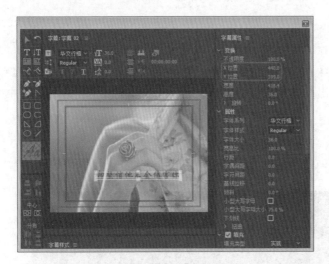

图 4-98　【字幕】对话框

图 4-99　设置持续时间

(9) 将当前时间设置为 00:00:02:00，在【项目】面板中将"字幕 02"拖入 V3 轨道，使其开始处与时间线对齐，结束处与 V2 轨道中素材的结尾对齐，如图 4-101 所示。

图 4-100　将字幕拖入【序列】面板　　　图 4-101　设置"字幕 02"

(10) 设置完成后将场景保存即可。

案例精讲 084　垂直滚动的字幕【视频案例】

本例介绍如何制作垂直滚动的字幕。本例字幕的制作方法和前面其他字幕相同，只是在【滚动／游动选项】对话框中选择的是【滚动】选项，效果如图 4-102 所示，具体的操作可以参考随书附带光盘视频教程。

 案例文件：CDROM ＼ 场景 ＼ Cha04 ＼ 垂直滚动的字幕 .prproj

　　视频文件：视频教学 ＼ Cha04 ＼ 垂直滚动的字幕 .avi

图 4-102　垂直滚动的字幕

案例精讲 085　逐字打出的字幕【视频案例】

本例介绍如何制作逐字打出的字幕。首先要创建字幕，创建完成后为其添加【裁剪】特效，然后在其右侧添加关键帧，使其产生逐字打出的效果，如图 4-103 所示，具体的操作可以参考随书附带光盘视频教程。

 案例文件：CDROM ＼ 场景 ＼ Cha04 ＼ 逐字打出的字幕 .prproj

　　视频文件：视频教学 ＼ Cha04 ＼ 逐字打出的字幕 .avi

图 4-103　逐字打出的字幕

案例精讲 086　　擦除效果的字幕【视频案例】

　　本例介绍如何制作擦除效果的字幕。首先创建字幕，并将其添加到视频轨道中，然后选择【擦除】效果进行添加，通过设置卷走方向和持续时间，使其呈现擦除效果，如图 4-104 所示，具体的操作可以参考随书附带光盘视频教程。

　　案例文件：CDROM \ 场景 \ Cha04 \ 擦除效果的字幕 .prproj
　　视频文件：视频教学 \ Cha04 \ 擦除效果的字幕 .avi

图 4-104　擦除效果的字幕

案例精讲 087　　远处飞来的字幕【视频案例】

　　本例介绍如何制作远处飞来的字幕。首先创建字幕，将创建完成的字幕添加至【时间轴】面板中，并配合【效果】面板中的效果和更改【效果控件】面板中的参数来制作此效果，如图 4-105 所示，具体的操作可以参考随书附带光盘视频教程。

图 4-105　远处飞来的字幕

　　案例文件：CDROM \ 场景 \ Cha04 \ 远处飞来的字幕 .prproj
　　视频文件：视频教学 \ Cha04 \ 远处飞来的字幕 .avi

案例精讲 088　　沿路径运动的字幕【视频案例】

　　本例介绍如何制作沿路径运动的字幕。创建完多个字幕后，将字幕添加至【时间轴】面板，通过更改字幕的位置及缩放使字幕沿一定路径运动，如图 4-106 所示，具体的操作可以参考随书附带光盘视频教程。

　　案例文件：CDROM \ 场景 \ Cha04 \ 沿路径运动的字幕 .prproj
　　视频文件：视频教学 \ Cha04 \ 沿路径运动的字幕 .avi

图 4-106　沿路径运动的字幕

案例精讲 089　文字颜色渐变效果【视频案例】

本例介绍如何制作文字颜色渐变效果的字幕。创建完字幕后,为字幕添加【4点无用信号遮罩】特效,按照文字的笔画将文字书写出来,如图 4-107 所示,具体的操作可以参考随书附带光盘视频教程。

 案例文件:CDROM \ 场景 \ Cha04 \ 文字颜色渐变效果.prproj

　　视频文件:视频教学 \ Cha04 \ 文字颜色渐变效果.avi

图 4-107　文字颜色渐变效果

案例精讲 090　带滚动效果的字幕【视频案例】

带滚动效果的字幕就是结合水平滚动和垂直滚动效果制作的效果。在创建字幕的时候,要为字幕设置【滚动/游动选项】,然后将设置该选项的字幕拖入【时间轴】面板即可,如图 4-108 所示,具体的操作可以参考随书附带光盘视频教程。

 案例文件:CDROM \ 场景 \ Cha04 \ 带滚动效果的字幕.prproj

　　视频文件:视频教学 \ Cha04 \ 带滚动效果的字幕.avi

图 4-108　带滚动效果的字幕

案例精讲 091　立体旋转效果的字幕【视频案例】

本例介绍如何制作立体旋转效果的字幕。创建完字幕并将字幕添加至【时间轴】面板,为字幕添加【基本 3D】特效,然后在【效果控件】面板中设置该效果的参数并添加关键帧来制作立体旋转效果,如图 4-109 所示,具体的操作可以参考随书附带光盘视频教程。

 案例文件:CDROM \ 场景 \ Cha04 \ 立体旋转效果的字幕.prproj

　　视频文件:视频教学 \ Cha04 \ 立体旋转效果的字幕.avi

图 4-109 立体旋转效果的字幕

案例精讲 092 制作波纹文字【视频案例】

本例介绍如何制作波纹文字。创建完字幕后将字幕拖入【时间轴】面板，然后为其添加【波形变形】特效，在【效果控件】面板中设置参数，如图 4-110 所示，具体的操作可以参考随书附带光盘视频教程。

案例文件：CDROM \ 场景 \ Cha04 \ 制作波纹文字 .prproj
视频文件：视频教学 \ Cha04 \ 制作波纹文字 .avi

图 4-110 制作波纹文字

案例精讲 093 动态旋转的字幕【视频案例】

制作动态旋转的字幕首先要创建字幕并在字幕编辑器中进行设置。本例使用【路径文字工具】绘制形状并输入文字，然后将字幕拖入【时间轴】面板，在【效果控件】面板中进行设置，如图 4-111 所示，具体的操作可以参考随书附带光盘视频教程。

案例文件：CDROM \ 场景 \ Cha04 \ 动态旋转的字幕 .prproj
视频文件：视频教学 \ Cha04 \ 动态旋转的字幕 .avi

图 4-111 动态旋转的字幕

案例精讲 094 数字化字幕【视频案例】

本例介绍如何制作数字化字幕。首先在字幕编辑器中输入数字并对其进行设置，然后将字幕拖入【时间轴】面板，为其添加【变化】、【Alpha 发光】等特效，如图 4-112 所示，具体的操作可以参考随书附带光盘视频教程。

 案例文件：CDROM \ 场景 \ Cha04 \ 数字化字幕.prproj
视频文件：视频教学 \ Cha04 \ 数字化字幕.avi

图 4-112 数字化字幕

案例精讲 095 掉落的文字【视频案例】

本例介绍如何制作掉落的文字的字幕。首先创建项目和序列，然后创建多个字母字幕，将字幕拖入【时间轴】面板，之后为其添加【基本 3D】特效，最后在【效果控件】面板中设置参数，如图 4-113 所示，具体的操作可以参考随书附带光盘视频教程。

 案例文件：CDROM \ 场景 \ Cha04 \ 掉落的文字.prproj
视频文件：视频教学 \ Cha04 \ 掉落的文字.avi

图 4-113 掉落的文字

第 5 章

编辑音频

本章重点

- 为视频插入背景音乐
- 使音频与视频同步对齐
- 调节关键帧的音量
- 调节音频的速度
- 调整声音的淡入与淡出
- 调整左右声道效果
- 左右声道音量的渐变转化
- 左右声道各自为主的效果
- 使用 EQ（均衡器）优化高低音

- 设置回声效果
- 屋内混响效果
- 为音频增加伴唱
- 高低音的转换
- 调整音频的音调
- 超重低音效果
- 设置交响乐效果
- 录制音频文件

　　本章介绍音频素材的编辑方法，用户可以选用音频素材进行分割、连接、转换等操作来练习。本章中的案例精讲选取最基本的知识供读者练习。

案例精讲 096　为视频添加背景音乐

只有画面和字幕的影片肯定不是完整的影片，因为还缺少音频，声音在影片中的重要性是不可替代的，只有音频与视频相结合才是一个完美作品。本例介绍为视频添加背景音乐，效果如图 5-1 所示。

案例文件：CDROM \ 场景 \ Cha05 \ 为视频添加背景音乐 .prproj

视频文件：视频教学 \ Cha05 \ 为视频添加背景音乐 .avi

图 5-1　为视频添加背景音乐

(1) 运行 Premiere Pro CC 2017，在欢迎界面单击【新建项目】按钮，在【新建项目】对话框中选择项目的保存路径，对项目进行命名，单击【确定】按钮，如图 5-2 所示。

(2) 按 Ctrl+N 键，打开【新建序列】对话框，在【序列预设】选项卡中的【可用预设】栏中选择 DV-PAL|【标准 48kHz】选项，对【序列名称】进行命名，单击【确定】按钮，如图 5-3 所示。

图 5-2　【新建项目】对话框

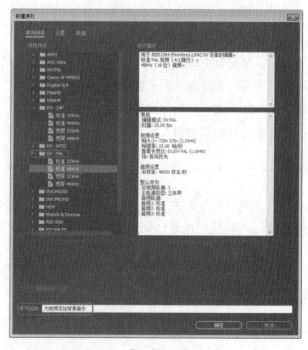

图 5-3　【新建序列】对话框

(3) 进入操作界面，双击【项目】面板中的空白区域，在弹出的对话框中选择随书附带光盘中的 "CDROM\ 素材 \Cha05\ 为视频插入背景音乐 .avi 和为视频插入背景音乐 .wav" 文件，单击【打开】按钮，如图 5-4 所示。

(4) 将 "为视频添加背景音乐 .avi" 文件拖入 V1 轨道，弹出【剪辑不匹配警告】对话框，单击【更改序列设置】按钮，如图 5-5 所示。

(5) 将 "为视频添加背景音乐 wav" 文件拖入 A1 轨道，并分别在音频的开始、结束处添加【恒定增益】切换效果，如图 5-6 所示。

(6) 右击 V1 轨道中的视频文件，在弹出的快捷菜单中选择【速度 / 持续时间】命令，弹出【剪辑速度 / 持续时间】对话框，将【持续时间】设置为 00:00:15:16，单击【确定】按钮，如图 5-7 所示。

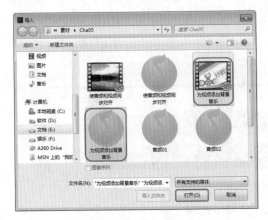

图 5-4　选择素材

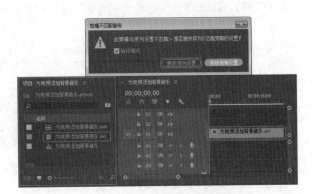

图 5-5　将素材拖入 V1 轨道

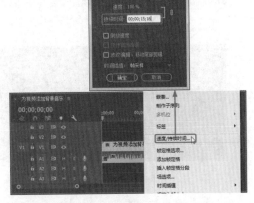

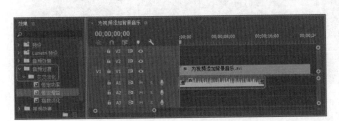

图 5-6　向音频轨道添加音频并添加效果

图 5-7　设置视频的持续时间

(7) 设置完成后的效果如图 5-8 所示。单击【播放】按钮，即可预览视频效果。

图 5-8　视频预览效果

案例精讲 097　使音频和视频同步对齐

　　本例介绍如何将音频和视频同步对齐，效果如图 5-9 所示。将分开的音频与视频链接到一起，这样在移动其中任意一个时，另一个也会跟着移动。

> 案例文件：CDROM \ 场景 \ Cha05 \ 使音频和视频同步对齐 .prproj
>
> 视频文件：视频教学 \ Cha05 \ 使音频和视频同步对齐 .avi

图 5-9　使音频和视频同步对齐

　　(1) 运行 Premiere Pro CC 2017，新建项目和序列，导入随书附带光盘中的 "CDROM\ 素材 \Cha05\ 使音频和视频同步对齐 .avi 和使音频和视频同步对齐 .wav" 文件，将导入的视音频素材分别拖入【时间轴】面板中的 V1、A1 轨道，如图 5-10 所示。

　　(2) 将鼠标指针放置在音频的结尾处，当鼠标指针变成 ◂┃ 形状时，按住鼠标左键向左拖动，使其与视频文件的结尾处对齐，如图 5-11 所示。

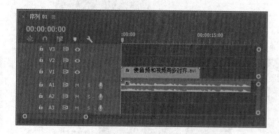

图 5-10　将素材拖入轨道中

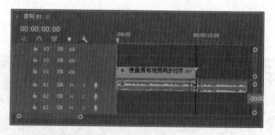

图 5-11　将音频和视频同步对齐

　　(3) 在 "使音频和视频同步对齐 .wav" 的结尾处添加【恒定增益】音频过渡效果，如图 5-12 所示。

　　(4) 在【时间轴】面板中，按住 Shift 键将视音频素材都选中，然后右击素材，在弹出的快捷菜单中选择【链接】命令，如图 5-13 所示。

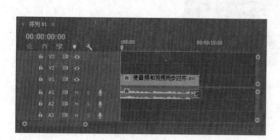

图 5-12　添加【恒定增益】音频过渡效果

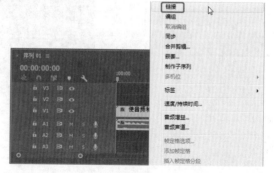

图 5-13　选择【链接】命令

(5) 将分开的音频与视频链接到一起，选择链接后的视音频，在【效果控件】面板中将【缩放】设置为 125，如图 5-14 所示。

图 5-14　设置【缩放】参数

案例精讲 098　调整关键帧的音量

本例介绍如何通过关键帧对音量进行调整。

> 案例文件：CDROM \ 场景 \ Cha05 \ 调整关键帧的音量.prproj
> 视频文件：视频教学 \ Cha05 \ 调整关键帧的音量.avi

(1) 运行 Premiere Pro CC 2017，新建项目和序列，导入随书附带光盘中的"CDROM\ 素材 \Cha05\ 音频 01.mp3"文件。

(2) 将导入的音频拖入【时间轴】面板的 A1 轨道，选择音频素材，设置当前时间为 00:00:03:00，在【效果控件】面板中，将【音量】选项中的【级别】设置为 -2.0dB，如图 5-15 所示。

(3) 设置当前时间为 00:00:06:00，在【效果控件】面板中，将【音量】选项中的【级别】设置为 6.0dB，如图 5-16 所示。

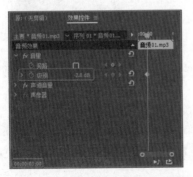

图 5-15　设置 00:00:03:00 时的参数　　图 5-16　设置 00:00:06:00 时的参数

(4) 设置当前时间为 00:00:10:00，在【效果控件】面板中，将【音量】组中的【级别】设置为 0.0dB，如图 5-17 所示。

(5) 在【时间轴】面板中，将 A1 轨道展开，选择【钢笔工具】 ，按住 Ctrl 键在【时间轴】面板中调整音频的关键帧控制柄，如图 5-18 所示。

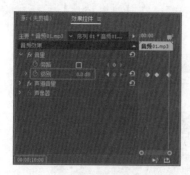

图 5-17　设置 00:00:10:00 时的参数

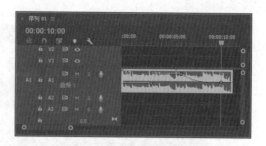

图 5-18　调整音频的关键帧控制柄

案例精讲 099　调整音频的速度

本例介绍如何调整音频的速度。调整音频的速度与调整视频的速度是一样的，具体操作步骤如下。

> 案例文件：CDROM ＼ 场景 ＼ Cha05 ＼ 调整音频的速度 .prproj
>
> 视频文件：视频教学 ＼ Cha05 ＼ 调整音频的速度 .avi

(1) 继续上一案例精讲的操作，右击 A1 轨道中的音频素材文件，在弹出的快捷菜单中选择【速度 /持续时间】命令，如图 5-19 所示。

(2) 在弹出的【剪辑速度 / 持续时间】对话框中，将【速度】设置为 120%，并勾选【保持音频音调】复选框，如图 5-20 所示，单击【确定】按钮。

图 5-19　选择【速度 / 持续时间】命令

图 5-20　【剪辑速度 / 持续时间】对话框

案例精讲 100　调整声音的淡入与淡出

本例介绍声音淡入、淡出效果的制作方法，主要应用【钢笔工具】对音频轨道上的关键帧进行调整。

> 案例文件：CDROM ＼ 场景 ＼ Cha05 ＼ 调整声音的淡入与淡出 .prproj
>
> 视频文件：视频教学 ＼ Cha05 ＼ 调整声音的淡入与淡出 .avi

(1) 运行 Premiere Pro CC 2017，新建项目和序列，导入随书附带光盘中的 "CDROM＼ 素材 ＼Cha05＼ 音频 02.mp3" 文件。

(2) 将导入的音频拖入【时间轴】面板中的 A1 轨道。在【效果控件】面板中，单击【级别】右侧的【添加 / 移除关键帧】按钮，分别在 00:00:00:00、00:00:05:00、00:00:10:13 和 00:00:22:10 处添加关键帧，如图 5-21 所示。

(3) 在【时间轴】面板中，将 A1 轨道展开，选择【钢笔工具】 ，调整关键帧的位置，并按住 Ctrl 键调整音频中间两个关键帧的控制柄，如图 5-22 所示。

图 5-21　添加关键帧

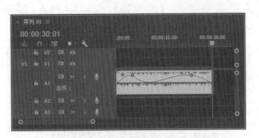

图 5-22　调整关键帧

案例精讲 101　调整左右声道效果

本例介绍如何在【音频剪辑混合器】中调整音频左右声道的音量，具体操作步骤如下。

案例文件：CDROM ＼ 场景 ＼ Cha05 ＼ 调整左右声道效果.prproj

视频文件：视频教学 ＼ Cha05 ＼ 调整左右声道效果.avi

(1) 继续上一案例精讲的操作，在【时间轴】面板中，将当前时间设置为 00:00:02:19。然后在【音频剪辑混合器】面板中，单击【音频 1】中的【写关键帧】按钮 ，将左右声道的值设置为 -50.0，如图 5-23 所示。

(2) 将当前时间设置为 00:00:09:13，在【音频剪辑混合器】面板中，将左右声道的值设置为 50.0，如图 5-24 所示。

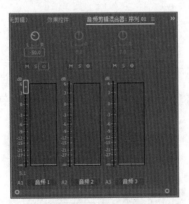

图 5-23　设置 00:00:02:19 时左右声道的值

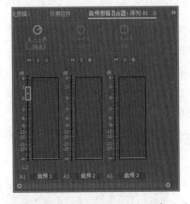

图 5-24　设置 00:00:09:13 时左右声道的值

案例精讲 102　左右声道音量的渐变转化

左右声道音量的渐变转化效果，是通过调节【声道音量】中的【左】、【右】参数来实现的，具体操作步骤如下。

案例文件：CDROM ＼ 场景 ＼ Cha05 ＼ 左右声道音量的渐变转化.prproj

视频文件：视频教学 ＼ Cha05 ＼ 左右声道音量的渐变转化.avi

（1）运行 Premiere Pro CC 2017，新建项目和序列，导入随书附带光盘中的 "CDROM\ 素材 \Cha05\ 音频 02.mp3" 文件。

（2）将导入的音频拖入【时间轴】面板中的 A1 轨道。设置当前时间为 00:00:00:00，在【效果控件】面板的【声道音量】选项中，设置【左】为 -10.0dB、【右】为 6.0 dB，如图 5-25 所示。

（3）将时间设置为 00:00:25:00，在【效果控件】面板的【声道音量】选项中，设置【左】为 6.0 dB、【右】为 0.0 dB，如图 5-26 所示。

图 5-25　设置 00:00:00:00 时的声道音量　　　图 5-26　设置 00:00:25:00 时的声道音量

案例精讲 103　左右声道各自为主的效果

如果想让左右声道各自播放声音，可以通过【音频剪辑混合器】来完成。

> 案例文件：CDROM ＼ 场景 ＼ Cha05 ＼ 左右声道各自为主的效果 .prproj
>
> 视频文件：视频教学 ＼ Cha05 ＼ 左右声道各自为主的效果 .avi

（1）运行 Premiere Pro CC 2017，新建项目和序列，导入随书附带光盘中的 "CDROM\ 素材 \Cha05\ 音频 02.mp3" 文件。

（2）将导入的音频拖入【时间轴】面板中的 A1 轨道。在【时间轴】面板中，将当前时间设置为 00:00:05:00，然后在【音频剪辑混合器】面板中，单击【音频 1】中的【写关键帧】按钮，将左右声道的值设置为 100.0，如图 5-27 所示。

（3）将当前时间设置为 00:00:27:10，在【音频剪辑混合器】面板中，将左右声道的值设置为 -100.0，如图 5-28 所示。

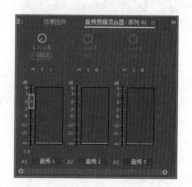

图 5-27　将左右声道的值设置为 100.0　　　图 5-28　将左右声道的值设置为 -100.0

案例精讲 104 使用 EQ（均衡器）优化高低音

本例介绍如何通过添加 EQ（均衡器）音频效果，调整音效的高低音，具体操作步骤如下。

> 案例文件：CDROM ＼ 场景 ＼ Cha05 ＼ 使用 EQ（均衡器）优化高低音 .prproj
> 视频文件：视频教学 ＼ Cha05 ＼ 使用 EQ（均衡器）优化高低音 .mp4

(1) 运行 Premiere Pro CC 2017，新建项目和序列，导入随书附带光盘中的 "CDROM＼ 素材 \Cha05＼ 音频 03.mp3" 文件。

(2) 将导入的音频拖入【时间轴】面板中的 A1 轨道。选择轨道中的音频素材，切换至【效果】面板，在【音频效果】中双击 EQ 音频效果，如图 5-29 所示。

(3) 激活【效果控件】面板，单击 EQ 中【自定义设置】右侧的【编辑】按钮，弹出【音频效果替换】对话框，单击【否】按钮，如图 5-30 所示。

(4) 在弹出的【剪辑效果编辑器 -EQ（过时）】对话框中分别勾选 Low、Mid1、Mid2、Mid3 和 High 复选框，然后手动调整显示框，如图 5-31 所示。

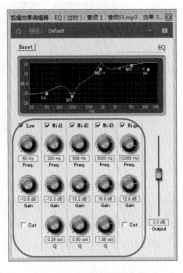

图 5-29　选择音频效果　　　图 5-30　音频效果替换提示　　　图 5-31　设置 EQ 参数

 案例精讲 105 设置回声效果

回声是常见的一种音效，通过添加【延迟】特效，可以非常逼真地模拟出声音的传播、反射、弱减效果。

> 案例文件：CDROM ＼ 场景 ＼ Cha05 ＼ 设置回声效果 .prproj
> 视频文件：视频教学 ＼ Cha05 ＼ 设置回声效果 .mp4

(1) 运行 Premiere Pro CC 2017，新建项目和序列，导入随书附带光盘中的 "CDROM＼ 素材 \Cha05＼ 音频 03.mp3" 文件，将导入的音频拖入【时间轴】面板中的 A1 轨道。

(2) 选择轨道中的音频素材，切换至【效果】面板，在【音频效果】中双击【延迟】音频效果，如图 5-32 所示。

(3) 激活【效果控件】面板，将当前时间设置为 00:00:00:00。单击【延迟】选项中【反馈】和【混合】左侧的【切换动画】按钮 ，将【反馈】设置为 60.0%、【混合】设置为 70.0%，如图 5-33 所示。

图 5-32　双击【延迟】音频效果

图 5-33　设置 00:00:00:00 时的参数

(4) 将当前时间设置为 00:00:03:22，将【反馈】设置为 20.0%，如图 5-34 所示。

(5) 将当前时间设置为 00:00:30:15，将【反馈】设置为 50.0%、【混合】设置为 30.0%，如图 5-35 所示。

图 5-34　设置 00:00:03:22 时的参数

图 5-35　设置 00:00:30:15 时的参数

案例精讲 106　屋内混响效果

屋内混响可以模拟通过音响向外传播音频的效果，主要用到了 Reverb 特效，具体操作步骤如下。

案例文件：CDROM \ 场景 \ Cha05 \ 屋内混响效果 .prproj
视频文件：视频教学 \ Cha05 \ 屋内混响效果 .avi

(1) 运行 Premiere Pro CC 2017，新建项目和序列，导入随书附带光盘中的 "CDROM\ 素材 \Cha05\ 音频 03.mp3" 文件，将导入的音频拖入【时间轴】面板中的 A1 轨道。

(2) 选择轨道中的音频素材，切换至【效果】面板，在【音频效果】中双击 Reverb 音频效果，如图 5-36 所示。

(3) 弹出【音频效果替换】提示对话框，单击【否】按钮，如图 5-37 所示。

(4) 激活【效果控件】面板，单击展开的 Reverb 中【自定义设置】右侧的【编辑】按钮。在弹出的【剪辑效果编辑器 –Reverb (过时)】对话框中调整出屋内混响的效果，如图 5-38 所示。

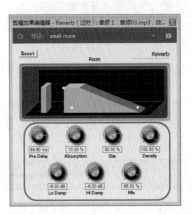

图 5-36　双击 Reverb 音频效果　图 5-37　【音频效果替换】对话框　图 5-38　【剪辑效果编辑器 –Reverb（过时）】对话框

案例精讲 107　为音频增加伴唱【视频案例】

为音频增加伴唱的效果，是通过添加【多功能延迟】特效来实现的。具体的操作可以参考随书附带光盘视频教程。

　案例文件：CDROM \ 场景 \ Cha05 \ 为音频增加伴唱 .prproj
　　视频文件：视频教学 \ Cha05 \ 为音频增加伴唱 .avi

案例精讲 108　高低音的转换【视频案例】

高低音的转换是通过 Dynamics 特效来实现的。具体的操作可以参考随书附带光盘视频教程。

　案例文件：CDROM \ 场景 \ Cha05 \ 高低音的转换 .prproj
　　视频文件：视频教学 \ Cha05 \ 高低音的转换 .avi

案例精讲 109　为音频消除嗡嗡声特效

通过添加【消除嗡嗡声】特效可以调整音频的音调。具体的操作可以参考随书附带光盘视频教程。

　案例文件：CDROM \ 场景 \ Cha05 \ 为音频消除嗡嗡声特效 .prproj
　　视频文件：视频教学 \ Cha05 \ 为音频消除嗡嗡声 .avi

案例精讲 110　超重低音效果【视频案例】

超重低音效果是影视中很常见的一种效果，它加重了声音的低频强度，提高了音效的震撼力，是在动作片和科幻片中经常用到的一种效果。具体的操作可以参考随书附带光盘视频教程。

　案例文件：CDROM \ 场景 \ Cha05 \ 超重低音效果 .prproj
　　视频文件：视频教学 \ Cha05 \ 超重低音效果 .avi

案例精讲 111　设置交响乐效果【视频案例】

普通音乐中交响乐效果的制作，主要是通过为音频添加【多频段压缩器 (旧版)】特效，并设置关键帧来完成的。具体的操作可以参考随书附带光盘视频教程。

案例文件：CDROM \ 场景 \ Cha05 \ 设置交响乐效果 .prproj
视频文件：视频教学 \ Cha05 \ 设置交响乐效果 .avi

案例精讲 112　录制音频文件【视频案例】

电脑插入麦克风后，可以在 Premiere Pro CC 2017 中录制音频。具体的操作可以参考随书附带光盘视频教程。

案例文件：无
视频文件：视频教学 \ Cha05 \ 录制音频文件 .avi

第6章

影视效果编辑

本章中的案例精讲主要对 Premiere Pro CC 2017 中视频效果的使用进行了介绍，使用视频特效可以对实际拍摄中出现的一些瑕疵进行处理，同时也可以制作一些拍摄不到的特技效果。

案例精讲 113 动态柱状图

本例介绍动态柱状图的制作，方法是在字幕编辑器中绘制矩形对象，然后在【效果控件】面板中设置参数，使柱状图的高度产生增减的效果，如图 6-1 所示。

> 案例文件：CDROM \ 场景 \ Cha06 \ 动态柱状图.prproj
>
> 视频文件：视频教学 \ Cha06\ 动态柱状图.mp4

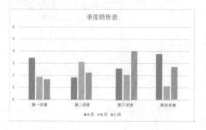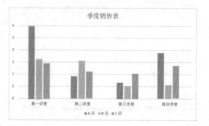

图 6-1 动态柱状图效果

(1) 运行 Premiere Pro CC 2017，新建项目文件，进入操作界面，按 Ctrl+N 键打开【新建序列】对话框，在【序列预设】选项卡中的【可用预设】区域选择 DV-24P|【宽屏 48kHz】选项，使用默认名称，单击【确定】按钮，如图 6-2 所示。

(2) 双击【项目】面板中的空白区域，在弹出的对话框中选择随书附带光盘中的 "CDROM\ 素材 \Cha06\ 动态柱状图 .tif" 素材文件，单击【打开】按钮。

(3) 将导入的素材拖入 V1 轨道，并将素材的【持续时间】设置为 00:00:05:05，选择素材，切换至【效果控件】面板，展开【运动】选项，然后将【缩放】设置为 89，如图 6-3 所示。

图 6-2 新建序列

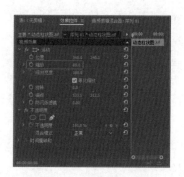

图 6-3 设置缩放参数

(4) 按 Ctrl+T 键，在弹出的对话框中将【像素长宽比】设置为 D1/DV NTSC(0.9091)，使用默认命名，进入字幕编辑器，使用【矩形工具】 ![]，在字幕设计栏中绘制一个矩形，在【字幕属性】面板中，在【变换】选项下，设置【宽度】为 26、【高度】为 171.4，在【填充】选项下，将【颜色】的 RGB 值设置为 238、124、48，将【变换】选项下的【X 位置】、【Y 位置】分别设置为 25.9、296.2，如图 6-4 所示。

(5) 再次使用【矩形工具】绘制矩形，在【字幕属性】面板中，设置【变换】选项下的【宽度】、【高度】分别为 26、93.5，设置【填充】选项下的【颜色】RGB 值为 254、192、0，将【X 位置】、【Y 位置】分别设置为 58.6、335.4，如图 6-5 所示。

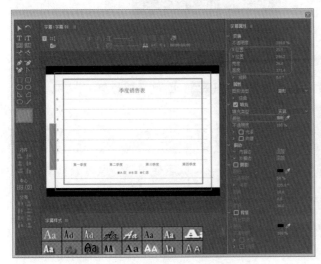

图 6-4　创建并设置矩形参数

图 6-5　创建矩形并设置其参数

(6) 再次使用【矩形工具】绘制矩形，在【字幕属性】面板中，设置【变换】选项下的【宽度】、【高度】分别为 26、83.1，设置【填充】选项下【颜色】RGB 值为 110、173、70，将【X 位置】、【Y 位置】分别设置为 90.8、339.4。

(7) 单击【基于当前字幕新建字幕】按钮 ，保留默认设置，单击【确定】按钮，并使用相同方法制作其他矩形。

(8) 将矩形制作完成后，将创建的"字幕 01"至"字幕 04"依次拖入 V2 至 V5 轨道，将所有字幕的结尾与动态柱状图的结尾对齐，选择"字幕 01"，确认当前时间为 00:00:00:00，切换至【效果控件】面板，取消勾选【等比缩放】复选框，单击【缩放高度】左侧的【切换动画】按钮 ，将【锚点】设置为 67、378，【位置】设置为 141.5、378.3，如图 6-6 所示。

(9) 设置当前时间为 00:00:04:18，切换至【效果控件】面板，将【缩放高度】设置为 175，如图 6-7 所示。

图 6-6　单击【切换动画】按钮

图 6-7　设置缩放参数

(10) 在 V4 轨道中选择素材，将当前时间设置为 00:00:00:00，切换至【效果控件】面板，取消勾选【等比缩放】复选框，单击【缩放高度】左侧的【切换动画】按钮 ，将【锚点】设置为 464、381，将【位置】设置为 446.9、383.8，如图 6-8 所示。

(11) 设置当前时间为 00:00:04:18，切换至【效果控件】面板，将【缩放高度】设置为 52，如图 6-9 所示。

图 6-8　单击【切换动画】按钮

图 6-9　设置缩放参数

(12) 保存场景，在【节目】面板中单击【播放 - 停止切换】按钮▶，即可观看效果。

案例精讲 114　动态饼图

本例介绍如何制作动态饼图，主要通过在字幕编辑器中绘制圆形，然后使用【镜像擦除】动画效果使绘制的圆形产生动态效果，如图 6-10 所示。

> 案例文件：CDROM \ 场景 \ Cha06 \ 动态饼图.prproj
>
> 视频文件：视频教学 \ Cha06 \ 动态饼图.avi

图 6-10　动态饼图

(1) 运行 Premiere Pro CC 2017，新建项目文件，进入操作界面，按 Ctrl+N 键打开【新建序列】对话框，在【序列预设】选项卡中的【可用预设】区域下选择 DV-24P|【标准 48kHz】选项，使用默认名称，切换至【设置】选项卡，将【视频】选项组下方的【像素长宽比】设置为 D1/DV NTSC(0.9091)，单击【确定】按钮。

(2) 进入操作界面，右击【项目】面板中的空白区域，选择【新建项目】|【颜色遮罩】选项，在弹出的【新建颜色遮罩】对话框中使用默认设置，单击【确定】按钮，在弹出的【拾色器】对话框中选择白色，单击【确定】按钮，在弹出的【选择名称】对话框中使用默认设置，单击【确定】按钮，即可新建颜色遮罩。

(3) 将新建的【颜色遮罩】拖入 V1 轨道，按 Ctrl+T 键，在弹出的对话框中使用默认命名，单击【确定】按钮，进入字幕编辑器，使用【椭圆工具】，按住 Shift 键绘制一个正圆，在【填充】选项下，将【颜色】的 RGB 值设置为 255、192、0，在【变换】选项下，将【宽度】、【高度】均设置为 210，将【X 位置】、【Y 位置】分别设置为 327.2、259.3，如图 6-11 所示。

(4) 单击【基于当前字幕新建字幕】按钮，在弹出的对话框中使用默认设置，单击【确定】按钮，进入字幕窗口，更改正圆的【颜色】RGB 值为 165、165、165，如图 6-12 所示。

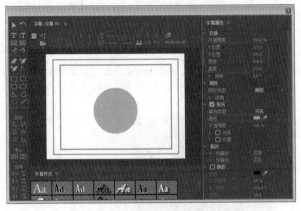

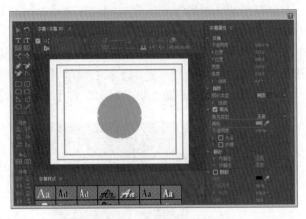

图 6-11　设置字幕参数　　　　　　　　图 6-12　新建字幕并设置参数

(5) 单击【基于当前字幕新建字幕】按钮 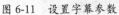，新建字幕，选择所画的圆，在【填充】选项下，将【颜色】的 RGB 值设置为 237、125、49，然后使用相同的方法新建字幕，更改圆形的【颜色】RGB 值为 91、155、231。

(6) 将圆形制作完成后，单击【基于当前字幕新建字幕】按钮 ，使用默认设置单击【确定】按钮，使用【文字工具】 输入文字 1.2，选择输入的文字，在【字幕属性】面板中将【字体系列】设置为 Adobe Caslon Pro，将【字体大小】设置为 21，将【填充】选项下的【颜色】设置为白色，将【变换】选项下的【X 位置】、【Y 位置】设置为 298.9、189.4，如图 6-13 所示。

(7) 使用相同的方法新建其他字幕，输入文字并设置颜色和位置。新建字幕完成后，关闭字幕编辑器，在【项目】面板中将"字幕 01"拖入 V2 轨道并选中素材，切换至【效果】面板，打开【视频效果】文件夹，选择【过渡】下的【径向擦除】效果，将其拖入 V2 轨道中的"字幕 01"上。

(8) 确认当前时间为 00:00:00:00，切换至【效果控件】面板，将【径向擦除】选项下的【过渡完成】设置为 41%、【起始角度】设置为 210°，分别单击【过渡完成】与【起始角度】左侧的【切换动画】按钮 ，将【擦除中心】设置为 359.8、257，如图 6-14 所示。

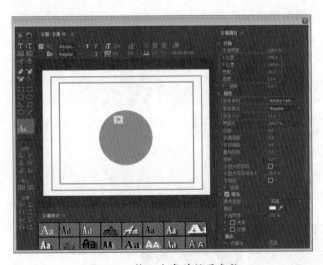

图 6-13　输入文字并设置参数　　　　　　图 6-14　设置【径向擦除】

(9) 将当前时间设置为 00:00:04:00，将【过渡完成】设置为 50%，【起始角度】设置为 180°。

(10) 使用同样的方法，在视频轨道中添加绘有圆形的字幕，并为字幕添加效果，在【效果控件】面板中设置效果参数并添加关键帧。

(11) 在【项目】面板中将"字幕 05"拖入 V6 轨道，选择该素材，确认当前时间为 00:00:00:00，在【效果控件】面板中单击【不透明度】右侧的【添加 / 移除关键帧】按钮 ◎，添加关键帧，如图 6-15 所示。

(12) 将当前时间设置为 00:00:04:17，在【效果控件】面板中将【不透明度】设置为 0%，如图 6-16 所示。

图 6-15　添加关键帧　　　　　图 6-16　设置 00:00:04:17 的不透明度

(13) 在【项目】面板中将"字幕 06"拖入 V7 轨道，选择该素材，确认当前时间为 00:00:00:00，在【效果控件】面板中将【不透明度】设置为 0%，如图 6-17 所示。

(14) 将当前时间设置为 00:00:04:17，在【效果控件】面板中将【不透明度】设置为 100%，如图 6-18 所示。

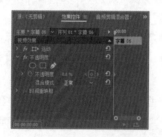

图 6-17　设置 00:00:00:00 时的不透明度　　　　图 6-18　设置 00:00:04:17 时的不透明度

(15) 将"字幕 07"拖入 V8 轨道，将所有字幕的结尾处与颜色遮罩的结尾处对齐，在【节目】面板中单击【播放 - 停止切换】按钮 ▶，即可观看效果。

案例精讲 115　动态偏移

本例介绍如何制作动态偏移效果，主要通过【基本 3D】、【Alpha 发光】、【更改颜色】等效果来制作动态偏移，效果如图 6-19 所示。

案例文件：CDROM \ 场景 \ Cha06 \ 动态偏移 .prproj

视频文件：视频教学 \ Cha06 \ 动态偏移 .avi

图 6-19　动态偏移效果

(1) 运行 Premiere Pro CC 2017，新建项目文件，进入操作界面，按 Ctrl+N 键打开【新建序列】对话框，在【序列预设】选项卡中的【可用预设】区域下选择 DV-24P|【标准 48kHz】选项，使用默认名称，单击【确定】按钮。

(2) 进入操作界面，双击【项目】面板中的空白区域，在弹出的对话框中选择随书附带光盘中的 CDROM\ 素材 \Cha06\ "动态偏移 01.png" 和 "动态偏移 02.jpg" 素材文件，单击【打开】按钮。

(3) 在【项目】面板中，将 "动态偏移 01.png" 素材文件拖入 V1 轨道，并选择该素材。

(4) 确定当前时间为 00:00:00:00，在【效果控件】面板中，将【运动】选项下的【缩放】设置为 42，单击【基本 3D】选项下【旋转】和【倾斜】左侧的【切换动画】按钮，在【Alpha 发光】选项下将【发光】设置为 20，【起始颜色】设置为白色，【结束颜色】设置为红色，如图 6-20 所示。

(5) 将当前时间设置为 00:00:04:07，设置【基本 3D】选项下的【旋转】为 1×1.0°，设置【倾斜】为 2×1.0°，如图 6-21 所示。

图 6-20　设置 00:00:00:00 时的效果参数

图 6-21　设置 00:00:04:07 时的效果参数

(6) 将当前时间设置为 00:00:00:04，在 V1 轨道中对 "动态偏移 01.png" 素材文件进行复制粘贴，然后拖入 V2 轨道，使其开始处与编辑标识线对齐，如图 6-22 所示。

(7) 使用同样的方法再对 "动态偏移 01.png" 文件进行复制粘贴，然后每隔 4 帧在每个轨道中进行排列，如图 6-23 所示。

图 6-22　复制轨道中的素材并调整

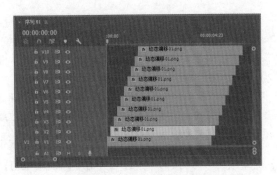
图 6-23　完成后的效果

(8) 按 Ctrl+N 键，新建序列，在【项目】面板中将 "动态偏移 02.jpg" 素材文件拖入 V1 轨道，选择该素材，切换至【效果控件】面板，将【运动】选项下的【缩放】设置为 23，如图 6-24 所示。

(9) 在【项目】面板中将 "序列 01" 拖入 V2 轨道，如图 6-25 所示，拖动 "动态偏移 02.jpg" 文件的结束处与"序列01"的结束处对齐。

图6-24 设置缩放参数

图6-25 拖入序列

(10) 在V2轨道中选中序列,切换至【效果控件】面板,将【不透明度】选项下的【混合模式】设置为【滤色】,如图6-26所示。

(11) 切换至【效果】面板,打开【视频效果】文件夹,选择【颜色校正】下的【更改颜色】效果,将该效果拖入【效果控件】面板中,将【更改颜色】选项下的【色相变换】设置为56,将【亮度变换】设置为96,将【饱和度变换】设置为100,将【要更改的颜色】设置为白色,将【匹配容差】设置为%,将【匹配柔和度】设置为59%,将【匹配颜色】设置为【使用色相】,如图6-27所示。

图6-26 设置【混合模式】

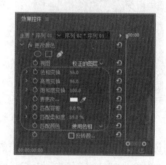

图6-27 添加并设置【更改颜色】效果

(12) 保存场景,在【节目】面板中单击【播放 - 停止切换】按钮 ▶,即可观看效果。

案例精讲116 带相框的画面效果

本例介绍如何制作带相框的画面效果,该案例主要通过设置素材文件的参数以及为素材文件添加【亮度键】效果来产生带相框的画面效果。

案例文件：CDROM \ 场景 \ Cha06\ 带相框的画面效果.prproj

视频文件：视频教学 \ Cha06 \ 带相框的画面效果.avi

(1) 新建项目文档和DV-NTSC下的【标准48kHz】序列,导入随书附带光盘中的"CDROM\ 素材\Cha06\ 带相框的画面效果01.avi、带相框的画面效果02.avi和带相框的画面效果03.jpg"素材文件,将"带相框的画面效果01.avi"素材文件拖入【时间轴】面板中的V1轨道。弹出【剪辑不匹配】对话框,选择【保持现有设置】选项,激活【效果控件】面板,将【位置】设置为643.8、104.7,将【缩放】设置为30.0,将【旋转】设置为-13.0°,如图6-28所示。

(2) 将"带相框的画面效果 02.avi"素材文件拖入【时间轴】面板 V2 轨道,选择 V2 轨道中的素材文件,激活【效果控件】面板,将【位置】设置为 572.4、226.3,将【缩放】设置为 30.0,将【旋转】设置为 9.0°,如图 6-29 所示。

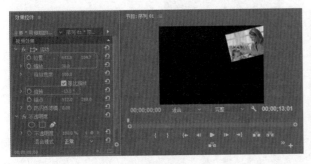

图 6-28　设置参数　　　　　　　　　　　　图 6-29　设置参数

(3) 将"带相框的画面效果 03.jpg"素材文件拖入【时间轴】面板中的 V3 轨道,选中 V3 中的素材文件,激活【效果控件】面板,将【缩放】设置为 160,如图 6-30 所示。

(4) 将 V3 轨道中的素材文件的【持续时间】设置为 00:00:13:00,如图 6-31 所示。

图 6-30　设置【缩放】参数　　　　　　　　图 6-31　设置【持续时间】

(5) 为 V3 轨道中的素材文件添加【视频效果】|【键控】|【亮度键】效果,在【效果控件】面板中,将【阈值】设置为 80.0%、【屏蔽度】设置为 30.0%,如图 6-32 所示。

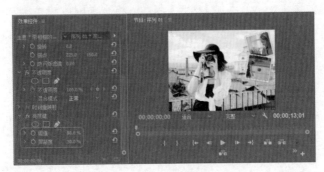

图 6-32　设置【亮度键】效果

(6) 为 V2 轨道中素材文件的起点添加【视频过渡】|【滑动】|【滑动】效果,在【效果控件】面板中,将【持续时间】设置为 00:00:03:00,单击【自动向西】小三角按钮,如图 6-33 所示。

(7) 为 V1 轨道中素材文件的起点添加【视频过渡】|【滑动】|【推】效果,在【效果控件】面板中,将【持续时间】设置为 00:00:03:00,单击【自动向西】小三角按钮,如图 6-34 所示。

 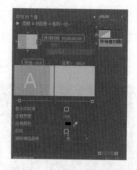

图 6-33　设置【滑动】效果　　　　图 6-34　设置【滑动框】效果

案例精讲 117　多画面电视墙效果

本例介绍如何在 Premiere Pro CC 2017 中制作多画面电视墙效果，主要通过为素材文件添加【棋盘】效果、【网格】效果使素材文件产生多面效果，如图 6-35 所示。

> 案例文件：CDROM \ 场景 \ Cha06\ 多画面电视墙效果 .prproj
> 视频文件：视频教学 \ Cha06 \ 多画面电视墙效果 .avi

 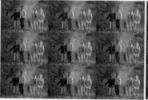 

图 6-35　多画面电视墙效果

(1) 新建项目文档和 DV-PAL 下的【标准 48kHz】序列，导入随书附带光盘中的 "CDROM\ 素材 \Cha06\ 多画面电视墙效果 1.wmv 和多画面电视墙效果 2.wmv" 素材文件，将 "多画面电视墙效果 1.wmv" 文件拖入【时间轴】面板中的 V1 轨道，弹出【剪辑不匹配】对话框，选择【更改序列设置】选项，为其添加【复制】特效，并将【计数】设置为 3，如图 6-36 所示。

(2) 为 "多画面电视墙效果 1.wmv" 添加【棋盘】特效，将当前时间设置为 00:00:00:00，在【效果控件】面板中将【大小依据】设置为【边角点】，将【锚点】设置为 240、192，将【边角】设置为 480、384，将【混合模式】设置为【叠加】，如图 6-37 所示。

(3) 将当前时间设置为 00:00:02:06，将 "多画面电视墙效果 2.wmv" 素材文件拖入 V2 轨道，与时间线对齐，如图 6-38 所示。

(4) 选择轨道中的 "多画面电视墙效果 2.wmv"，为其添加【复制】和【棋盘】特效，将【计数】设置为 3，将【大小依据】设置为【边角点】，将【锚点】设置为 240、192，将【边角】设置为 479.6、384，将【混合模式】设置为【色相】，如图 6-39 所示。

(5) 为 "多画面电视墙效果 02.wmv" 添加【网格】特效，激活【效果控件】面板，设置【网格】选项下的【边框】为 60，并单击其左侧的【切换动画】按钮，将【混合模式】设置为【正常】，如图 6-40 所示。

(6) 将当前时间设置为 00:00:03:16，单击【棋盘】中的【锚点】、【边角】、【混合模式】左侧的【切换动画】按钮，将【网格】中的【边框】设置为 0.0，如图 6-41 所示。

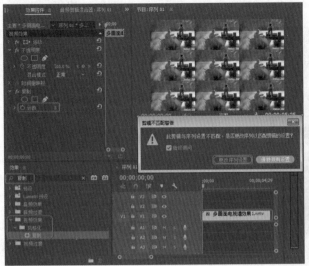

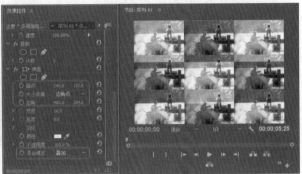

图 6-36　设置特效参数

图 6-37　设置特效参数

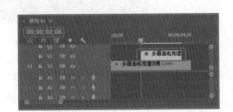

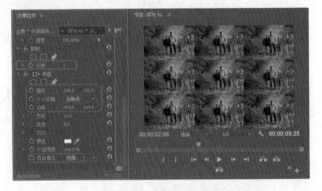

图 6-38　添加素材文件

图 6-39　设置【复制】和【棋盘】参数

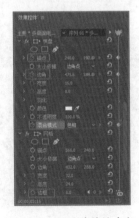

图 6-40　设置【网格】参数

图 6-41　设置关键帧参数

(7) 将当前时间设置为 00:00:05:22，将【棋盘】中的【锚点】设置为 479.0、192.0，将【边角】设置为 719.0、384.0，将【混合模式】设置为【模板 Alpha】，如图 6-42 所示。

(8) 将当前时间设置为 00:00:05:03，在【工具】面板中选择【剃刀工具】 ，剪切素材文件。在"多画面电视墙效果 1.wmv″文件的时间线处单击，将剪切的素材的后半部分删除，如图 6-43 所示。

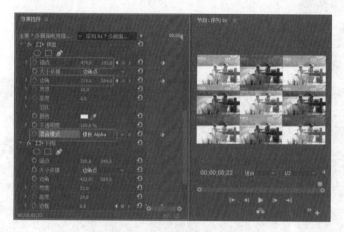

图 6-42　设置【棋盘】参数

图 6-43　将剪切的素材的后半部分删除

案例精讲 118　镜头快慢播放效果

本例介绍如何实现镜头快慢播放效果，如图 6-44 所示，具体操作
步骤如下。

> 案例文件：CDROM \ 场景 \ Cha06\ 镜头快慢播放效果 .prproj
> 视频文件：视频教学 \ Cha06 \ 镜头快慢播放效果 .avi

图 6-44　镜头快慢播放效果

　　(1) 新建项目文档和序列，导入随书附带光盘中的″CDROM\ 素材 \Cha06\ 镜头快慢播放效果 .wmv″
素材文件，将素材文件拖入【时间轴】面板中的 V1 轨道，弹出【剪辑不匹配】对话框，选择【保持默
认设置】选项，选择″镜头快慢播放效果 .wmv″素材文件，如图 6-45 所示。

　　(2) 在【效果控件】面板中将【缩放】设置为 130，如图 6-46 所示。

图 6-45　将素材文件拖入轨道

图 6-46　设置【缩放】参数

　　(3) 将当前时间设置为 00:00:02:00，在【工具】面板中单击【剃刀工具】，在编辑标识线处对素材
文件进行切割，切割后的效果如图 6-47 所示。

　　(4) 选择【选择工具】，右击该轨道中的第一个对象，在弹出的快捷菜单中选择【速度 / 持续时间】

命令，在弹出的对话框中将【速度】设置为 200，如图 6-48 所示。

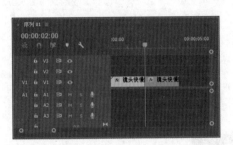

图 6-47　切割素材

图 6-48　设置【速度 / 持续时间】

(5) 单击【确定】按钮，选择该轨道中的第二个对象，将其拖至第一个对象的结尾处，右击该对象，在弹出的快捷菜单中选择【速度 / 持续时间】命令，在弹出的对话框中将【速度】设置为 30，如图 6-49 所示。

(6) 单击【确定】按钮，即可完成对选择对象的更改，效果如图 6-50 所示。

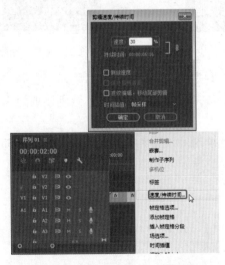

图 6-49　设置【速度 / 持续时间】

图 6-50　设置完成后的效果

案例精讲 119　电视节目暂停效果

本例介绍如何制作电视节目暂停效果，如图 6-51 所示。

案例文件：CDROM \ 场景 \ Cha06\ 电视节目暂停效果 .prproj

视频文件：视频教学 \ Cha06 \ 电视节目暂停效果 .avi

图 6-51　电视节目暂停效果

（1）运行 Premiere Pro CC 2017 软件，在弹出的欢迎界面中单击【新建项目】按钮，新建项目和序列，按 Ctrl+N 键，在【新建序列】对话框中选择 DV-24P 下的【标准 48kHz】，使用默认的序列名称即可，单击【确定】按钮。导入随书附带光盘中的 "CDROM\ 素材 \Cha6\ 电视节目暂停效果 .jpg" 文件，将其拖入 V1 轨道并选中该对象，在【效果控件】面板中将【缩放】设置为 160，如图 6-52 所示。

（2）在【序列】窗口中选中该对象并右击鼠标，在弹出的快捷菜单中选择【速度 / 持续时间】命令，在弹出的对话框中将【持续时间】设置为 00:00:15:00，如图 6-53 所示。

图 6-52　设置【缩放】参数

图 6-53　设置【速度 / 持续时间】

（3）单击【确定】按钮，即可改变持续时间，右击【项目】面板中的空白区域，在弹出的快捷菜单中选择【新建项目】|【HD 彩条】命令，在弹出的对话框中将【宽】和【高】分别设置为 534、352，如图 6-54 所示。

（4）单击【确定】按钮，将其拖入 V2 轨道，并将持续时间设置为 00:00:15:00，如图 6-55 所示。

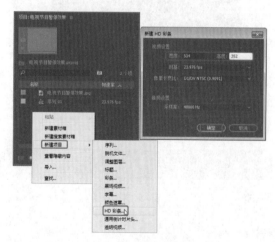

图 6-54　设置【HD 彩条】参数

图 6-55　设置完成后的效果

(5) 选择新建的 HD 彩条，在【效果控件】面板中将【位置】设置为 397.5、200，取消勾选【等比缩放】复选框，将【缩放高度】和【缩放宽度】分别设置为 46、60，如图 6-56 所示。

(6) 将当前时间设置为 00:00:00:00，在【效果控件】面板中将【不透明度】设置为 0%，再将当前时间设置为 00:00:00:05，将【不透明度】设置为 100%，如图 6-57 所示。

图 6-56　设置【缩放高度】和【缩放宽度】　　　　图 6-57　设置【不透明度】

案例精讲 120　视频油画效果

本例介绍如何制作视频油画效果，如图 6-58 所示。

> 案例文件：CDROM \ 场景 \ Cha06\ 视频油画效果 .prproj
>
> 视频文件：视频教学 \ Cha06 \ 视频油画效果 .avi

图 6-58　视频油画效果

(1) 新建项目文档和 DV-PAL 下的【标准 48kHz】序列，导入随书附带光盘中的 "CDROM\ 素材\Cha06\ 视频油画效果 .avi" 素材文件，在弹出的对话框中选择【保持默认设置】选项，将 "视频油画效果 .avi" 素材文件拖入【序列】面板中的 V1 轨道，选择该素材文件，激活【效果控件】面板，将【运动】选项下的【缩放】设置为 126.0，如图 6-59 所示。

(2) 切换至【效果】面板，为素材文件添加【视频效果】|【风格化】|【查找边缘】效果，如图 6-60 所示。

图 6-59　设置【缩放】参数　　　　图 6-60　添加【查找边缘】效果

（3）将当前时间设置为00:00:00:00，在【效果控件】面板中，将【查找边缘】选项下的【与原始图像混合】设置为0%，然后单击其左侧的【切换动画】按钮，如图6-61所示。

（4）将当前时间设置为00:00:11:00，在【效果控件】面板中，将【查找边缘】选项下的【与原始图像混合】设置为100%，如图6-62所示。

图6-61 设置【与原始图像混合】参数为0% 　　 图6-62 设置【与原始图像混合】参数为100%

案例精讲 121　动态残影效果

本例介绍如何制作动态残影效果，如图6-63所示。

案例文件：CDROM \ 场景 \ Cha06\ 动态残影效果.prproj

视频文件：视频教学 \ Cha06 \ 动态残影效果.avi

图6-63 动态残影效果

（1）新建项目文档和DV-NTSC下的【宽屏48kHz】序列，导入随书附带光盘中的"CDROM\ 素材\Cha06\ 动态残影效果.avi"素材文件，将"动态残影效果.avi"素材文件拖入【序列】面板中的V1轨道，在弹出的对话框中选择【保持默认设置】选项，选择该素材文件，激活【效果控件】面板，将【运动】选项下的【缩放】设置为137.0，如图6-64所示。

（2）切换至【效果】面板，为素材添加【视频效果】|【时间】|【残影】效果，将【残影数量】设置为5、【残影运算符】设置为最大值，如图6-65所示。

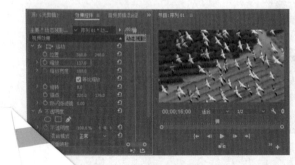 

图6-64 设置【缩放】参数 　　　　 图6-65 添加【残影】效果

案例精讲 122　歌词效果

本例介绍如何制作歌词效果，如图 6-66 所示。

案例文件：CDROM \ 场景 \ Cha06\ 歌词效果 .prproj
视频文件：视频教学 \ Cha06 \ 歌词效果 .avi

图 6-66　歌词效果

(1) 新建项目文档和 DV-NTSC 下的【标准 48kHz】序列，导入随书附带光盘中的 "CDROM\ 素材 \Cha06\ 歌词效果 .avi 和生日歌 .mp3" 素材文件，将 "生日歌 .mp3" 素材文件拖入【时间轴】面板中的 A1 轨道，将 "歌词效果 .avi" 素材文件拖入【序列】面板中的 V1 轨道，在弹出的对话框中选择【保持默认设置】选项，选择 V1 轨道中的素材文件，激活【效果控件】面板，将【运动】选项下的【缩放】设置为 165.0，如图 6-67 所示。

(2) 按 Ctrl+T 键，在弹出的【新建字幕】对话框中，将【名称】设置为 "原句 01"，如图 6-68 所示。

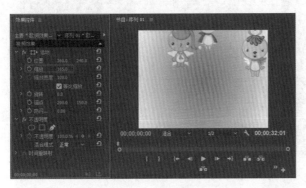

图 6-67　设置【缩放】参数　　　　　图 6-68　【新建字幕】对话框

(3) 在字幕编辑器中输入英文 Happy Birthday to you，将【字体系列】设置为【华文新魏】、【字体大小】设置为 38.0，如图 6-69 所示。

(4) 在【填充】选项中，将【颜色】的 RGB 值设置为 5、95、172；在【描边】选项中，添加【外描边】，将【大小】设置为 40.0，将【颜色】设置为白色；勾选【阴影】复选框，将【不透明度】设置为 54%，将【距离】设置为 4.0，将【扩展】设置为 19.0，如图 6-70 所示。

(5) 单击【基于当前字幕新建字幕】按钮，在弹出的【新建字幕】对话框中，将【名称】设置为 "原句 01 副本"，如图 6-71 所示。

(6) 在字幕编辑器中选择文字，将【填充】选项中的【颜色】RGB 值更改为 255、210、0，如图 6-72 所示。

(7) 使用相同的方法新建 "原句 02" 和 "原句 02 副本" 字幕，如图 6-73 和图 6-74 所示。

(8) 分别将 "原句 01" 和 "原句 01 副本" 字幕拖入 V3 和 V2 轨道，并将其【持续时间】都设置为 00:00:03:20，如图 6-75 所示。

(9) 为 V3 轨道中的 "原句 01" 字幕添加【裁剪】效果，将当前时间设置为 00:00:00:03，在【效果控件】面板中，将【裁剪】选项下的【左侧】设置为 23.0%，然后单击其左侧的【切换动画】按钮，如图 6-76 所示。

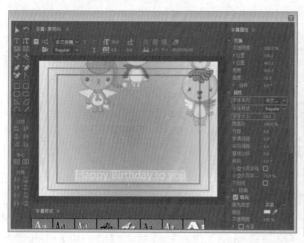

图 6-69　设置字体

图 6-70　设置字体样式

图 6-71　【新建字幕】对话框

图 6-72　更改【颜色】RGB 值

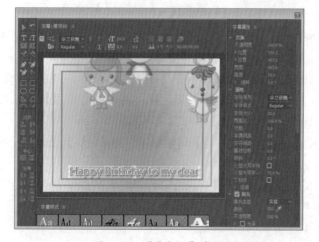

图 6-73　"原句 02"字幕

图 6-74　"原句 02 副本"字幕

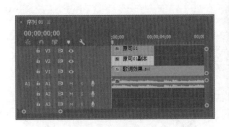

图 6-75　添加字幕 (1)

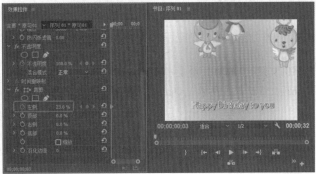

图 6-76　设置【左侧】参数

(10) 将当前时间设置为 00:00:00:13，在【效果控件】面板中，将【裁剪】中的【左侧】设置为 32.0%，如图 6-77 所示。

(11) 使用相同的方法，为【左侧】继续添加相应的关键帧。

(12) 在 V2 和 V3 轨道中分别添加"原句 01 副本"和"原句 01"字幕，并将其持续时间都设置为 00:00:04:08，如图 6-78 所示。

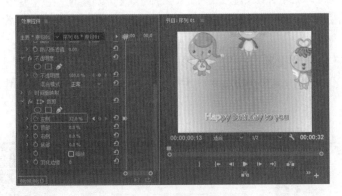

图 6-77　设置【左侧】参数

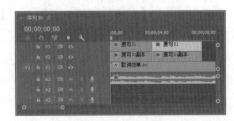

图 6-78　添加字幕 (2)

(13) 使用相同的方法，为新添加的"原句 01"字幕添加【裁剪】效果并设置【左侧】的关键帧。

(14) 将当前时间设置为 00:00:08:17，参照前面的操作步骤添加"原句 02"和"原句 02 副本"字幕到 V3 和 V2 轨道，与时间线对齐，将其持续时间设置为 00:00:04:02，如图 6-79 所示。

(15) 使用相同的方法，为新添加的"原句 02"字幕添加【裁剪】效果并设置【左侧】的关键帧。

(16) 将当前时间设置为 00:00:13:01，参照前面的操作步骤添加"原句 01"和"原句 01 副本"字幕到 V3 和 V2 轨道，与时间线对齐，将其持续时间设置为 00:00:04:08，如图 6-80 所示。

(17) 使用相同的方法，为新添加的"原句 01"字幕添加【裁剪】效果并设置【左侧】的关键帧。

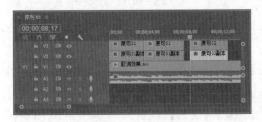

图 6-79　添加字幕 (3)

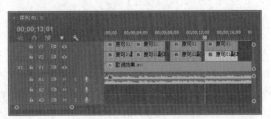

图 6-80　添加字幕 (4)

案例精讲 123　旋转时间指针

本案例将介绍如何制作旋转时间指针的动画，如图 6-81 所示。

案例文件：CDROM \ 场景 \ Cha06\ 旋转时间指针 .prproj
视频文件：视频教学 \ Cha06 \ 旋转时间指针 .avi

图 6-81　旋转时间指针

(1) 新建项目文档和 DV-PAL 下的【标准 48kHz】序列，导入随书附带光盘中的 "CDROM\ 素材 \Cha06\ 旋转时间指针 .jpg" 素材文件，将 "旋转时间指针 .jpg" 素材文件拖入【序列】面板中的 V1 轨道，然后将其持续时间设置为 00:00:30:00。激活【效果控件】面板，将【运动】选项下的【缩放】设置为 18.0，如图 6-82 所示。

(2) 按 Ctrl+T 键，新建 "字幕 01"，打开字幕编辑器。使用【矩形工具】■绘制一个矩形。将【宽度】设置为 4.7、【高度】设置为 222.4、【X 位置】设置为 376.9、【Y 字幕】设置为 359.3、【颜色】设置为黑色，如图 6-83 所示。

图 6-82　设置【缩放】参数

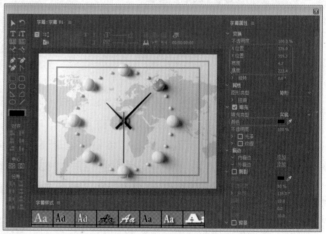

图 6-83　新建 "字幕 01"

(3) 关闭字幕编辑器。将 "字幕 01" 拖入 V2 轨道，然后将其持续时间设置为 00:00:30:00，如图 6-84 所示。

(4) 将当前时间设置为 00:00:00:00，在【效果控件】中，将【位置】设置为 343.1、288.0，单击【旋转】左侧的【切换动画】按钮，将【锚点】设置为 344.0、288.0，如图 6-85 所示。

(5) 将当前时间设置为 00:00:29:24，在【效果控件】中将【旋转】设置为 180.0°，如图 6-86 所示。

图6-84 设置持续时间

图6-85 设置【运动】参数

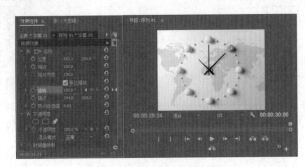

图6-86 设置【旋转】参数

(6) 将当前时间设置为00:00:00:00,为V1轨道中的素材文件添加【球面化】效果,在【效果控件】面板中,将【半径】设置为160.0,单击【球面中心】左侧的【切换动画】按钮,将其设置为2507.4、2938.8,如图6-87所示。

(7) 使用相同的方法,为【球面中心】添加关键帧,如图6-88所示。

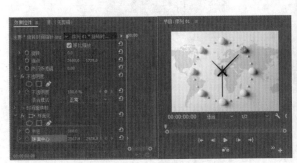

图6-87 设置【球面化】效果

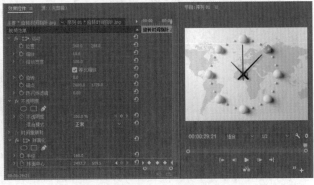

图6-88 为【球面中心】添加关键帧

案例精讲124 边界朦胧效果

本例介绍如何制作边界朦胧效果,如图6-89所示。除此之外,本案例还介绍了【亮度与对比度】的使用。

 案例文件:CDROM \ 场景 \ Cha06\ 边界朦胧效果.prproj

视频文件:视频教学 \ Cha06 \ 边界朦胧效果.avi

图6-89 边界朦胧效果

(1) 新建一个 DV-PAL ｜【标准 48kHz】序列文件，使用默认的序列名称即可。导入随书附带光盘中的 "CDROM\ 素材 \Cha06\001.jpg 和 002.avi" 文件，如图 6-90 所示。

(2) 单击【打开】按钮，即可将选择的素材文件导入【项目】面板，如图 6-91 所示。

图 6-90　选择素材文件

图 6-91　导入素材文件

(3) 在【项目】面板中选择 001.jpg，将其拖入 V1 轨道，在【效果控件】面板中将【缩放】设置为 42.5，如图 6-92 所示。

(4) 右击该素材，在弹出的快捷菜单中选择【速度/持续时间】命令，如图 6-93 所示。

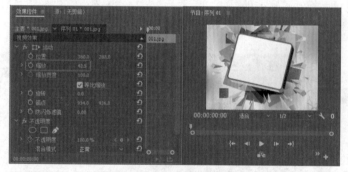

图 6-92　设置【缩放】参数

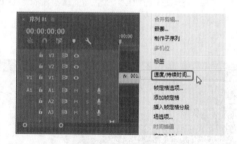

图 6-93　选择【速度/持续时间】命令

(5) 在弹出的对话框中将【持续时间】设置为 00:00:02:03，如图 6-94 所示。

(6) 单击【确定】按钮，即可改变选择对象的持续时间，在【项目】面板中选择 002.avi，将其拖入 V2 轨道，将持续时间设置为 00:00:02:03，如图 6-95 所示。

图 6-94　设置持续时间

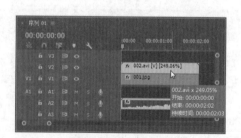

图 6-95　添加视频文件

(7) 选择该对象，在【效果控件】面板中将【位置】设置为 348.2、251.4，取消选择【等比缩放】复选框，将【缩放高度】设置为 44.5，将【缩放宽度】设置为 30.4，将【旋转】设置为 13.3°，如图 6-96 所示。

(8) 切换至【效果】面板，选择【视频效果】|【变换】|【羽化边缘】效果，如图 6-97 所示。

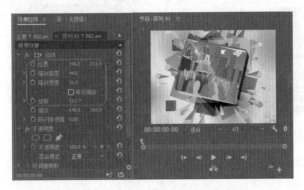

图 6-96 设置素材的位置和缩放参数

图 6-97 选择效果

(9) 双击羽化边缘效果，为选择的对象添加该效果，在【效果控件】面板中将【数量】设置为 30，如图 6-98 所示。

(10) 再切换至【效果】面板，选择【视频效果】|【颜色校正】|【亮度与对比度】效果，双击该效果，为选择的对象添加该效果。在【效果控件】面板中将【亮度】设置为 36，将【对比度】设置为 45，如图 6-99 所示，设置完成后，将场景保存，并输出影片。

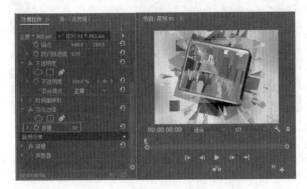

图 6-98 设置羽化边缘的数量

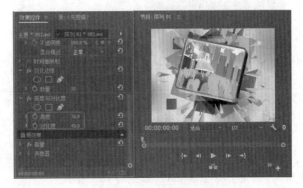

图 6-99 设置亮度和对比度

案例精讲 125　电视播放效果

本例介绍如何制作电视播放效果，如图 6-100 所示。本案例主要通过为视频文件添加【羽化边缘】、【杂色】效果以及设置素材的参数等操作来制作。

图 6-100 电视播放效果

 案例文件：CDROM ＼ 场景 ＼ Cha06＼ 电视播放效果.prproj

　　视频文件：视频教学 ＼ Cha06 ＼ 电视播放效果.avi

(1) 新建一个 DV-24P ｜【标准 48kHz】序列文件，使用默认的序列名称即可。导入 003.jpg、004.avi 和 005.png 素材文件，在【项目】面板中选择 003.jpg，将其拖入 V1 轨道，右击该对象，在弹出的快捷菜单中选择

【速度 / 持续时间】命令, 如图 6-101 所示。

　　(2) 在弹出的对话框中将【持续时间】设置为 00:00:05:07, 如图 6-102 所示。

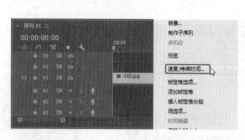

图 6-101　选择【速度 / 持续时间】选项　　　　图 6-102　设置持续时间

　　(3) 单击【确定】按钮, 继续选择该对象, 在【效果控件】面板中将【缩放】设置为 15, 如图 6-103 所示。

　　(4) 在【项目】面板中选择 004.avi, 将其拖入 V2 轨道, 将该素材的【持续时间】设置为 00:00:05:07, 在【效果控件】面板中将【位置】设置为 510.0、332.0, 取消勾选【等比缩放】复选框, 将【缩放高度】和【缩放宽度】分别设置为 30、24, 将【旋转】设置为 7, 如图 6-104 所示。

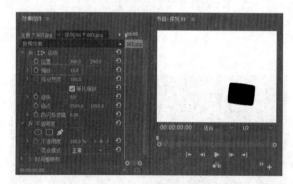

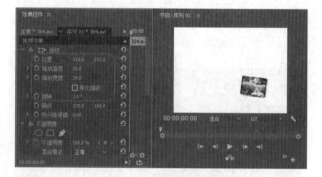

图 6-103　设置素材的缩放参数　　　　　　图 6-104　设置素材的参数

　　(5) 切换至【效果】面板, 选择【视频效果】|【变换】|【羽化边缘】效果, 双击该效果, 在【效果控件】中将【数量】设置为 58, 如图 6-105 所示。

　　(6) 切换至【效果】面板, 选择【视频效果】|【杂色与颗粒】|【杂色】效果, 双击该效果, 在【效果控件】中将【杂色数量】设置为 17.6%, 如图 6-106 所示。

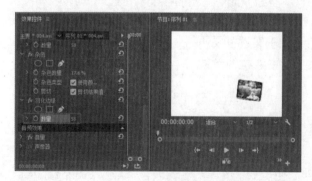

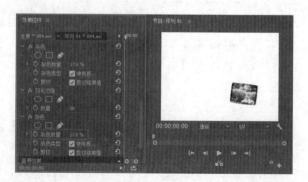

图 6-105　设置羽化参数　　　　　　　图 6-106　设置杂色参数

(7) 在【项目】面板中选择 005.png，将其拖入 V3 轨道，选择该对象，在【效果控件】面板中将【缩放】设置为 15，如图 6-107 所示。

(8) 将该素材的【持续时间】设置为 00:00:05:07，如图 6-108 所示，设置完成后，输出文件。

图 6-107　设置【缩放】参数

图 6-108　设置持续时间

 案例精讲 126　宽荧屏电影效果【视频案例】

本例介绍如何制作宽荧屏电影效果，如图 6-109 所示。

案例文件：CDROM \ 场景 \ Cha06\ 宽荧屏电影效果 .prproj

视频文件：视频教学 \ Cha06 \ 宽荧屏电影效果 .avi

图 6-109　宽荧屏电影效果

 案例精讲 127　电视杂波效果【视频案例】

本例主要通过【杂色 HLS 自动】和【蒙尘与划痕】来制作电视杂波效果，如图 6-110 所示。

案例文件：CDROM \ 场景 \ Cha06\ 电视杂波效果 .prproj

视频文件：视频教学 \ Cha06 \ 电视杂波效果 .avi

图 6-110　电视杂波效果

案例精讲 128　倒计时效果【视频案例】

本例介绍如何制作倒计时效果，如图 6-111 所示。本例主要通过在【项目】面板中新建【通过倒计时片头】，然后在弹出的对话框中设置倒计时片头的参数来实现。

　案例文件：CDROM \ 场景 \ Cha06\ 倒计时效果.prproj

　　视频文件：视频教学 \ Cha06 \ 倒计时效果.avi

图 6-111　倒计时效果

案例精讲 129　望远镜效果【视频案例】

本例介绍如何制作望远镜效果，如图 6-112 所示。本例主要利用【亮度键】效果对素材文件进行抠像，然后在【效果控件】面板中设置位置参数制作。

　案例文件：CDROM \ 场景 \ Cha06\ 望远镜效果.prproj

　　视频文件：视频教学 \ Cha06 \ 望远镜效果.avi

图 6-112　望远镜效果

案例精讲 130　画中画效果【视频案例】

　　本例介绍如何制作视频画中画效果，如图 6-113 所示。本例主要通过素材的排放、素材大小的设置以及【Alpha 发光】效果等操作来实现。

> 📖 案例文件：CDROM \ 场景 \ Cha06\ 画中画效果 .prproj
>
> 　　视频文件：视频教学 \ Cha06 \ 画中画效果 .avi

图 6-113　画中画效果

案例精讲 131　倒放效果【视频案例】

　　本例介绍如何制作倒放效果，如图 6-114 所示。本例主要通过在【剪辑速度 / 持续时间】对话框中勾选【倒放速度】复选框来实现。

> 📖 案例文件：CDROM \ 场景 \ Cha06\ 倒放效果 .prproj
>
> 　　视频文件：视频教学 \ Cha06 \ 倒放效果 .avi

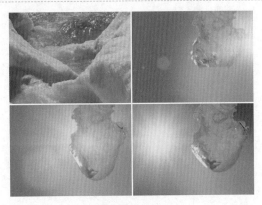

图 6-114　倒放效果

案例精讲 132　朦胧视频效果【视频案例】

　　本例介绍如何制作朦胧视频效果，如图 6-115 所示。本例主要通过【高斯模糊】效果来实现。

案例文件：CDROM \ 场景 \ Cha06\ 朦胧视频效果 .prproj

视频文件：视频教学 \ Cha06 \ 朦胧视频效果 .avi

图 6-115　朦胧视频效果

第 7 章

影视调色技巧

本章重点

- 自然风景类——大海的呼唤
- 卡通动物类——仓鼠大战
- 祝福贺卡类——爱在冬天
- 影视特效类——战场壁画
- 祝福贺卡类——圣诞快乐
- 婚纱摄影类——幸福时刻
- 自然风景类——飞鸟归来
- 自然风景类——飞舞的蝴蝶
- 商品广告类——珠宝广告

- 动漫影视类——百变服饰
- 影视特效类——创意字母
- 影视特效类——胶卷特写
- 影视特效类——浪漫七夕
- 影视特效类——美丽女人
- 影视特效类——七彩蝴蝶
- 商品广告类——运动的汽车
- 祝福贺卡类——少女的祈祷
- 自然风景类——幻彩花朵

Premiere 是最为常用的影视后期制作软件之一，其强大的影视效果制作功能得到许多影视设计者的青睐。本章节将重点讲解常用影视特效的制作，通过本章节的学习可以掌握 Premiere 常用影视制作的技巧。

案例精讲 133　自然风景类——大海的呼唤

在制作本案例之前，需要寻找有关大海的素材图片，以及制作视频中所要使用的字幕素材。本案例首先在字幕编辑器中输入与大海相关的英文，阐释大海的意义，表明视频的主题，然后为字幕和图片添加视频特效，增强视频画面效果，最终效果如图 7-1 所示。

> 案例文件：CDROM \ 场景 \ Cha07 \ 自然风景类——大海的呼唤.prproj
> 视频文件：视频教学 \ Cha07\ 自然风景类——大海的呼唤.avi

图 7-1　大海的呼唤

(1) 运行 Premiere Pro CC 2017，在弹出的界面中单击【新建项目】选项，在弹出的对话框中指定保存路径及名称，如图 7-2 所示。

(2) 单击【确定】按钮，按 Ctrl+N 键，在弹出的对话框中选择【设置】选项卡，将【编辑模式】设置为 DV PAL，将【时基】设置为【25.00 帧 / 秒】，将【像素长宽比】设置为【D1/DV 宽银幕 16:9(1.4587)】，如图 7-3 所示。

图 7-2　指定保存路径及名称

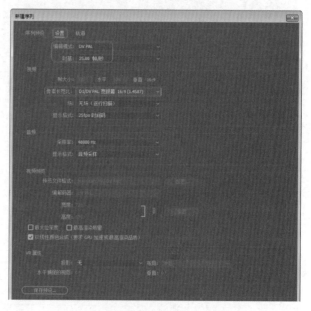

图 7-3　新建序列

(3) 将 PL01.jpg 和 PL02.jpg 素材文件导入场景。按 Ctrl+T 键打开【新建字幕】对话框，在该对话框中保持默认设置，单击【确定】按钮。在弹出的字幕编辑器中使用【输入工具】输入英文 People who come to the seaside often hear，单击【粗体】按钮，在【属性】选项下将【字体系列】设置为 Agency FB，将【字体大小】设置为 50，将【X 位置】、【Y 位置】分别设置为 557、60，将【填充】选项中的

【颜色】设置为白色，如图 7-4 所示。

(4) 单击【基于当前字幕新建】按钮，在弹出的对话框中保持默认设置，单击【确定】按钮。将原有的文字更改为 Call of the sea，将【字体大小】设置为 80，将【属性】选项下的【宽高比】设置为 60，将【行距】设置为 20，将【X 位置】、【Y 位置】分别设置为 217、289，如图 7-5 所示。

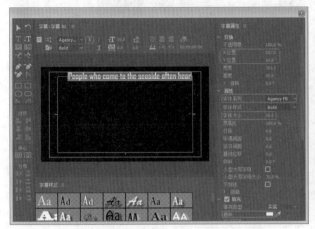

图 7-4　输入文字

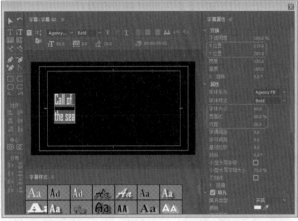

图 7-5　输入文字并进行设置

(5) 关闭字幕编辑器，将 PL01.jpg 拖入 V1 轨道，在【效果】面板中将【光照效果】视频特效拖至 V1 轨道中的素材文件上。在【效果控件】面板中将【缩放】设置为 200，将【主要半径】、【次要半径】均设置为 53.1，将【强度】设置为 11，将【聚焦】设置为 50，如图 7-6 所示。

(6) 在【效果】面板中将【线性擦除】视频特效拖至 V1 轨道中的素材文件上，将当前时间设置为 00:00:00:23，将【过渡完成】设置为 0%，单击其左侧的【切换动画】按钮，将【擦除角度】设置为 90°，将【羽化】设置为 0，如图 7-7 所示。

图 7-6　设置光照效果特效参数

图 7-7　设置关键帧

(7) 将当前时间设置为 00:00:02:24，将【过渡完成】设置为 35，在【效果】面板中将【颜色平衡】视频特效拖至 V1 轨道中的素材文件上，将【阴影红色平衡】、【中间调红色平衡】、【高光蓝色平衡】分别设置为 80、30、-20，如图 7-8 所示。

(8) 将当前时间设置为 00:00:00:00，将"字幕 02"拖入 V2 轨道，使其开始位置与时间线对齐。设置当前时间为 00:00:02:24，使用【剃刀工具】沿时间线进行切割。选择 V2 轨道中第 2 段素材文件，在【效果】

面板中将【Alpha 发光】视频特效拖至该素材文件上，将当前时间设置为 00:00:03:00，将【发光】设置为 0，单击其左侧的【切换动画】按钮 ，将【亮度】设置为 200，如图 7-9 所示。

图 7-8　设置【颜色平衡】特效参数

图 7-9　设置【Alpha 发光】特效参数

知识链接

　　【Alpha发光】特效可以对素材的 Alpha 通道起作用，从而产生一种辉光效果，如果素材拥有多个 Alpha 通道，那么仅对第一个 Alpha 通道起作用。

　　(9) 将 PL02.jpg 素材文件拖入 V1 轨道，使其与 V1 轨道中的素材文件首尾相连。将当前时间设置为 00:00:05:00，在【效果控件】面板中将【缩放】设置为 200，单击【缩放】左侧的【切换动画】按钮，如图 7-10 所示。

　　(10) 将当前时间设置为 00:00:09:24，将【缩放】设置为 175，如图 7-11 所示。

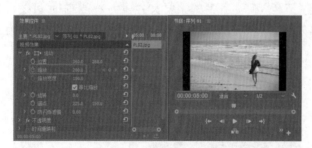

图 7-10　设置关键帧

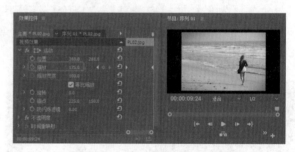

图 7-11　设置 PL02 文件的参数

　　(11) 在【效果】面板中将【色彩】视频特效拖入 V1 轨道中的 PL02.jpg 素材文件上，如图 7-12 所示。

　　(12) 将"字幕 01"拖入 V2 轨道，使其与 V2 轨道中的素材文件首尾相连，将当前时间设置为 00:00:05:00，单击【缩放】左侧的【切换动画】按钮 ，将当前时间设置为 00:00:09:24，将【缩放】设置为 90，如图 7-13 所示。

图 7-12　设置【色彩】视频特效

图 7-13　设置参数"字幕 01"

卡通动物类——仓鼠大战

看电视或电影时，常常会看到一些卡通形象战斗的场面，本案例以仓鼠为例给大家讲解如何制作仓鼠大战。首先利用【色相平衡】特效制作出标题文字，然后结合字幕制作出出场选手的字幕，最后通过对图片设置关键帧完成动画的制作。最终效果如图 7-14 所示。

案例文件：CDROM \ 场景 \ Cha07 \ 卡通动物类——仓鼠大战 .prproj
视频文件：视频教学 \ Cha07 \ 卡通动物类——仓鼠大战 .avi

图 7-14　仓鼠大战

(1) 启动 Premiere Pro CC 2017，在弹出的欢迎界面中单击【新建项目】按钮，在弹出的对话框中设置存储路径和文件名，单击【确定】按钮，再在弹出的对话框中选择【序列设置】选项卡，然后选择 DV-24P |【标准 48KHZ】选项，按 Ctrl+I 键，在打开的对话框中选择"仓鼠 01.jpg"～"仓鼠 08.jpg"素材文件，如图 7-15 所示。

(2) 按 Ctrl+T 键打开【新建字幕】对话框，在该对话框中保持默认设置，单击【确定】按钮。再在弹出的字幕编辑器中使用【输入工具】输入文字"仓鼠大战"，选择输入的文字，在【属性】选项中将【字体系列】设置为【方正琥珀简体】，将【字体大小】设置为 113，将【变换】选项中的【X 位置】、【Y 位置】分别设置为 328、241，将【填充】选项下的【颜色】RGB 设置为 232、42、2，如图 7-16 所示。

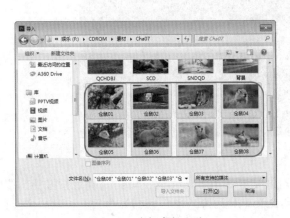

图 7-15　选择素材文件

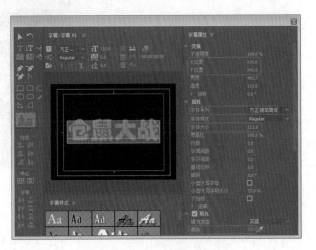

图 7-16　输入文字并进行设置

(3) 勾选【阴影】复选框，将【颜色】设置为白色，将【不透明度】设置为 90%，将【角度】设置为 -205°，将【距离】、【大小】、【扩展】分别设置为 0、0、35，如图 7-17 所示。

（4）单击【基于当前字幕新建】按钮🔲，在弹出的对话框中保持默认设置，单击【确定】按钮。将原有文字替换为"选择第一位选手"，将【字体大小】设置为 70，取消勾选【阴影】复选框。将【变换】选项中的【X 位置】、【Y 位置】分别设置为 327.9、241，如图 7-18 所示。

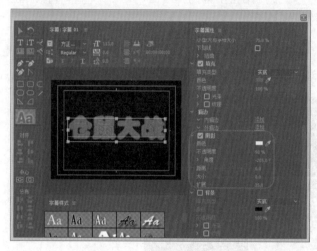
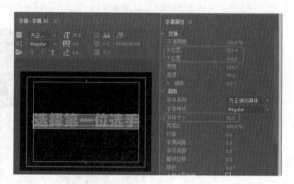

图 7-17　设置"仓鼠大战"文字参数　　　　图 7-18　设置"选择第一位选手"文字参数

（5）单击【基于当前字幕新建】按钮🔲，在弹出的对话框中保持默认设置，单击【确定】按钮。将原有文字替换为"选择第二位选手"，如图 7-19 所示。

（6）单击【基于当前字幕新建】按钮🔲，在弹出的对话框中保持默认设置，单击【确定】按钮。将原有的文字替换为 VS，将【字体大小】设置为 181，将【变换】选项中的【X 位置】、【Y 位置】设置为 319.3、298.5。勾选【阴影】复选框，如图 7-20 所示。

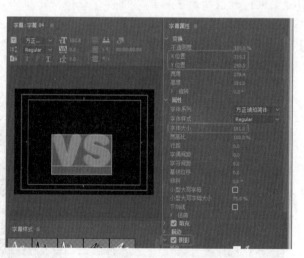

图 7-19　更改文字后的效果　　　　图 7-20　VS 文字参数设置

（7）单击【基于当前字幕新建】按钮🔲，在弹出的对话框中保持默认设置，单击【确定】按钮。取消勾选【阴影】复选框，将文字更改为"阿黄"，将【字体大小】设置为 49，将【X 位置】、【Y 位置】设置为 114.7、105.1，完成后的效果如图 7-21 所示。

（8）勾选【填充】选项中的【光泽】复选框，将【颜色】RGB 设置为 249、117、2，将【不透明度】设置为 100%，将【大小】设置为 100，将【角度】设置为 348°，如图 7-22 所示。

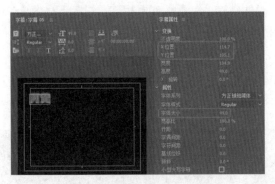

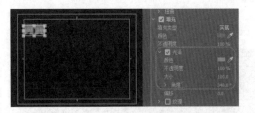

图 7-21　设置"阿黄"文字参数　　　　　　　图 7-22　设置光泽

(9) 单击【描边】选项下【外描边】右侧的【添加】按钮，将【类型】设置为【凹进】，将【强度】设置为 16，将【填充类型】设置为【线性渐变】，选择左侧的渐变滑块，将【色彩到色彩】RGB 值设置为 149、149、149，将【色彩到不透明】设置为 100%，将【角度】设置为 0°，将【重复】设置为 2，选择右侧的渐变滑块，将【色彩到色彩】RGB 值设置为 0、0、0，如图 7-23 所示。

(10) 单击【基于当前字幕新建】按钮，在弹出的对话框中保持默认设置，单击【确定】按钮。将文字更改为【杀手】，将【X 位置】、【Y 位置】分别设置为 502、105.1，如图 7-24 所示。

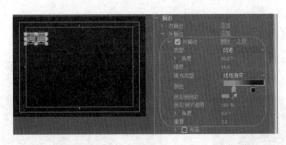

图 7-23　设置外描边参数　　　　　　　图 7-24　设置"杀手"文字参数

(11) 关闭字幕编辑器，将"仓鼠 01.jpg"素材文件拖入 V1 轨道，右击该素材文件，在弹出的快捷菜单中选择【速度 / 持续时间】命令，在弹出的对话框中将【持续时间】设置为 00:00:00:03，如图 7-25 所示。

(12) 在【效果控件】面板中将【缩放】设置为 72，如图 7-26 所示。

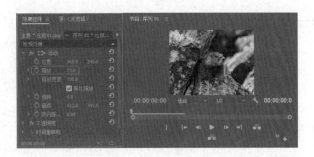

图 7-25　设置"持续时间"　　　　　　　图 7-26　设置【缩放】参数

(13) 将"仓鼠 02.jpg"素材文件拖入 V1 轨道，使其与"仓鼠 01.jpg"首尾相连，右击该素材文件，在弹出的快捷菜单中选择【速度 / 持续时间】选项，在弹出的对话框中将【持续时间】设置为 00:00:00:03。在【效果控件】面板中将【缩放】设置为 70，如图 7-27 所示。

(14) 使用同样的方法将剩余的素材图片依次拖入 V1 轨道，使素材首尾相连，并将素材的【持续时间】均设置为 00:00:00:03，然后对素材的缩放比例进行相应的设置，完成后的效果如图 7-28 所示。

图 7-27　设置"仓鼠 02"的参数　　　　　　　图 7-28　设置完成后的效果

(15) 按 Ctrl+N 键，在弹出的对话框中选择 DV-24P|【标准 48KHZ】选项，单击【确定】按钮。将"字幕 01"拖入"序列 02"面板中的 V1 轨道，将其持续时间设置为 00:00:05:02，在【效果】面板中将【颜色平衡 (HLS)】视频特效拖至素材文件上，在【效果控件】面板中将当前时间设置为 00:00:01:01，将【色相】设置为 0，单击其左侧的【切换动画】按钮，如图 7-29 所示。

(16) 将当前时间设置为 00:00:05:04，将【色相】设置为 308，如图 7-30 所示。

图 7-29　设置 00:00:05:02 时的参数　　　　　　图 7-30　设置 00:00:05:04 时的参数

(17) 在【效果】面板中将【双侧平推门】视频特效拖入 V1 轨道中素材的开始位置，将"字幕 02"拖入 V1 轨道，使其与"字幕 01"首尾相连，将"字幕 02"的持续时间设置为 00:00:05:05，在【效果】面板中将【推】视频特效拖入"字幕 01""字幕 02"素材文件之间，如图 7-31 所示。

(18) 将当前时间设置为 00:00:10:07，将"序列 01"拖入 V2 轨道，将其开始位置与时间线对齐。将【持续时间】设置为 00:00:01:21，右击素材文件，在弹出的快捷菜单中选择【取消链接】选项，如图 7-32 所示。

(19) 选择 A2 轨道中的素材文件，按 Delete 键将其删除。将"仓鼠 08.jpg"素材文件拖入 V2 轨道，使其与"序列 01"首尾相连，右击素材文件，在弹出的快捷菜单中选择【速度 / 持续时间】命令，在弹出的对话框中将【持续时间】设置为 00:00:00:15，如图 7-33 所示。

(20) 在【运动】选项组中将【缩放】设置为 62，继续将"仓鼠 08.jpg"素材文件拖入 V2 轨道，使其与"仓鼠 08.jpg"素材文件首尾相连，将【缩放】设置为 62，将其持续时间设置为 00:00:02:05。在【效果】面板中将【黑白】视频特效拖至素材文件上，如图 7-34 所示。

图 7-31　添加视频切换特效

图 7-32　选择【取消链接】选项

图 7-33　设置持续时间

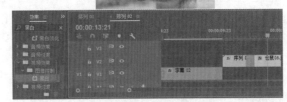

图 7-34　添加【黑白】特效

(21) 将"字幕 03"拖入 V2 轨道，使其与"仓鼠 08.jpg"素材文件首尾相连，将其持续时间设置为 00:00:03:00。如图 7-35 所示。

(22) 将"序列 01"拖入 V2 轨道，使其与"字幕 03"首尾相连。将素材取消视音频链接，将音频删除。将"仓鼠 05.jpg"素材文件拖入 V2 轨道，使其与"序列 01"首尾相连。将其持续时间设置为 00:00:00:15，将【运动】选项下的【缩放】设置为 160，如图 7-36 所示。

图 7-35　添加"字幕 03"至视频轨道中

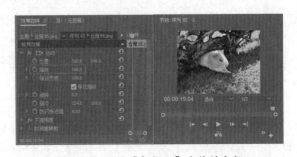

图 7-36　设置"仓鼠 05"文件的参数

(23) 继续将"仓鼠 05.jpg"素材文件拖入 V2 轨道，使其与 V2 轨道中的素材文件首尾相连，将其持续时间设置为 00:00:08:17。将【黑白】特效添加至素材文件上，将当前时间设置为 00:00:23:00，将【位置】设置为 360、240，将【缩放】设置为 160，并单击【位置】和【缩放】左侧的【切换动画】按钮，如图 7-37 所示。

(24) 将当前时间设置为 00:00:24:00，将【位置】设置为 136.2、244.4，将【缩放】设置为 57，如图 7-38 所示。

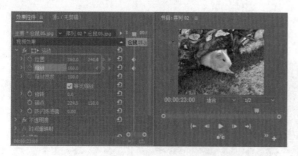 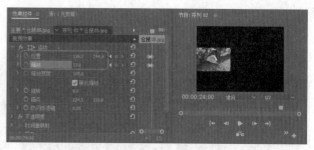

图 7-37　设置 00:00:23:00 时的参数　　　　　图 7-38　设置 00:00:24:00 时的参数

知识链接

【黑白】特效可以将任何彩色素材变成灰度图，颜色由灰度的明暗来表示。

（25）确定当前时间是 00:00:24:00，将"字幕 05"拖入 V3 轨道，使其开始位置与时间线对齐，结尾处与 V2 轨道中素材的结尾处对齐。将【缩放】设置为 500，单击其左侧的【切换动画】按钮，如图 7-39 所示。

（26）将当前时间设置为 00:00:25:00，将【缩放】设置为 100。右击 V3 轨道中的空白区域，在弹出的快捷菜单中选择【添加轨道】命令。在弹出的对话框中添加 3 条视频轨道，如图 7-40 所示。

图 7-39　设置"字幕 05"的参数　　　　　　　图 7-40　添加视频轨道

（27）单击【确定】按钮，将当前时间设置为 00:00:25:13，将"仓鼠 08.jpg"素材文件拖入 V4 轨道，使其开始位置与时间线对齐，结尾处与 V3 轨道中素材的结尾处对齐。将【缩放】设置为 0，单击【位置】和【缩放】左侧的【切换动画】按钮，如图 7-41 所示。

（28）将当前时间设置为 00:00:26:13，将【位置】设置为 566、240，将【缩放】设置为 22，如图 7-42 所示。

（29）将【黑白】特效拖至"仓鼠 08.jpg"上，确定当前时间设置为 00:00:26:13，将"字幕 06"拖入 V5 轨道，使其开始位置与时间线对齐，结尾处与 V4 轨道中素材的结尾处对齐。将【缩放】设置为 500，单击其左侧的【切换动画】按钮，如图 7-43 所示。

（30）将当前时间设置为 00:00:27:10，将【缩放】设置为 100，如图 7-44 所示。

（31）确定当前时间是 00:00:27:10，将"字幕 04"拖入 V6 轨道，使其开始位置与时间线对齐，结尾处与 V5 轨道中素材的结尾处对齐，将【缩放】设置为 600，将【不透明度】设置为 0%，单击【缩放】左侧的【切换动画】按钮，如图 7-45 所示。

（32）将当前时间设置为 00:00:27:22，将【缩放】设置为 100，将【不透明度】设置为 100%，如图 7-46 所示。至此，场景就制作完成了，场景保存后将效果导出即可。

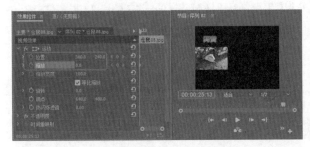

图 7-41　设置"仓鼠 08"的参数

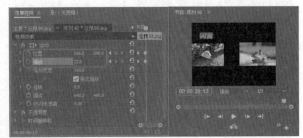

图 7-42　设置 00:00:26:13 时的参数

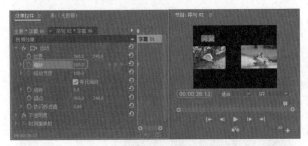

图 7-43　设置"字幕 06"的参数

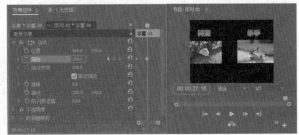

图 7-44　设置 00:00:27:10 时的参数

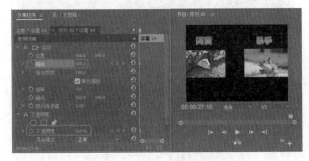

图 7-45　设置"字幕 04"的参数

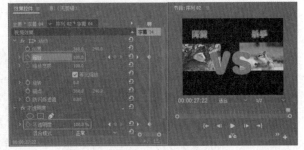

图 7-46　设置 00:00:27:22 时的参数

案例精讲 135　祝福贺卡类——爱在冬天

本案例的制作思路是让情侣动画在不同的场景中出现，最后引出标题文字。首先利用运动的企鹅引出情侣，然后通过情侣专场引出标题文字，完成最终动画，效果如图 **7-47** 所示。

案例文件：CDROM ＼ 场景 ＼ Cha07 ＼ 祝福贺卡类——爱在冬天.prproj

视频文件：视频教学 ＼ Cha07 ＼ 祝福贺卡类——爱在冬天.avi

图 7-47　爱在冬天

（1）新建项目和序列，将【序列】设置为 DV-24P|【宽屏 48KLHZ】选项。按 Ctrl+I 键，在打开的对话框中选择随书附带光盘中的"CDROM\素材\Cha07\01.png、02.png、03.png、AZDTBJ01.jpg 和 AZDTBJ02.jpg"素材文件，如图 7-48 所示。

【祝福贺卡】：贺卡是人们在遇到喜庆的日期或事件的时候互相表示问候的一种卡片，人们通常赠送贺卡的日子包括生日、圣诞、元旦、春节、母亲节、父亲节、情人节等。贺卡上一般有一些祝福的话语。

（2）将 AZDTBJ01.jpg 素材文件拖入 V1 轨道，在【效果控件】面板中将【缩放】设置为 18，如图 7-49 所示。

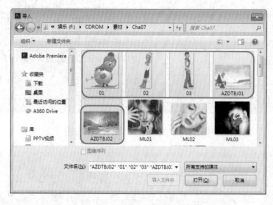

图 7-48　选择素材文件　　　　　　　　　　图 7-49　设置 AZDTBJ01 文件的参数

（3）将"AZDTBJ02.jpg"拖入 V1 轨道中的素材文件上，使其与 AZDTBJ01.jpg 首尾相连，将【缩放】设置为 90，如图 7-50 所示。

（4）在【效果】面板中将【色彩】视频特效拖至 AZDTBJ02.jpg 素材文件上，将【将黑色映射到】RGB 值设置为 0、93、119，将【将白色映射到】设置为白色，将【着色量】设置为 30%，如图 7-51 所示。

图 7-50　设置 AZDTBJ02 文件的参数　　　　　图 7-51　设置【色彩】参数

（5）将当前时间设置为 00:00:00:00，将 01.png 素材文件拖入 V2 轨道，使其开始位置与时间线对齐。将【位置】设置为 -148.7、335.4，并单击其左侧的【切换动画】按钮，将【缩放】设置为 45，如图 7-52 所示。

（6）将当前时间设置为 00:00:02:00，将【位置】设置为 530.3、335.4，在【效果】面板中将【方向模糊】拖至 01.png 素材文件上，将【方向】设置为 90°，将【模糊长度】设置为 100，单击其左侧的【切换动画】按钮，如图 7-53 所示。

图 7-52　设置 01 文件的参数

图 7-53　设置【方向模糊】参数

【方向模糊】特效是对图像选择一个有方向性的模糊，为素材添加运动感觉。

(7) 将当前时间设置为 00:00:02:01，将【模糊长度】设置为 0，将当前时间设置为 00:00:00:00，将【模糊长度】设置为 5，如图 7-54 所示。

(8) 将当前时间设置为 00:00:00:00，将 03.png 素材文件拖入 V3 轨道，使其开始位置与时间线对齐。将【位置】设置为 385.0、320.0，将【缩放】设置为 50，将当前时间设置为 00:00:02:01，将【不透明度】设置为 0%，如图 7-55 所示。

图 7-54　设置模糊长度

图 7-55　设置 03 文件的参数

(9) 将当前时间设置为 00:00:04:00，将【不透明度】设置为 100%。将当前时间设置为 00:00:00:00，将 02.png 素材文件拖入 V3 轨道中的上方，新建 V4 轨道，使其开始位置与时间线对齐。将当前时间设置为 00:00:02:01，将【位置】设置为 321、320，将【缩放】设置为 50，将【不透明度】设置为 0%，将当前时间设置为 00:00:04:00，将【不透明度】设置为 100%，如图 7-56 所示。

(10) 按 Ctrl+T 键打开【新建字幕】对话框，在该对话框中保持默认设置，单击【确定】按钮。在弹出的字幕编辑器中使用【垂直文字工具】输入文字"冬天的秘密"，选择输入的文字，将【字体系列】设置为【经典宋体简】，将【字体大小】设置为 28。将【字偶间距】设置为 18，将【字符间距】设置为 6.7，将【X 位置】、【Y 位置】分别设置为 335、158.2，如图 7-57 所示。

(11) 将【填充】选项中的【颜色】RGB 值设置为 7、84、144，勾选【阴影】复选框，将【颜色】设置为白色，将【角度】设置为 45，将【距离】、【大小】、【扩展】分别设置为 0、40.1、64.8，如图 7-58 所示。

(12) 使用【椭圆工具】按住 Shift 键绘制正圆，将【宽】、【高】均设置为 17，将【X 位置】、【Y 位置】分别设置为 336.5、25.6，将【填充】选项中的【颜色】RGB 值设置为 7、84、144，取消勾选【阴影】复选框，如图 7-59 所示。

图 7-56　设置 02 文件的参数

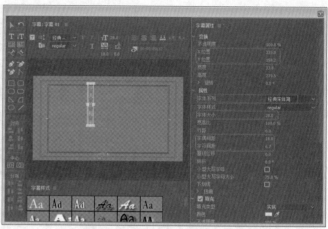

图 7-57　输入文字

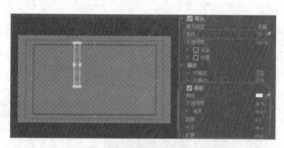

图 7-58　设置【填充】和【阴影】

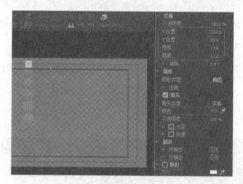

图 7-59　绘制正圆并设置参数

(13) 选择绘制的正圆，对其进行复制，然后调整其位置，将【X 位置】、【Y 位置】分别设置为335.7、293.9，如图 7-60 所示。

(14) 关闭字幕编辑器，将"字幕 01"拖入 V2 轨道，使其与 V2 轨道中的素材文件首尾相连。右击素材文件，在弹出的快捷菜单中选择【速度/持续时间】选项，在弹出的对话框中将【持续时间】设置为 00:00:05:00，如图 7-61 所示。

图 7-60　复制正圆并设置参数

图 7-61　设置【持续时间】

(15) 将当前时间设置为 00:00:06:13，将【不透明度】设置为 0%，将当前时间设置为 00:00:08:21，将【不透明度】设置为 100%，如图 7-62 所示。

(16) 选择 V3 轨道中的素材文件，按 Ctrl+C 键进行复制，将当前时间设置为 00:00:05:00，确定只选择 V3 轨道，文件处于未选择状态，按 Ctrl+V 键进行粘贴，使用同样的方法对 V4 轨道中素材文件进行复制，完成后的效果如图 7-63 所示。

图 7-62　设置【不透明度】参数

图 7-63　对素材进行复制

(17) 选择 V3 轨道中复制的 03.png 素材文件，将【位置】设置为 418.0、345.0，将【缩放】设置为 42，如图 7-64 所示。

(18) 选择 V4 轨道中复制的 02.png 素材文件，将【位置】设置为 365.0、354.0，将【缩放】设置为 42。在【效果】面板中将【交叉溶解】拖至 V2 轨道中两个素材之间。使用同样的方法为 V3、V4 轨道中的素材添加【交叉溶解】切换特效，完成后的效果如图 7-65 所示。至此，场景就制作完成了，场景保存后将效果导出即可。

图 7-64　设置复制的 03 文件参数

图 7-65　添加【交叉叠化】切换特效

案例精讲 136　影视特效类——战场壁画

本案例的制作思路是结合电影或电视中的战争场面以及纪念碑的浮雕效果。首先选择好墙壁背景和战争场面的素材图片，然后利用【粗糙边缘】和【浮雕】特效为图片设置浮雕效果，并配合字幕，最终完成动画的制作，如图 7-66 所示。

案例文件：CDROM ＼ 场景 ＼ Cha07＼ 影视特效类——战场壁画.prproj

视频文件：视频教学 ＼ Cha07 ＼ 影视特效类——战场壁画.avi

图 7-66　战场壁画

(1) 新建项目和序列，打开【新建序列】对话框，在该对话框中选择【设置】选项卡，将【编辑模式】设置为【自定义】，将【时基】设置为 15 帧 / 秒，将【画面大小】设置为 640×480，将【像素长宽比】设置为【方形像素】，如图 7-67 所示。

(2) 按 Ctrl+T 键打开【新建字幕】对话框，保持默认设置，单击【确定】按钮。在弹出的字幕编辑器中使用【输入工具】输入文字"永恒的丰碑"，在【属性】选项下将【字体系列】设置为 AIGDT，将【字体大小】设置为 120，将【变换】选项下的【X 位置】、【Y 位置】分别设置为 322、395.3，将【填充】选项下的【颜色】设置为白色，勾选【阴影】复选框，将【颜色】设置为黑色，将【不透明度】设置为 50%，将【角度】设置为 135°，将【距离】设置为 10，将【大小】设置为 0，将【扩展】设置为 30，如图 7-68 所示。

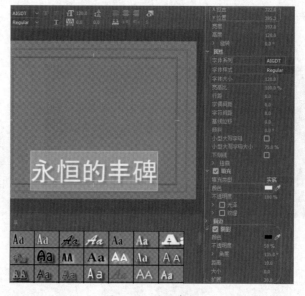

图 7-67　设置序列设置　　　　　　　　　图 7-68　设置参数

(3) 关闭字幕编辑器，按 Ctrl+I 键打开【导入】对话框，导入"战场壁画背景 .jpg"和"战场壁画 .jpg"素材文件，将"战场壁纸背景 .jpg"素材文件拖入 V1 轨道。选择素材，在【效果控件】面板中将【缩放】设置为 63，如图 7-69 所示。

(4) 将"战场壁画 .jpg"素材文件拖入 V2 轨道，在【效果控件】面板中将【位置】设置为 320、195，将【缩放】设置为 65，如图 7-70 所示。

(5) 在【效果】面板中将【粗糙边缘】视频特效添加至 V2 轨道中的素材文件上，如图 7-71 所示。

(6) 将【亮度曲线】视频特效拖至 V2 轨道中的素材文件上，在【效果控件】面板中调整【亮度波形】，完成后的效果如图 7-72 所示。

(7) 展开【效果】面板中的【视频特效】文件夹，选择【风格化】文件夹下的【浮雕】特效，将其拖至 V2 轨道中的素材文件上，将当前时间设置为 00:00:00:00，在【效果控件】面板中将【与原始图像混合】设置为 100%，单击【与原始图像】左侧的【切换动画】按钮，如图 7-73 所示。

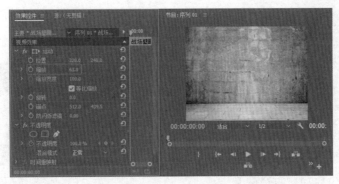

图 7-69　设置"战场壁纸背景"的参数

图 7-70　设置"战场壁画"的参数

图 7-71　添加粗糙边缘特效

图 7-72　设置【亮度波形】

图 7-73　添加【浮雕】特效

知识链接

　　【粗糙边缘】特效可以使图像的边缘产生粗糙效果，使图像边缘变得粗糙不是很硬，在边缘类型列表中可以选择图像的粗糙类型，如腐蚀、影印等。

　　【亮度曲线】特效使用曲线调整来调整剪辑的亮度和对比度。通过使用【辅助颜色校正】控件，还可以指定要校正的颜色范围。

　　(8) 将当前时间设置为 00:00:02:29，将【与原始图像混合】设置为 0%，如图 7-74 所示。

　　(9) 将当前时间设置为 00:00:00:00，将"字幕 01"拖入 V3 轨道，使其开始位置与时间线对齐，结尾处与 V2 轨道中素材的结尾处对齐，如图 7-75 所示。至此，场景就制作完成了，场景保存后将效果导出即可。

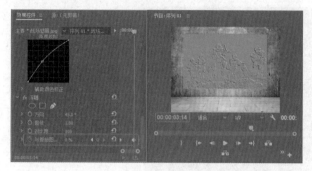

图 7-74　设置 00:00:02:29 时的参数

图 7-75　将"字幕 01"拖入 V3 轨道中

案例精讲 137　祝福贺卡类——圣诞快乐

　　本案例的制作思路以圣诞树出现为基础，首先应用【门】特效制作出开场动画，并引出圣诞树，通过【颜色平衡】对圣诞树的颜色进行更改，最后引出圣诞快乐字幕，完成动画的制作，如图 7-76 所示。

> 案例文件：CDROM \ 场景 \ Cha07\ 祝福贺卡类——圣诞快乐 .prproj
> 视频文件：视频教学 \ Cha07 \ 祝福贺卡类——圣诞快乐 .avi

图 7-76　圣诞快乐

　　(1) 新建项目和序列，将【序列】设置为 DV-PAL|【标准 48KHZ】选项，按 Ctrl+T 键打开【新建字幕】对话框，保持默认设置，单击【确定】按钮。在弹出的字幕编辑器中使用【椭圆工具】按住 Shift 键绘制正圆，在【变换】选项中将【宽】、【高】均设置为 66，将【X 位置】、【Y 位置】分别设置为 137.8、185.7，将【填充】选项中的【颜色】RGB 值设置为 167、11、206，如图 7-77 所示。

知识链接

　　【圣诞节】(Christmas)本身是一个宗教节，用来庆祝耶稣的诞辰，因而又名耶诞节，设在每年 12 月 25 日，这是西方国家一年中最重要的节日。在圣诞节，大部分的天主教教堂都会先在 12 月 24 日的平安夜及 12 月 25 日凌晨举行子夜弥撒，而基督教的另一分支——东正教的圣诞节庆祝则在每年的 1 月 7 日。现如今，圣诞节已经成为欧美国家的公共假日，有点类似于中国的春节，是举家团圆的日子。而且近年来，该节日在亚洲国家也非常流行。

　　(2) 使用【直线工具】绘制垂直的直线，在【属性】选项中将【线宽】设置为 5，将【宽】、【高】分别设置为 5、169.8，将【X 位置】、【Y 位置】分别设置为 137.8、82.4，将【填充】选项中的【颜色】设置为白色，如图 7-78 所示。

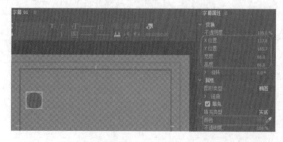

图 7-77　绘制正圆并设置参数

图 7-78　绘制直线并设置参数

　　(3) 单击【基于当前字幕新建】按钮，在弹出的对话框中保持默认设置，将原有内容删除，使用【椭圆形工具】绘制正圆，将【宽】、【高】均设置为 66，将【X 位置】、【Y 位置】分别设置为 139.3、131.7，将【填充】选项中的【颜色】RGB 值设置为 255、0、0，如图 7-79 所示。

(4) 使用【直线工具】绘制垂直的直线，在【属性】选项中将【线宽】设置为 5，将【宽】、【高】分别设置为 5、117.4。将【X 位置】、【Y 位置】分别设置为 137.8、56.2，将【填充】选项中的【颜色】设置为白色，如图 7-80 所示。

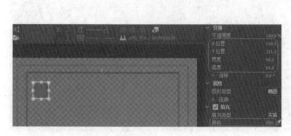

图 7-79　绘制另一个正圆

图 7-80　绘制另一条直线

(5) 使用同样的方法绘制"字幕 03"和"字幕 04"，单击【基于当前字幕新建】按钮，在弹出的对话框中保持默认设置，单击【确定】按钮。将原有内容删除，使用【垂直文字工具】输入文字"圣诞快乐"，选择输入的文字，在【属性】选项中将【字体系列】设置为【方正行楷简体】，将【字体大小】设置为 60，将【X 位置】、【Y 位置】分别设置为 676、299，将【填充】选项中的【颜色】设置为红色，如图 7-81 所示。

(6) 单击【描边】选项中【外侧边】右侧的【添加】按钮，将【类型】设置为【边缘】，将【大小】设置为 50，将【填充类型】设置为【实底】，将【颜色】设置为白色，如图 7-82 所示。

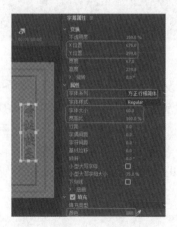

图 7-81　输入文字并设置参数

图 7-82　为文字设置描边

(7) 关闭对话框，按 Ctrl+I 键打开【导入】对话框，在该对话框中选择"圣诞背景 .jpg"和"圣诞树 .jpg"素材文件，如图 7-83 所示。

(8) 将"圣诞背景 .jpg"素材文件拖入 V1 轨道，将【运动】选项中的【缩放】设置为 192，如图 7-84 所示。

(9) 在【效果】面板中将【亮度与对比度】视频特效拖至 V1 轨道中的素材文件上，在【效果控件】面板中将【亮度】、【对比度】分别设置为 20、15，如图 7-85 所示。

(10) 在【效果】面板中将【双侧平推门】效果拖至 V1 轨道中素材文件的开始位置，将当前时间设置为 00:00:00:00，将 "圣诞树 .jpg" 素材文件拖入 V2 轨道，使其开始位置与时间线对齐。将当前时间设置为 00:00:01:16，将【位置】设置为 358.2、289.8，将【缩放】设置为 60，单击其左侧的【切换动画】按钮，如图 7-86 所示。

图 7-83　选择素材文件

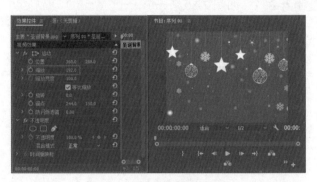

图 7-84　设置【缩放】参数

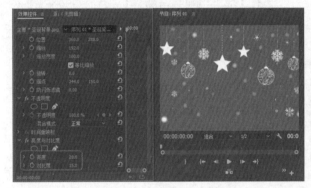

图 7-85　设置【高度与对比度】参数

图 7-86　设置 00:00:01:16 时的参数

(11) 将当前时间设置为 00:00:03:03，将【缩放】设置为 85。在【效果】面板中将【颜色键】拖入 V2 轨道的素材文件上，在【效果控件】面板中将【颜色键】选项中的【主要颜色】RGB 值设置为 255、254、255，将【颜色容差】设置为 10，将【边缘细化】设置为 1，将【羽化边缘】设置为 1，如图 7-87 所示。

(12) 在【效果】面板中将【颜色平衡 (RGB)】拖入 V2 轨道的素材上，将当前时间设置为 00:00:01:16，将【红色】、【绿色】、【蓝色】均设置为 0，然后单击【红色】、【绿色】左侧的【切换动画】按钮，如图 7-88 所示。

知识链接

【颜色平衡 (RGB)】特效可以按 RGB 颜色模式调节素材的颜色，达到校色的目的。

RGB 色彩模式是工业界的一种颜色标准，通过对红 (R)、绿 (G)、蓝 (B) 三个颜色通道的变化以及它们相互之间的叠加来得到各式各样的颜色，RGB 即代表红、绿、蓝三个通道的颜色，这个标准几乎包括了人类视力所能感知的所有颜色，是目前运用最广的颜色系统之一。

---

(13) 将当前时间设置为 00:00:03:03，将【红色】、【绿色】分别设置为 140、150，如图 7-89 所示。

(14) 将当前时间设置为 00:00:00:00，将 "字幕 05" 拖入 V3 轨道，使其开始位置与时间线对齐。将当前时间设置为 00:00:03:03，将【不透明度】设置为 0%。将当前时间设置为 00:00:03:14，将【不透明度】设置为 100%，如图 7-90 所示。

图 7-87　设置【颜色键】参数

图 7-88　设置【颜色平衡(RGB)】参数

图 7-89　设置 00:00:03:03 时的参数

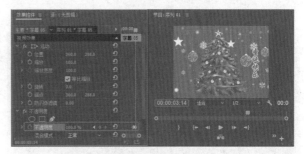

图 7-90　设置 00:00:03:14 时的参数

(15) 按 Ctrl+N 键打开【新建序列】对话框，在该对话框中选择【序列预设】| DV-PAL |【标准48kHz】选项，如图 7-91 所示。

(16) 单击【确定】按钮，将"字幕 01"拖入【序列 2】中的 V1 轨道，将当前时间设置为00:00:00:21，将【位置】设置为 400、66，单击其左侧的【切换动画】按钮，如图 7-92 所示。

图 7-91　设置序列

图 7-92　设置"字幕 01"的参数

(17) 将当前时间设置为 00:00:01:02，将【位置】设置为 400、283。将当前时间设置为 00:00:00:00，将"字幕 02"拖入 V2 轨道，使其开始位置与时间线对齐。将当前时间设置为 00:00:00:20，在【效果控件】面板中将【位置】设置为 290、123，单击其左侧的【切换动画】按钮，如图 7-93 所示。

(18) 将当前时间设置为 00:00:01:08，将【位置】设置为 290、288。将当前时间设置为 00:00:00:00，将"字幕 03"拖入 V3 轨道，使其开始位置与时间线对齐。将当前时间设置为 00:00:00:21，将【位置】设置为 450、123，单击其左侧【切换动画】按钮，如图 7-94 所示。

(19) 将当前时间设置为 00:00:01:03，将【位置】设置为 450、237，如图 7-95 所示。

(20) 将当前时间设置为 00:00:00:00，将"字幕 04"拖入 V3 轨道的上方，新建 V4 轨道，使其开始位置与时间线对齐。将当前时间设置为 00:00:00:23，将【位置】设置为 353、113，单击其左侧的【切换动画】按钮，如图 7-96 所示。

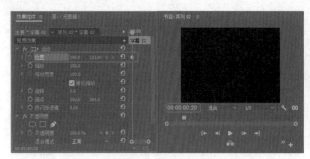

图 7-93　设置"字幕 02"的参数

图 7-94　设置"字幕 03"的参数

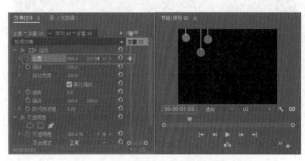

图 7-95　设置 00:00:01:03 时的参数

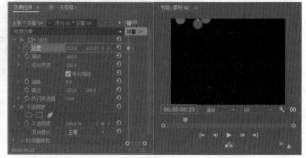

图 7-96　设置"字幕 04"的参数

(21) 将当前时间设置为 00:00:01:10，将【位置】设置为 353、288，如图 7-97 所示。

(22) 将"序列 02"拖入"序列 01"面板中 V3 轨道的上方，新建 V4 轨道，如图 7-98 所示。至此，场景就制作完成了，场景保存后将效果导出即可。

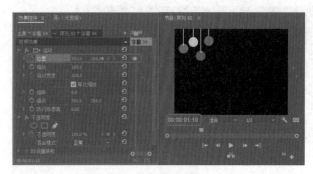

图 7-97　设置 00:00:01:10 时的参数

图 7-98　将"序列 02"拖入 V4 轨道

案例精讲 138　婚纱摄影类——幸福时刻【视频案例】

本案例选取新娘走出遮帘这一片段，为视频添加【色彩平衡】特效，使其画面风格变为冷色调。然后创建字幕，为英文字幕设置一种英文字体，效果如图 7-99 所示。

　案例文件：CDROM \ 场景 \ Cha07\ 婚纱摄影类——幸福时刻 .prproj

　　视频文件：视频教学 \ Cha07 \ 婚纱摄影类——幸福时刻 .avi

图 7-99　幸福时刻

案例精讲 139　自然风景类——飞鸟归来【视频案例】

本案例选用了一段鸟类飞翔的视频。为了营造一种夕阳的情景，本案例为视频添加【通道混合】特效，将画面修改为冷色调。然后在字幕编辑器中设置字幕，通过设置【不透明度】，在视频的后半段显现文字，效果如图 7-100 所示。

 案例文件：CDROM \ 场景 \ Cha07\ 自然风景类——飞鸟归来.prproj

　　视频文件：视频教学 \ Cha07 \ 自然风景类——飞鸟归来.avi

图 7-100　飞鸟归来

案例精讲 140　自然风景类——飞舞的蝴蝶

在制作飞舞的蝴蝶前，需要对设计的思路进行分析，不仅需要考虑导入的蝴蝶视频的美观，还需要为其搭配相应的背景图片，以达到更好的效果，最终效果如图 7-101 所示。

 案例文件：CDROM \ 场景 \ Cha07\ 自然风景类——飞舞的蝴蝶.prproj

　　视频文件：视频教学 \ Cha07 \ 自然风景类——飞舞的蝴蝶.avi

图 7-101　飞舞的蝴蝶

(1) 新建项目和序列，将【序列】设置为 DV-24P|【标准 48kHz】选项。按 Ctrl+I 键打开【导入】对话框，在该对话框中选择随书附带光盘中的 "CDROM\ 素材 \Cha07\ 飞舞的蝴蝶.avi 和蝴蝶背景.jpg" 素材文件，如图 7-102 所示。

知识链接

　　蝴蝶：英文名 Butterfly，旧时以为蝶的总称，今动物学以为蝶的一种。构成鳞翅目锤角亚目的某些身体细长在白天活动的昆虫，经常具有鲜明的颜色，有特殊型的双翅。亦写作"胡蝶"。

(2) 将 " 蝴蝶背景 .jpg " 素材文件拖入 V1 轨道, 右击素材文件, 在弹出的快捷菜单中选择【速度 / 持续时间】命令, 在弹出的对话框中将【持续时间】设置为 00:00:03:03, 如图 7-103 所示。

图 7-102　选择素材文件　　　　　　　图 7-103　设置持续时间

(3) 确定素材处于选择状态, 在【效果控件】面板中将【缩放】设置为 160, 如图 7-104 所示。

(4) 将 " 飞舞的蝴蝶 .avi " 素材文件拖入 V2 轨道, 在【效果】面板中将【颜色键】视频特效拖至 V2 轨道中的素材文件上, 将【主要颜色】RGB 值设置为 255、253、255。将【颜色容差】设置为 54, 将【边缘细化】设置为 1, 将【羽化边缘】设置为 3, 如图 7-105 所示。

图 7-104　设置【缩放】参数　　　　　　　图 7-105　设置【颜色键】参数

案例精讲 141　商品广告类——珠宝广告

大多数珠宝广告都是以 LOGO 为开场动画, 并配合珠宝的展示, 最后以 LOGO 动画结束。本案例介绍如何绘制 LOGO, 以及彩色蒙板的使用, 最终效果如图 7-106 所示。

> 案例文件: CDROM \ 场景 \ Cha07\ 商品广告类——珠宝广告 .prproj
>
> 视频文件: 视频教学 \ Cha07 \ 商品广告类——珠宝广告 .avi

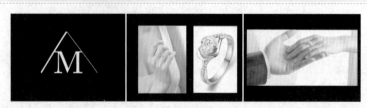

图 7-106　珠宝广告

(1) 新建项目和序列, 将【序列】设置为 DV-PAL|【标准 48kHz】选项。按 Ctrl+T 键打开【新建字幕】对话框, 保持默认设置, 单击【确定】按钮。在弹出的字幕编辑器中使用【输入工具】输入英文 M, 在【属性】选项中将【字体系列】设置为 Adobe Caslon Pro, 将【字体大小】设置为 200, 将【变换】选项组中的【X 位置】、【Y 位置】分别设置为 400.5、342.4, 将【填充】选项中的【颜色】设置为白色, 如图 7-107 所示。

(2) 使用【直线工具】绘制直线, 在【属性】选项中将【线宽】设置为 10, 将【宽】、【高】分别设置为 186、273.9, 将【X 位置】、【Y 位置】分别设置为 298.8、252.8, 将【填充】选项中的【颜色】设置为白色, 如图 7-108 所示。

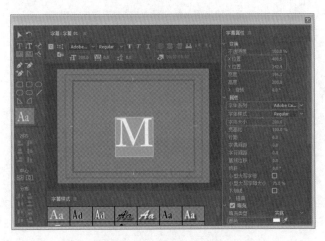

图 7-107　设置英文参数

图 7-108　绘制直线并设置参数

提示

为了使直线的位置更精确, 应该首先设置【宽】和【高】的值, 然后设置【X 位置】和【Y 位置】的值。若先设置【X 位置】和【Y 位置】的值, 再设置【宽】和【高】的值, 直线的位置将发生改变。

(3) 使用同样的方法绘制直线, 在【属性】选项中将【线宽】设置为 3, 将【变换】选项中的【X 位置】、【Y 位置】、【宽】、【高】分别设置为 495、254.4、209.4、270.5, 如图 7-109 所示。

(4) 单击【基于当前字幕新建】按钮, 在弹出的对话框中, 保持默认设置, 单击【确定】按钮, 将原有的内容删除, 使用【输入工具】输入英文 just love, 在【字体】选项中将【字体系列】设置为【华文行楷】, 将【字体大小】设置为 50, 在【变换】选项中将【X 位置】、【Y 位置】分别设置为 663、494.7, 将【填充】选项中的【颜色】设置为白色, 如图 7-110 所示。

(5) 关闭字幕编辑器, 按 Ctrl+I 键, 在打开的对话框中选择随书附带光盘中的 "CDROM\ 素材 \Cha07\ ZB1.jpg、ZB2.jpg 和 ZB3.jpg" 素材文件, 如图 7-111 所示。

(6) 右击在【项目】面板中的空白区域, 在弹出的快捷菜单中选择【新建项目】|【颜色遮罩】命令, 在弹出的对话框中保持默认设置, 单击【确定】按钮, 再在弹出的对话框中将 RGB 值设置为 255、255、255, 如图 7-112 所示。

图 7-109　绘制直线并设置参数

图 7-110　输入文字并设置参数

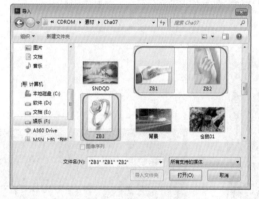

图 7-111　选择素材文件

图 7-112　设置颜色

(7) 单击【确定】按钮，再在弹出的对话框中保持默认设置，单击【确定】按钮。将当前时间设置为 00:00:00:00，将"字幕 01"拖入 V1 轨道，使其开始位置与时间线对齐。右击素材文件，在弹出的快捷菜单中选择【持续 / 时间】命令，在弹出的对话框中将【速度 / 持续时间】设置为 00:00:00:20，如图 7-113 所示。

(8) 右击视频轨道中的空白区域，在弹出的快捷菜单中选择【添加轨道】命令，在弹出的对话框中添加 3 条视频轨道，如图 7-114 所示。

图 7-113　设置"字幕 01"的持续时间

图 7-114　添加视频轨道

(9) 将"ZB2.jpg"素材文件拖入 V2 轨道，使其开始处与 V1 轨道中素材的结尾处对齐，将【持续时间】设置为 00:00:02:15，如图 7-115 所示。

(10) 将当前时间设置为 00:00:00:20，将【位置】设置为 221.3、301，将【缩放】设置为 74，单击【缩放】左侧的【切换动画】按钮，如图 7-116 所示。

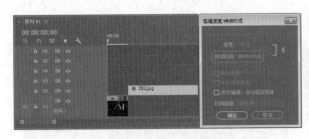

图 7-115　设置 ZB2 文件的持续时间

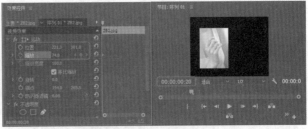

图 7-116　设置 00:00:00:20 时的参数

(11) 将当前时间设置为 00:00:02:12，将【缩放】设置为 92。将 ZB3.jpg 素材文件拖入 V3 轨道，使其与 V2 轨道中的素材文件对齐，将当前时间设置为 00:00:00:20，在【效果控件】面板中将【位置】设置为 551.3、300，将【缩放】设置为 75，单击【缩放】左侧的【切换动画】按钮，如图 7-117 所示。

(12) 将当前时间设置为 00:00:02:12，将【缩放】设置为 95。选择 V2 轨道中的素材文件，在【效果】面板中将【亮度与对比度】视频特效拖至该素材文件上，将当前时间设置为 00:00:02:03，将【亮度】、【对比度】均设置为 0，单击【亮度】、【对比度】左侧的【切换动画】按钮，如图 7-118 所示。

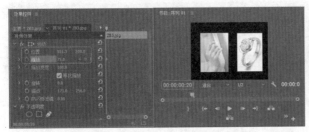

图 7-117　设置 ZB3 文件的参数

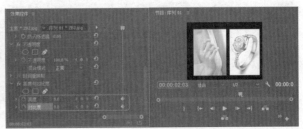

图 7-118　设置 00:00:02:03 时的参数

(13) 将当前时间设置为 00:00:02:12，将【亮度】、【对比度】分别设置为 15、8，如图 7-119 所示。

(14) 选择 V2 轨道中的素材文件，在【效果控件】面板中选择【亮度与对比度】特效，按 Ctrl+C 键复制，选择 V3 轨道中素材文件，激活【效果控件】面板，按 Ctrl+V 键粘贴，如图 7-120 所示。

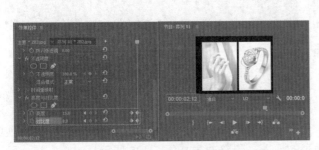

图 7-119　设置 00:00:02:12 时的参数

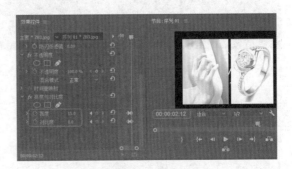

图 7-120　复制特效

(15) 将 ZB1.jpg 素材文件拖入 V4 轨道，使其开始位置与 V2 轨道中素材的结尾处对齐。在【效果】面板中将【亮度校正】特效拖入 V4 轨道中的素材文件上。将【亮度校正】选项中的【输出】设置为【亮度】，勾选【显示拆分视图】复选框，将【布局】设置为【垂直】，将当前时间设置为 00:00:03:24，将

【拆分视图百分比】设置为100%，单击其左侧的【切换动画】按钮 ，如图7-121所示。

(16) 将当前时间设置为00:00:04:24，将【拆分视图百分比】设置为45%，将当前时间设置为00:00:06:15，将"字幕02"拖入V5轨道，使其开始位置与时间线对齐，将其持续时间设置为00:00:03:15，如图7-122所示。

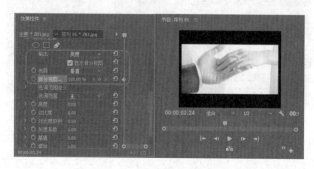 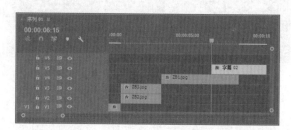

图7-121 设置【高度矫正】参数　　　　图7-122 将"字幕02"拖入V5轨道

(17) 将当前时间设置为00:00:08:10，将"字幕01"拖入V6轨道，使其开始位置与时间线对齐，结尾处与V5轨道中素材的结尾处对齐。将【缩放】设置为115，单击其左侧的【切换动画】按钮，如图7-123所示。

知识链接

【亮度校正】特效可用于调整剪辑高光、中间调和阴影中的亮度和对比度。通过使用【辅助颜色校正】控件，还可以指定要校正的颜色范围。

(18) 将当前时间设置为00:00:09:11，将【缩放】设置为95，如图7-124所示。至此，场景就制作完成了，场景保存后将效果导出即可。

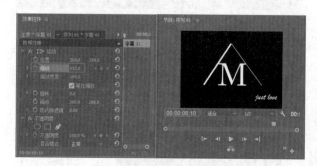 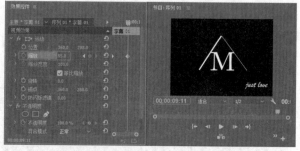

图7-123 设置00:00:08:10时的参数　　　　图7-124 设置00:00:09:11时的参数

案例精讲142　动漫影视类——百变服饰

本案例的制作思路是对衣服的颜色进行变换，使衣服呈现出颜色变换的效果。使衣服变色主要通过【更改颜色】特效设置其关键帧，最终完成整个动画的设置，最终效果如图7-125所示。

 案例文件：CDROM \ 场景 \ Cha07\ 动漫影视类——百变服饰.prproj

视频文件：视频教学 \ Cha07 \ 动漫影视类——百变服饰.avi

图 7-125　百变服饰

(1) 新建项目和序列，将【编辑模式】设置为【自定义】，将【帧大小】设置为 550，如图 7-126 所示。

(2) 按 Ctrl+I 键，在打开的对话框中选择素材"百变服饰背景.jpg"，按 Ctrl+T 键打开【新建字幕】对话框，保持默认设置，单击【确定】按钮。打开字幕编辑器，使用【输入工具】输入文字"百变服饰"，在【属性】选项中将【字体】设置为【汉仪行楷简】，将【字体大小】设置为 40，将【X 位置】、【Y 位置】分别设置为 500、140，将【填充】选项中的【颜色】RGB 值设置为 167、20、12，如图 7-127 所示。

图 7-126　新建序列

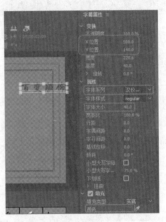

图 7-127　输入文字并进行设置

(3) 关闭字幕编辑器，将"百变服饰背景.jpg"素材文件拖入 V1 轨道，将【缩放】设置为 200，如图 7-128 所示。

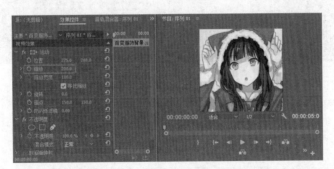

图 7-128　设置"百变服饰背景"文件参数

(4) 在【效果】面板中将【更改颜色】视频特效拖入 V1 轨道的素材文件上，将【色相变换】设置为 0，单击其左侧的【切换动画】按钮 ，将【要更改的颜色】RGB 值设置为 173、18、15，将【匹配容差】和【匹配柔和度】分别设置为 20%、10%，将当前时间设置为 00:00:04:20，将【色相变换】设置为 300，如图 7-129 所示。

知识链接

【更改颜色】特效通过在素材色彩范围内调整色相、亮度和饱和度，来改变色彩范围内的颜色。

（5）在【效果控件】面板中选择【更改颜色】视频特效，按 Ctrl+C 键复制。将当前时间设置为 00:00:00:00，在【项目】面板中将"字幕 01"拖入 V2 轨道，使其开始位置与时间线对齐。确定素材处于选择状态，激活【效果控件】面板，按 Ctrl+V 键粘贴，如图 7-130 所示。

图 7-129 设置更改颜色参数

图 7-130 复制特效

（6）至此，场景就制作完成了，场景保存后将效果导出即可。

案例精讲 143 影视特效类——创意字母

本案例的制作思路是学校黑板上的文字，所以在制作之前，首先需要找到一张黑板的背景，利用字幕编辑器制作出字母，然后利用【色彩平衡 (HLS)】特效对字母的颜色进行更改，通过设置【缩放】使文字放大，最终效果如图 7-131 所示。

> 案例文件：CDROM \ 场景 \ Cha07\ 影视特效类——创意字母 .prproj
>
> 视频文件：视频教学 \ Cha07 \ 影视特效类——创意字母 .avi

图 7-131 创意字母

（1）启动 Premiere Pro CC 2017，在打开的欢迎界面中单击【新建项目】按钮，在弹出的对话框中设置存储路径和文件名，单击【确定】按钮。打开【新建序列】对话框，选择【序列预设】选项，然后选择 DV-24P|【标准 48kHz】选项，如图 7-132 所示。

知识链接

字母：如同汉字起源于象形，英语字母表中的每个字母一开始都是描摹某种动物或物体形状的图画，而这些图画最后演变为符号。但这些符号和原先被描摹之实物的形状几无相似之处。谁也不能肯定这些象形字母原先究竟代表什么。我们的解释只能是学者们基于史料作出的有根据的猜测。一般认为希腊字母乃西方所有字母，包括拉丁字母的始祖。

（2）单击【确定】按钮，按 Ctrl+I 键打开【导入】对话框，在该对话框中选择随书附带光盘中的"CDROM\ 素材 \Cha07\ 创意字母背景 .jpg"素材文件，如图 7-133 所示。

图 7-132　设置序列

图 7-133　选择素材文件

(3) 按 Ctrl+T 键打开【新建字幕】对话框，保持默认设置，单击【确定】按钮。再在弹出的字幕编辑器中使用【输入工具】输入字母 A。将【字体系列】设置为【方正综艺简体】，将【字体大小】设置为 100，将【字符间距】设置为 16，将【X 位置】、【Y 位置】分别设置为 260、320，将【填充类型】设置为【径向渐变】，选择左侧的渐变滑块，将【色彩到色彩】RGB 值设置为 249、230、47，选择右侧的渐变滑块，将【色彩到色彩】RGB 值设置为 161、5、5，如图 7-134 所示。

(4) 单击【内描边】右侧的【添加】按钮，将【类型】设置为【边缘】，将【大小】设置为 8，将【填充类型】设置为【线性渐变】，选择左侧的渐变滑块，将【色彩到色彩】RGB 值设置为 110、52、2，选择右侧的渐变滑块，将【色彩到色彩】RGB 值设置为 251、223、186，将【角度】设置为 130°，如图 7-135 所示。

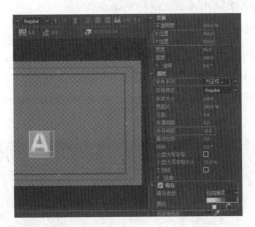

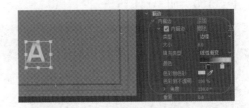

图 7-134　输入文字并设置参数

图 7-135　设置【内描边】

(5) 单击【外描边】右侧的【添加】按钮，将【类型】设置为【深度】，将【大小】设置为 27，将【角度】设置为 354°，将【填充类型】设置为【线性渐变】，选择左侧的渐变滑块，将【色彩到色彩】RGB 值设置为 249、240、189。选择右侧的渐变滑块，将【色彩到色彩】RGB 值设置为 121、42、2。勾选【阴影】复选框，将【颜色】设置为黑色，将【不透明度】设置为 65%，将【角度】设置为 -205°，将【距离】设置为 14，将【大小】、【扩展】分别设置为 6、31，如图 7-136 所示。

(6) 单击【基于当前字幕新建】按钮，在弹出的对话框中保持默认设置，单击【确定】按钮。将原有的文字更改为 B，完成后的效果如图 7-137 所示。

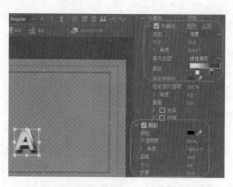

图 7-136　设置【阴影】和【外描边】

图 7-137　新建字幕并更改文字

(7) 使用同样的方法新建字幕并更改字母，更改完成后关闭字幕编辑器。将"创意字母背景.jpg"素材文件拖入 V1 轨道，右击素材文件，在弹出的快捷菜单中选择【速度/持续时间】命令，在弹出的对话框中将【持续时间】设置为 00:00:12:11，如图 7-138 所示。

(8) 在【效果控件】面板中将【缩放】设置为 160，如图 7-139 所示。

图 7-138　设置持续时间

图 7-139　设置【缩放】参数

(9) 将"字幕 01"拖入 V2 轨道，使其与 V1 轨道中的素材文件对齐。将当前时间设置为 00:00:07:00，将【位置】设置为 379、226，单击【缩放】左侧的【切换动画】按钮，如图 7-140 所示。

(10) 将当前时间设置为 00:00:08:00，将【缩放】设置为 120。将当前时间设置为 00:00:09:00，将【缩放】设置为 100，如 3-141 所示。

图 7-140　设置"字幕 01"的参数

图 7-141　设置 00:00:09:00 的参数

(11) 在【效果】面板中将【颜色平衡 (HLS)】视频特效拖至 V2 轨道的素材文件上。将当前时间设置为 00:00:01:00，单击【色相】左侧的【切换动画】按钮。将当前时间设置为 00:00:07:00，将【色相】设置为 10×57.0°，如图 7-142 所示。

(12) 将"字幕 02"拖入 V3 轨道，使其与 V2 轨道中的素材文件对齐。将当前时间设置为

00:00:08:00, 将【位置】设置为 546.0、220.0, 将【缩放】设置为 100, 单击其左侧的【切换动画】按钮 , 如图 7-143 所示。

图 7-142　设置【色相】参数

图 7-143　设置"字幕 02"的参数

(13) 将当前时间设置为 00:00:09:00, 将【缩放】设置为 120, 将当前时间设置为 00:00:10:00, 将【缩放】设置为 100。将当前时间设置为 00:00:01:00, 将【不透明度】设置为 0%, 将当前时间设置为 00:00:02:00, 将【不透明度】设置为 100%, 如图 7-144 所示。

(14) 在【效果】面板中将【色彩】视频特效添加至 V3 轨道中的素材文件上, 将当前时间设置为 00:00:02:00, 将【将白色映射到】RGB 值设置为 255、0、0, 单击其左侧的【切换动画】按钮 , 如图 7-145 所示。

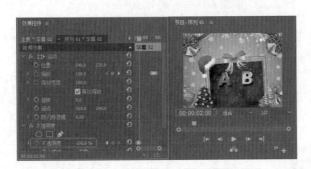

图 7-144　设置 00:00:02:00 时的参数

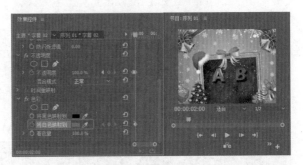

图 7-145　设置【将白色映射到】参数

(15) 将当前时间设置为 00:00:03:00, 将【将白色映射到】的 RGB 值设置为 0、6、255, 将当前时间设置为 00:00:04:00, 将【将白色映射到】RGB 值设置为 1、255、255。将当前时间设置为 00:00:05:00, 将【将白色映射到】RGB 值设置为 2、255、0。将当前时间设置为 00:00:06:00, 将【将白色映射到】RGB 设置为 150、105、149。将当前时间设置为 00:00:06:17, 将【将白色映射到】RGB 值设置为 255、0、255, 如图 7-146 所示。

(16) 将"字幕 03"拖入 V3 轨道的上方, 新建 V4 轨道, 使其与 V3 轨道中的素材文件对齐。将【位置】设置为 380、350, 将当前时间设置为 00:00:09:00, 将【缩放】设置为 100, 单击其左侧的【切换动画】按钮 , 如图 7-147 所示。

(17) 将当前时间设置为 00:00:10:00, 将【缩放】设置为 120。将当前时间设置为 00:00:11:00, 将【缩放】设置为 100。将当前时间设置为 00:00:02:00, 将【不透明度】设置为 0%, 将当前时间设置为 00:00:03:00, 将【不透明度】设置为 100%, 如图 7-148 所示。

(18) 在【效果】面板中将【颜色平衡 (HLS)】拖入 V4 轨道中的素材文件上, 将当前时间设置为 00:00:03:00, 单击【色相】左侧的【切换动画】按钮 。将当前时间设置为 00:00:07:00, 将【色相】设置为 -10×-227.0°, 如图 7-149 所示。

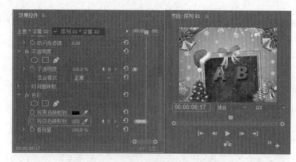

图 7-146　设置 00:00:06:17 时的参数

图 7-147　设置"字幕 03"的参数

图 7-148　设置【不透明度】参数

图 7-149　设置 00:00:07:00 时的参数

(19) 使用同样的方法将"字幕 04"拖入 V4 轨道的上方，使其与 V4 轨道中的素材文件对齐。然后使用同样的方法为该素材添加特效和关键帧，如图 7-150 所示。

(20) 激活【序列】面板，按 Ctrl+M 键打开【导出设置】对话框，将【格式】设置为 AVI，单击【输出名称】右侧的文字按钮，在弹出的对话框设置存储路径，将【文件名】设置为"创意字母"，单击【保存】按钮，如图 7-151 所示。

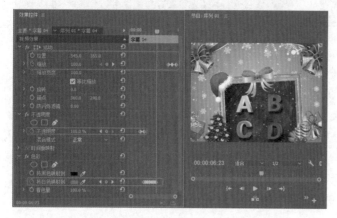

图 7-150　使用同样的方法设置"字幕 04"

图 7-151　【另存为】对话框

(21) 返回到【导出设置】对话框，在该对话框中单击【导出】按钮，即可将效果导出。效果导出后将场景保存即可。

案例精讲 144　影视特效类——胶卷特写

本案例的制作思路是结合电影胶卷来制作的，首先选择一个适合的背景图片，然后利用特效对其颜色设置关键帧，使其颜色变化，然后利用字幕制作出胶卷，最后通过对制作的胶卷关键帧进行设置，完成动画的创作，效果如图 7-152 所示。

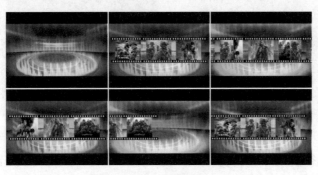

图 7-152　胶卷特写

(1) 新建项目和序列，将【序列】设置为 DV-24P|【标准 48kHz】选项。按 Ctrl+I 键打开【导入】对话框，在该对话框中选择 JJTX.jpg 素材文件，如图 7-153 所示。

知识链接

胶卷：胶卷又名底片，菲林，是一种成像器材。现今广泛应用的胶卷是将卤化银涂抹在聚乙酸酯片基上，此种底片为软性，卷成整卷方便使用。当有光线照射到卤化银上时，卤化银转变为黑色的银，经显影工艺后固定于片基，成为我们常见到的黑白负片。彩色负片则涂抹了三层卤化银以表现三原色。除了负片之外还有正片及一次成像底片等等。

(2) 将导入的素材文件拖入 V1 轨道，将其持续时间设置为 00:00:15:16。按 Ctrl+T 键，在打开的对话框中保持默认设置，单击【确定】按钮。打开字幕编辑器，使用【矩形工具】绘制矩形，在【变换】选项中将【宽度】、【高度】分别设置为 230.3、17.7，将【X 位置】、【Y 位置】分别设置为 326.3、170，将【填充】选型中的【颜色】设置为黑色，如图 7-154 所示。

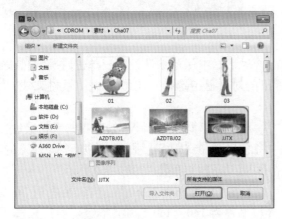

图 7-153　导入素材文件

图 7-154　绘制矩形并设置参数

(3) 继续使用【矩形工具】绘制矩形，将【宽】、【高】分别设置为 7、10，将【X 位置】、【Y 位置】分别设置为 430.6、170.3，将【填充】选项中的【颜色】设置为白色，然后对绘制的矩形进行复制并调整复制矩形的位置，如图 7-155 所示。

(4) 选择所有绘制的矩形，对其进行复制，调整复制对象的位置，将【X 位置】、【Y 位置】分别设置为 330.2、312，如图 7-156 所示。

图 7-155　复制并调整矩形的位置

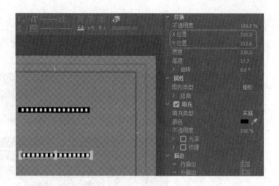

图 7-156　复制对象

(5) 继续绘制矩形，将【宽】、【高】分别设置为 163.9、126，将【X 位置】、【Y 位置】分别设置为 324.3、241.1，勾选【填充】选项中的【纹理】复选框。单击【材质】右侧的按钮，在弹出的对话框中选择随书附带光盘中 "CDROM\ 素材 \Cha07\ 电影 1.jpg" 素材文件，如图 7-157 所示。

(6) 单击【打开】按钮，效果如图 7-158 所示。

图 7-157　选择素材文件

图 7-158　绘制完成后的效果

(7) 单击【基于当前字幕新建】按钮，在弹出的对话框中保持默认设置，单击【确定】按钮。选择中间的大矩形，单击【材质】右侧的按钮，在弹出的对话框中选择 "电影 2.jpg" 素材文件，完成后的效果如图 7-159 所示。

(8) 使用同样的方法新建 "字幕 03" ~ "字幕 06"，关闭字幕编辑器。选择 V1 轨道中的素材文件，在【效果控件】面板中将【缩放】设置为 65，在【效果】面板中将【颜色平衡 (HLS)】视频特效拖至 V1 轨道的素材文件上，确定当前时间是 00:00:00:00，单击【色相】左侧的【切换动画】按钮，如图 7-160 所示。

(9) 将当前时间设置为 00:00:15:16，将【色相】设置为 90×359.0°。将当前时间设置为 00:00:00:00，将 "字幕 01" 拖入 V2 轨道，将【位置】设置为 140、240。将【不透明度】设置为 0%。将当前时间设置为 00:00:03:00，将【不透明度】设置为 100%，如图 7-161 所示。

(10) 将当前时间设置为 00:00:00:00，将 "字幕 02" 拖入 V3 轨道，使其开始位置与时间线对齐。确定当前时间为 00:00:00:00，将【不透明度】设置为 0%，将当前时间设置为 00:00:03:00，将【不透明度】设置为 100%，如图 7-162 所示。

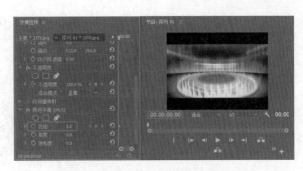

图 7-159 新建"字幕 02"　　　　　　图 7-160 添加特效并设置参数

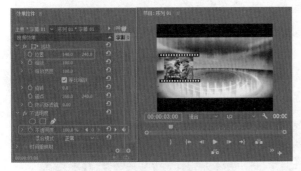

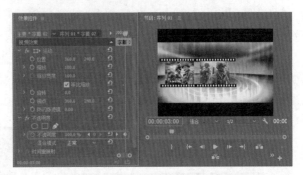

图 7-161 设置 00:00:03:00 时的参数　　　　　图 7-162 设置"字幕 02"的参数

(11) 将当前时间设置为 00:00:00:00，将"字幕 03"拖入 V3 轨道上方，新建 V4 轨道，使其开始位置与时间线对齐。将【位置】设置为 574、240，将当前时间设置为 00:00:00:00，将【不透明度】设置为 0%，将当前时间设置为 00:00:03:00，将【不透明度】设置为 100%，如图 7-163 所示。

(12) 将"字幕 04"拖入 V2 轨道，使其与 V2 轨道中的素材首尾相连，将该素材的持续时间设置为 00:00:04:19。将当前时间设置为 00:00:08:00，将【位置】设置为 140、240，单击其左侧的【切换动画】按钮，如图 7-164 所示。

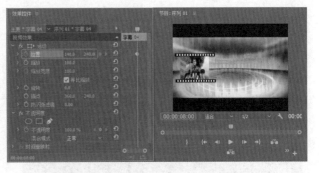

图 7-163 设置"字幕 03"的参数　　　　　图 7-164 设置"字幕 04"的参数

(13) 将当前时间设置为 00:00:10:00，将【位置】设置为 -563、240。将"字幕 05"拖入 V3 轨道，使其与 V3 轨道中的素材首尾相连，将该素材的持续时间设置为 00:00:04:19。将当前时间设置为 00:00:08:00，将【位置】设置为 360、240，单击【位置】左侧的【切换动画】按钮，将当前时间设置为 00:00:10:00，将【位置】设置为 -343、240，如图 7-165 所示。

(14) 将"字幕 06"拖入 V4 轨道，使其与 V4 轨道中的素材文件首尾相连，将该素材的持续时间设置为 00:00:04:19。将当前时间设置为 00:00:08:00，将【位置】设置为 576、240，单击【位置】左侧的【切换动画】按钮，将当前时间设置为 00:00:10:00，将【位置】设置为 -133、240，如图 7-166 所示。

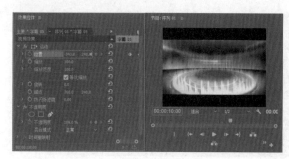

图 7-165　设置"字幕 05"的参数

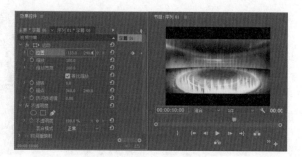

图 7-166　设置"字幕 06"的参数

(15) 将【拆分】视频特效拖至 V2 轨道中的"字幕 01"与"字幕 04"之间，使用同样的方法将【拆分】切换特效拖至 V3、V4 轨道中的素材文件之间，如图 7-167 所示。

(16) 将"字幕 01"拖入 V2 轨道，使其与"字幕 04"首尾相连，使其结尾处与 V1 轨道中素材的结尾处对齐。将当前时间设置为 00:00:10:00，将【位置】设置为 799、240，单击其左侧的【切换动画】按钮 ，如图 7-168 所示。

图 7-167　将切换特效拖入素材文件上

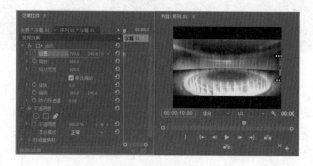

图 7-168　设置"字幕 01"的参数

(17) 将当前时间设置为 00:00:12:00，将【位置】设置为 120、240。将"字幕 02"拖入 V3 轨道，使其与 V1 轨道中素材的结尾处对齐。将当前时间设置为 00:00:10:00，将【位置】设置为 1019、240，单击其左侧的【切换动画】按钮，将当前时间设置为 00:00:12:00，将【位置】设置为 340、240，如图 7-169 所示。

(18) 将"字幕 03"拖入 V4 轨道中，使其与 V3 轨道中素材的结尾处对齐。将当前时间设置为 00:00:10:00，将【位置】设置为 1233、240，单击其左侧的【切换动画】按钮，将当前时间设置为 00:00:12:00，将【位置】设置为 554、240，如图 7-170 所示。

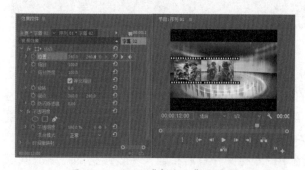

图 7-169　设置"字幕 02"的参数

图 7-170　设置"字幕 03"的参数

(19) 至此场景就制作完成了，场景保存后将效果导出即可。

案例精讲 145　影视特效类——浪漫七夕

本案例的题目是浪漫七夕，想到七夕首先想到牛郎、鹊桥、云，利用以上素材并结合特效，最终完成动画的制作。方法是首先利用【颜色平衡】特效对背景图片的颜色进行更改，将其颜色更改为浪漫的暖色调，然后【双侧平推门】将卡通人物呈现，最后对卡通添加【颜色平衡 (HLS)】特效，对卡通人物进行变色，最终效果如图 7-171 所示。

> 📖 案例文件：CDROM \ 场景 \ Cha07\ 影视特效类——浪漫七夕 .prproj
>
> 视频文件：视频教学 \ Cha07 \ 影视特效类——浪漫七夕 .avi

图 7-171　浪漫七夕

(1) 新建项目和序列，将【序列】设置为 DV-24P |【宽屏 48kHz】选项，按 Ctrl+I 键打开【导入】对话框，在该对话框中选择 QU.png、Yun.png、LMQXBJ.jpg 素材文件，单击【打开】按钮，如图 7-172 所示。

(2) 将 LMQXBJ.jpg 素材文件拖入 V1 轨道，将其【持续时间】设置为 00:00:20:15，将当前时间设置为 00:00:00:00，将【缩放】设置为 83，将【不透明度】设置为 0%，将当前时间设置为 00:00:01:00，将【不透明度】设置为 100%，如图 7-173 所示。

图 7-172　导入素材文件

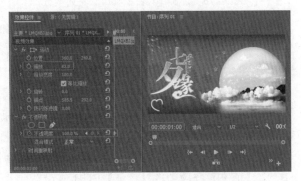

图 7-173　设置 LMQXBJ 文件参数

(3) 在【效果】面板中将【颜色平衡】特效拖至 V1 轨道中的素材文件上，在【效果控件】面板中参照图 7-174 设置颜色平衡的参数。

知识链接

【颜色平衡】特效设置图像在阴影、中值和高光下的红绿蓝三色的参数。

(4) 将当前时间设置为 00:00:01:00，将 QU.png 素材文件拖入 V2 轨道，使其开始位置与时间线对齐，结尾处与 V1 轨道中素材的结尾处对齐。将【位置】设置为 566.7、195.2，将【缩放】设置为 7，如图 7-175 所示。

(5) 在【效果】面板中将【双侧平推门】切换特效拖至 V2 轨道中素材文件的开始位置，选择添加的切换特效，在【效果控件】面板中将【持续时间】设置为 00:00:02:00，将切换方式设置为从南到北，如图 7-176 所示。

(6) 在【效果】面板中将【颜色平衡 (HLS)】特效拖至 V2 轨道中的素材文件上，在【效果控件】面板中将当前时间设置为 00:00:03:00，单击【色相】左侧的【切换动画】按钮，将当前时间设置为 00:00:20:11，将【色相】设置为 4×190.0°，如图 7-177 所示。

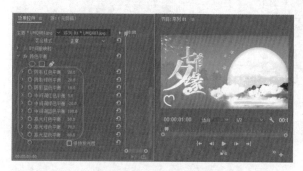

图 7-174 设置颜色平衡

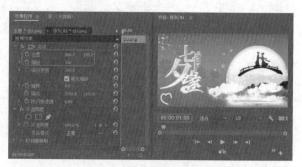

图 7-175 设置 QU 文件参数

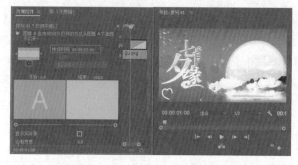

图 7-176 设置【双侧平推门】特效参数

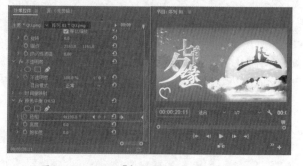

图 7-177 设置【颜色平衡 HLS】特效参数

(7) 在【项目】面板中将当前时间设置为 00:00:03:00，将 Yun.png 素材文件拖入 V3 轨道，使其开始位置与时间线对齐，结尾处与 V2 轨道中素材的结尾处对齐。将【位置】设置为 1207.1、227.5，将【缩放】设置为 20，单击【位置】左侧的【切换动画】按钮，如图 7-178 所示。

(8) 将当前时间设置为 00:00:20:14，将【位置】设置为 245.4、227.5，如图 7-179 所示。

(9) 按 Ctrl+T 键打开【新建字幕】对话框，保持默认设置，单击【确定】按钮。使用【输入工具】输入文字“情到深处时时浓，无情无爱何需节，七夕易过，天长难留，难求暖心人，共终老；若求得，一生皆七夕。”，在【属性】选项中将【字体系列】设置为【方正琥珀简体】，将【字体大小】设置为 41，将【填充】选项中的【颜色】RGB 值设置为 91、35、4，将【变换】选项中的【X 位置】、【Y 位置】分别设置为 1367.8、439.2，如图 7-180 所示。

(10) 在字幕编辑器中单击【滚动 / 游动选项】按钮，在弹出的对话框中选择【向左游动】单选按钮，勾选【开始于屏幕外】和【结束于屏幕外】复选框，如图 7-181 所示。

图 7-178 设置 Yun 文件参数

图 7-179 设置 00:00:20:14 时的参数

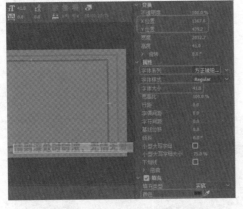

图 7-180 输入文字并设置参数

图 7-181 【滚动 / 游动选项】对话框

(11) 单击【确定】按钮，关闭字幕编辑器，将"字幕 01"拖入 V3 轨道的上方，新建 V4 轨道，使其与 V3 轨道中的素材文件对齐。如图 7-182 所示。至此，浪漫七夕场景就制作完成了，场景保存后将效果导出即可。

图 7-182 将"字幕 01"拖入视频轨道

案例精讲 146 影视特效类——美丽女人【视频案例】

本案例的制作思路是利用字幕编辑器制作出标题字幕，然后添加素材图片，通过对图片的【持续时间】和【缩放】进行调整，使动画呈现出快速切换的效果，最后利用【不透明度】再次引出标题字幕，最终效果如图 7-183 所示。

案例文件：CDROM ＼ 场景 ＼ Cha07＼ 影视特效类——美丽女人 .prproj

视频文件：视频教学 ＼ Cha07 ＼ 影视特效类——美丽女人 .avi

图 7-183　美丽女人

案例精讲 147　影视特效类——七彩蝴蝶【视频案例】

　　本案例的制作思路是找到一张适合放置蝴蝶的背景素材，然后利用【颜色键】特效将蝴蝶视频背景去除，随后利用【色彩平衡(HLS)】特效，对蝴蝶的颜色进行更改，最终完成动画的创建，最终效果如图 7-184 所示。

案例文件：CDROM \ 场景 \ Cha07\ 影视特效类——七彩蝴蝶.prproj
　　视频文件：视频教学 \ Cha07 \ 影视特效类——七彩蝴蝶.avi

图 7-184　七彩蝴蝶

案例精讲 148　商品广告类——运动的汽车【视频案例】

　　本案例制作的运动汽车首先利用【方向模糊】特效对背景进行方向模糊，使其产生运动感，然后继续对车辆添加该特效，使车辆呈现出运动后的效果，最终效果如图 7-185 所示。

案例文件：CDROM \ 场景 \ Cha07\ 商品广告类——运动的汽车.prproj
　　视频文件：视频教学 \ Cha07 \ 商品广告类——运动的汽车.avi

图 7-185　运动的汽车

案例精讲 149　祝福贺卡类——少女的祈祷【视频案例】

　　本案例表现一个少女读书读累了，然后在梦中送出对自己爱的祝福。首先选择一张符合意境的照片，然后通过【黑白】效果使其变为黑白色，并在字幕编辑器中制作出女孩的梦境，利用【推】效果制作出梦境的切换，最后完成动画的制作，效果如图 7-186 所示。

案例文件：CDROM \ 场景 \ Cha07\ 祝福贺卡类——少女的祈祷 .prproj

视频文件：视频教学 \ Cha07 \ 祝福贺卡类——少女的祈祷 .avi

图 7-186　少女的祈祷

案例精讲 150　自然风景类——幻彩花朵

本例制作的幻彩花朵比较简单，方法是将背景图片拖入视频轨道，然后为素材文件添加【颜色平衡 (HLS)】特效，效果如图 7-187 所示。

案例文件：CDROM \ 场景 \ Cha07\ 自然风景类——幻彩花朵 .prproj

视频文件：视频教学 \ Cha07 \ 自然风景类——幻彩花朵 .avi

图 7-187　幻彩花朵

(1) 新建项目和序列，将【序列】设置为 DV-24P|【标准 48kHz】选项，如图 7-188 所示。

(2) 按 Ctrl+I 键打开【导入】对话框，在该对话框中选择随书附带光盘中的 "CDROM\ 素材 \Cha07\ 花 . jpg" 文件，如图 7-189 所示。

图 7-188　新建序列

图 7-189　导入素材文件

(3) 单击【打开】按钮，将 "花 .jpg" 素材文件拖入 V1 轨道，将当前时间设置为 00:00:00:00，在【效果控件】面板中将【缩放】设置为 120，单击左侧的【切换动画】按钮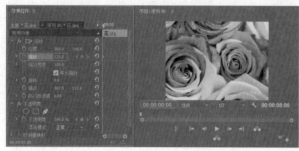，如图 7-190 所示。

（4）将当前时间设置为 00:00:04:23，将【缩放】设置为 70，如图 7-191 所示。

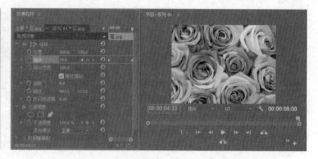

图 7-190　设置 00:00:00:00 时的参数　　　　图 7-191　设置 00:00:04:23 时的参数

（5）在【效果】面板中搜索【颜色平衡 (HLS)】特效，为素材文件添加该特效，将当前时间设置为 00:00:00:00，在【效果控件】面板中将【色相】设置为 0，单击左侧的【切换动画】按钮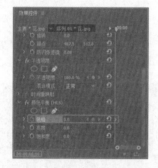，如图 7-192 所示。

（6）将当前时间设置为 00:00:04:23，将【色相】设置为 $2 \times 0.0°$，如图 7-193 所示。

图 7-192　添加特效并设置参数　　图 7-193　设置【色相】参数

第 8 章

影视照片处理技巧

本章重点

- 效果图展览
- 底片效果
- 怀旧照片效果
- 个性电子相册
- 三维立体照片效果
- DV 相册

　　在前面的学习中，相信读者对 Premiere Pro CC 2017 已经有了简单的了解。本章将通过对照片、图片的处理来进行深入的讲解，通过本章的学习，相信读者在制作后面的案例时会更得心应手。

案例精讲 151　效果图展览

本例介绍制作效果图展览，首先创建需要的字幕，创建完成后选择需要展览的图片素材，通过在【效果控件】面板中设置【缩放】和【不透明度】作为主预览区域，而图片滚动区域则通过对素材图片添加【位置】和【不透明度】关键帧而得到，最终效果如图 8-1 所示。

案例文件：CDROM ＼ 场景 ＼ Cha08 ＼ 效果图展览 .prproj

视频文件：视频教学 ＼ Cha08 ＼ 效果图展览 .avi

图 8-1　效果图展览

(1) 运行 Premiere Pro CC 2017，在欢迎界面单击【新建项目】按钮，弹出【新建项目】对话框，设置【名称】和【位置】，单击【确定】按钮，如图 8-2 所示。

(2) 新建项目文件后，按 Ctrl+N 键，弹出【新建序列】对话框，选择 DV-24P|【标准 48kHz】，序列名称保持默认设置，单击【确定】按钮，如图 8-3 所示。

(3) 打开【项目】面板，双击导入随书附带光盘 ˝CDROM＼ 素材 ＼Cha08 ˝ 中的【效果图展览】文件夹，如图 8-4 所示。

(4) 按 Ctrl+T 键，弹出【新建字幕】对话框，保持默认设置，单击【确定】按钮，如图 8-5 所示。

图 8-2　【新建项目】对话框　　图 8-3　【新建序列】对话框　　图 8-4　导入素材　　图 8-5　【新建字幕】对话框

(5) 进入字幕编辑器，选择【椭圆工具】绘制椭圆，在【字幕属性】面板中将【填充】选项卡下的【填充类型】设置为【线性渐变】，将第一个色标的颜色设置为 #C1A961，将第二个色标的颜色设置为 #F5E19EE，在【变换】选项中将【宽度】设置为 5，将【高度】设置为 340，将【X 位置】设置为 510，将【Y 位置】设置为 172.5，如图 8-6 所示。

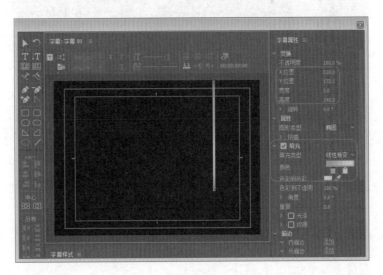

图 8-6　设置"字幕 01"的参数

(6) 单击【基于当前字幕新建字幕】按钮，弹出【新建字幕】对话框，保持默认设置，单击【确定】按钮，选择绘制的椭圆，在【字幕属性】面板中的【变换】选项下将【X 位置】设置为 144，将【Y 位置】设置为 300，如图 8-7 所示。

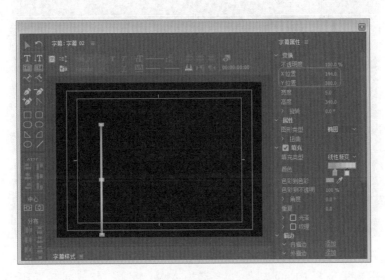

图 8-7　设置"字幕 02"的参数

(7) 单击【基于当前字幕新建字幕】按钮，弹出【新建字幕】对话框，保持默认设置，单击【确定】按钮，选择绘制的椭圆，并将其删除，选择【垂直文字工具】，在舞台中输入"德盛装饰"，在下方选择如图 8-8 所示的字幕样式。

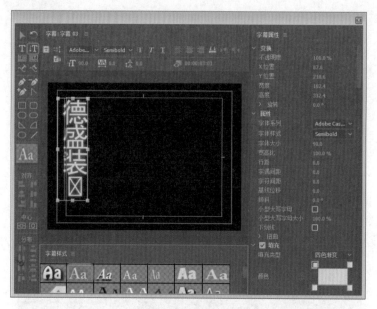

图 8-8　应用字幕样式

(8) 确认输入的文字处于选择状态，将【字体系列】修改为【华文隶书】，将【字体大小】设置为 90，将【填充类型】设置为【线性渐变】，将第一个色标的颜色设置为 #C1A961，将第二个色标的颜色设置为 #FSE19E，在【变换】选项中将【X 位置】设置为 73，将【Y 位置】设置为 181，如图 8-9 所示。

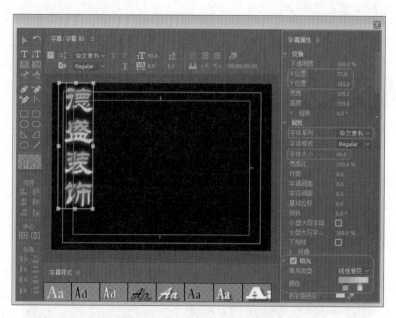

图 8-9　设置"字幕03"的参数

(9) 关闭字幕编辑器，选择 01.jpg 文件，将其拖入 V1 轨道，将当前时间设置为 00:00:00:14，将 01.jpg 文件的结束处与标识线对齐，如图 8-10 所示。

(10) 选择添加的 01.jpg 文件，将当前时间设置为 00:00:00:05，在【效果控件】面板中将【缩放】设置为 39，将【不透明度】设置为 0%。将当前时间设置为 00:00:00:08，将【不透明度】设置为 100%，如图 8-11 所示。

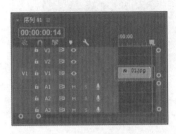

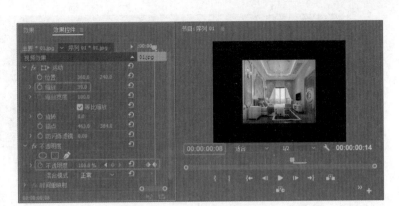

图 8-10　添加 01 文件到 V1 轨道　　　　　　　　　图 8-11　设置 01 文件的参数

(11) 将当前时间设置为 00:00:00:20，将 02.jpg 文件拖入 V1 轨道，使其与 01.jpg 首尾相连，结尾处与标识线对齐，如图 8-12 所示。

(12) 选择 02.jpg 文件，在【效果控件】面板将【缩放】设置为 18.2，如图 8-13 所示。

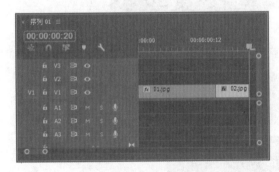

图 8-12　添加 02 文件　　　　　　　　　　　　　图 8-13　设置 02 文件的参数

(13) 依次将 03.jpg ～ 08.jpg 素材文件拖入 V1 轨道，并将其【持续时间】都设置为 00:00:00:06，并根据图片的大小设置相应的【缩放】，如图 8-14 所示。

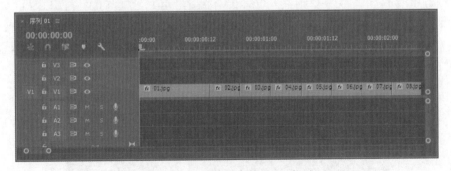

图 8-14　添加其他素材到 V1 轨道

(14) 将当前时间设置为 00:00:03:03，将 09.jpg 素材文件拖入 V1 轨道，使其与 08.jpg 首尾相连，结尾处与标识线对齐，将【缩放】设置为 55，如图 8-15 所示。

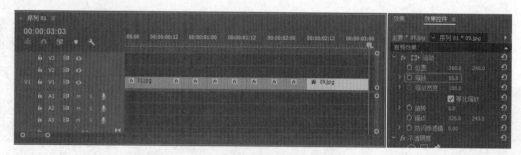

图 8-15　添加 09 文件并设置参数

(15) 打开【效果】面板，将【交叉溶解】特效分别添加到两个素材之间，并将其【持续时间】设为 00:00:00:03，如图 8-16 所示。

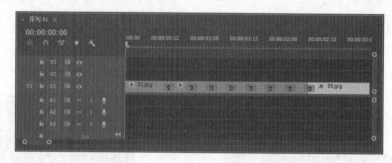

图 8-16　添加【交叉溶解】特效

(16) 将"字幕 03"拖入 V2 轨道，使其与 09.jpg 素材文件尾部对齐，如图 8-17 所示。

图 8-17　添加"字幕 03"到 V2 轨道

(17) 将"字幕 01"和"字幕 02"分别拖入 V3 和 V4 轨道，并与"字幕 03"首尾对齐，如图 8-18 所示。

(18) 将当前时间设置为 00:00:00:00，选择"字幕 01"，打开【效果控件】面板，设置【运动】选项下的【位置】为 360、-100，并单击左侧的【切换动画】按钮，将当前时间设为 00:00:00:06，将【位置】设置为 360、375，如图 8-19 所示。

图 8-18　添加"字幕 01"和"字幕 02"

图 8-19　设置"字幕 01"的参数

(19) 将当前时间设置为 00:00:00:00，选择"字幕 02"；打开【效果控件】面板，设置【运动】选项下的【位置】为 360、600，并单击左侧的【切换动画】按钮，将当前时间设置为 00:00:00:06，将【位置】设置为 360、112，如图 8-20 所示。

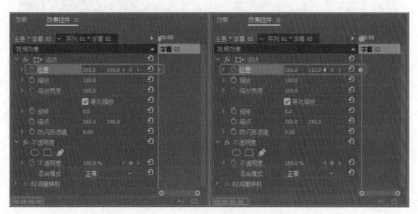

图 8-20　设置"字幕 02"的参数

(20) 确认当前时间为 00:00:00:00，将 02.jpg 素材文件拖入 V5 轨道，使其开始处与标识线对齐，结尾处与 V4 轨道中"字幕 02"结尾处对齐，如图 8-21 所示。

图 8-21　添加 02 文件到 V5 轨道

(21) 确认当前时间为 00:00:00:08，选择 02.jpg 素材文件，在【效果控件】面板中将【位置】设置为 640、500，并单击其左侧的【切换动画】按钮，设置【缩放】为 7，如图 8-22 所示。

图 8-22　设置 02 文件的参数

(22) 将当前时间设置为 00:00:01:05，在【效果控制】面板添加【不透明度】关键帧，将当前时间设置为 00:00:01:10，设置【位置】为 640、100，将【不透明度】设置为 0%，如图 8-23 所示。

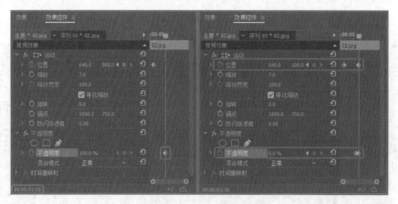

图 8-23　修改 02 文件的参数

(23) 将当前时间设置为 00:00:00:14，将 03.jpg 文件拖入 V6 轨道，使其开始处与标识线对齐，结尾处与 02.jpg 文件的结尾处对齐，如图 8-24 所示。

(24) 选择 03.jpg 素材文件，打开【效果控件】面板，将【位置】设置为 640、525，并单击其左侧的【切换动画】按钮，并将【缩放】设置为 17，如图 8-25 所示。

(25) 将当前时间设置为 00:00:01:11，在【效果控件】面板添加【不透明度】关键帧，将当前时间设置为 00:00:01:16，设置【位置】为 640、100，将【不透明度】设置为 0%，如图 8-26 所示。

图 8-24　添加 03 文件到 V6 轨道

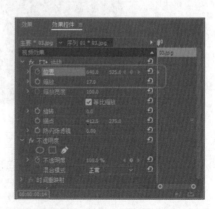

图 8-25　设置 03 文件的参数

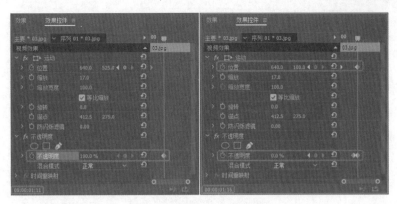

图 8-26　修改 03 文件的参数

(26) 设置当前时间为 00:00:00:20，将 04.jpg 文件拖入 V7 轨道，使其开始处与编辑标识线对齐，结尾处与 03.jpg 文件的结尾处对齐，如图 8-27 所示。

图 8-27　添加 04 文件到 V7 轨道

(27) 确定 04.jpg 文件选中的情况下，激活【效果控件】面板，设置【位置】为 640、544，单击其左侧的【切换动画】按钮，设置【缩放】为 18，如图 8-28 所示。

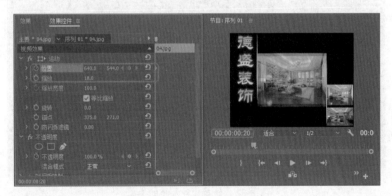

图 8-28　设置 04 文件的参数

(28) 设置当前时间为 00:00:01:17，添加【不透明度】关键帧。修改当前时间为 00:00:01:22，设置【位置】为 640、100，设置【不透明度】为 0%，如图 8-29 所示。

(29) 设置当前时间为 00:00:01:02，将 05.jpg 文件拖入 V8 轨道，使其开始处与编辑标识线对齐，结尾处与 04.jpg 文件的结尾处对齐，如图 8-30 所示。

(30) 确定 05.jpg 文件选中的情况下，激活【效果控件】面板，设置【位置】为 640、546，单击其左侧的【切换动画】按钮，并将【缩放】设置为 6.5，如图 8-31 所示。

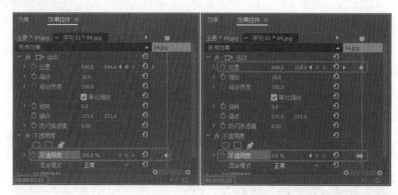

图 8-29　修改 04 文件的参数

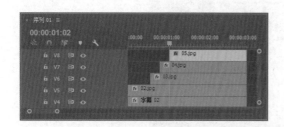

图 8-30　添加 05 文件到 V8 轨道

图 8-31　设置 05 文件的参数

(31) 设置当前时间为 00:00:01:23，添加【不透明度】关键帧。修改当前时间为 00:00:02:04，设置【位置】为 640、100，设置【不透明度】为 0%，如图 8-32 所示。

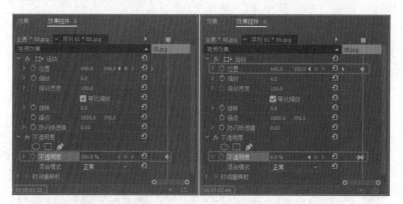

图 8-32　修改 05 文件的参数

(32) 设置当前时间为 00:00:01:08，将 06.jpg 文件拖入 V9 轨道，使其开始处与编辑标识线对齐，结尾处与 05.jpg 文件的结尾处对齐，如图 8-33 所示，

(33) 确定 06.jpg 文件选中的情况下，激活【效果控件】面板，设置【位置】为 640、558，单击其左侧的【切换动画】按钮，设置【缩放】为 17，如图 8-34 所示。

(34) 设置当前时间为 00:00:02:05，添加【不透明度】关键帧。修改当前时间为 00:00:02:10，设置【位置】为 640、100，设置【不透明度】为 0%，如图 8-35 所示。

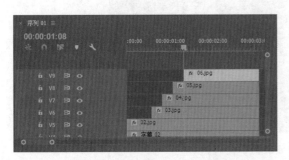

图 8-33　添加 06 文件到 V9 轨道

图 8-34　设置 06 文件的参数

图 8-35　修改 06 文件的参数

(35) 设置当前时间为 00:00:01:14，将 07.jpg 文件拖入 V10 轨道，使其开始处与编辑标识线对齐，结尾处与 06.jpg 文件的结尾处对齐，如图 8-36 所示。

(36) 确定 07.jpg 文件选中的情况下，激活【效果控件】面板，设置【位置】为 640、570，单击其左侧的【切换动画】按钮，设置【缩放】为 13.5，如图 8-37 所示。

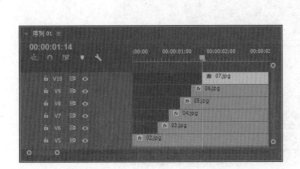

图 8-36　添加 07 文件到 V10 轨道

图 8-37　设置 07 文件的参数

(37) 设置当前时间为 00:00:02:11，添加【透明度】关键帧。修改当前时间为 00:00:02:16，设置【位置】为 640、100，设置【不透明度】为 0%，如图 8-38 所示。

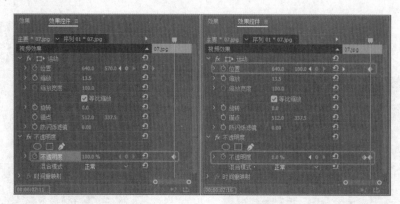

图 8-38　修改 07 文件的参数

(38) 设置当前时间为 00:00:01:20，将 08.jpg 文件拖入 V11 轨道，使其开始处与编辑标识线对齐，结尾处与 07.jpg 文件的结尾处对齐，如图 8-39 所示。

(39) 确定 08.jpg 文件选中的情况下，激活【效果控件】面板，设置【位置】为 640、582，单击其左侧的【切换动画】按钮，设置【缩放】为 4，如图 8-40 所示。

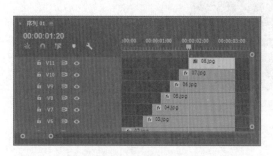

图 8-39　添加 08 文件至 V1 轨道

图 8-40　设置 08 文件的参数

(40) 设置当前时间为 00:00:02:17，添加【不透明度】关键帧。修改当前时间为 00:00:02:22，设置【位置】为 640、100，设置【不透明度】为 0%，如图 8-41 所示。

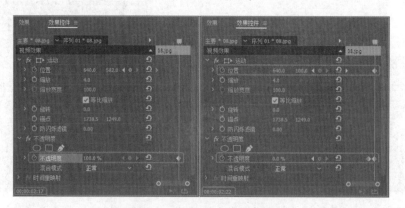

图 8-41　修改 08 文件的参数

(41) 设置当前时间为 00:00:02:02，将 09.jpg 文件拖入 V12 轨道，使其开始处与编辑标识线对齐，结尾处与 08.jpg 文件的结尾处对齐，如图 8-42 所示。

(42) 确定 09.jpg 文件选中的情况下，激活【效果控件】面板，设置【位置】为 640、590，单击其左侧的【切换动画】按钮，设置【缩放】为 21.5，如图 8-43 所示。

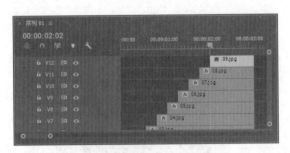

图 8-42　添加 09 文件至 V12 轨道

图 8-43　设置 09 文件的参数

(43) 设置当前时间为 00:00:02:22，添加【不透明度】关键帧。修改当前时间为 00:00:03:03，设置【位置】为 640、100，设置【不透明度】为 0%，如图 8-44 所示。

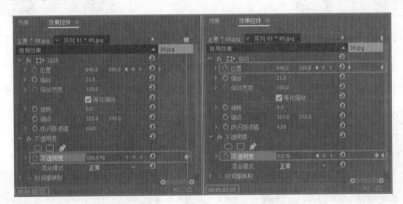

图 8-44　修改 09 文件的参数

案例精讲 152　底片效果

底片效果的制作主要应用了【反转】特效和【随机反转】特效，通过添加这两个特效使素材图片呈现底片效果，如图 8-45 所示。

> 📖 案例文件：CDROM \ 场景 \ Cha08 \ 底片效果.prproj
> 　视频文件：视频教学 \ Cha08 \ 底片效果.avi

图 8-45　底片效果

(1) 新建项目文件和 DV-24P|【标准 48kHz】序列，导入随书附带光盘中的 "CDROM\ 素材 \Cha08" 中的【底片效果】文件夹，如图 8-46 所示。

(2) 选择 g01.jpg 素材文件，将其拖入 V1 视频轨道，右击该素材，在弹出的快捷菜单中选择【速度 / 持续时间】命令，在弹出的对话框中将【持续时间】设置为 00:00:02:00，单击【确定】按钮，如图 8-47 所示。

图 8-46　导入素材

图 8-47　设置持续时间

(3) 确认 g01.jpg 文件处于选择状态，在【效果控件】面板中将【缩放】设为 162，如图 8-48 所示。

(4) 继续将 g01.jpg 文件添加到 V1 轨道，使其与前一个素材文件首尾相连，如图 8-49 所示。

图 8-48　设置【缩放】

图 8-49　继续添加 g01 文件至 V1 轨道

(5) 使用前面的方法将【持续时间】设置为 00:00:01:00，将【缩放】设置为 162，如图 8-50 所示。

(6) 打开【效果】面板，选择【视频效果】|【通道】|【反转】特效，将其添加到第二个 g01.jpg 素材文件上，然后选择【视频过渡】|【擦除】|【随机块】特效并将其添加到两个素材之间，如图 8-51 所示。

(7) 打开【项目】面板，选择 g02.jpg 文件，将其拖入 V1 轨道，使其与前一个素材文件首尾相连，如图 8-52 所示。

(8) 选择导入的素材，将【持续时间】设置为 00:00:02:00，【缩放】设置为 162，如图 8-53 所示。

图 8-50　设置【持续时间】和【缩放】

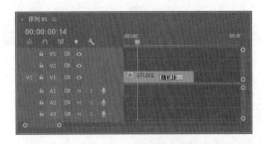

图 8-51　为 g01 文件添加特效

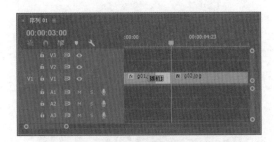

图 8-52　添加 g02 文件到 V1 轨道

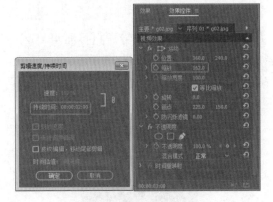

图 8-53　设置 g02 文件的参数

(9) 使用前面的方法再次添加 g02.jpg 素材到 V1 轨道，并将其【持续时间】设置为 00:00:01:00，【缩放】设置为 162%，如图 8-54 所示。

(10) 选择【反转】特效，将其添加到上一步的素材文件上，选择【随机块】特效并将其添加到两个素材之间，如图 8-55 所示。

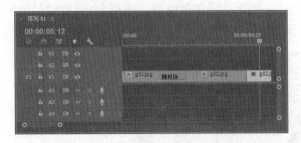

图 8-54　继续添加 g02 文件并设置参数

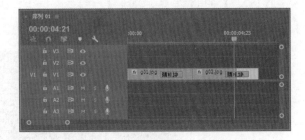

图 8-55　尾 g02 文件添加特效

案例精讲 153　怀旧照片效果

本例介绍如何制作怀旧照片效果，主要应用了【灰度系数校正】、【黑白】、【RGB 曲线】和【杂色 HLS 自动】特效，通过对特效的调整和设置可以使照片呈现出一种怀旧的感觉，如图 8-56 所示。

> 案例文件：CDROM \ 场景 \ Cha08 \ 怀旧照片效果.prproj
> 视频文件：视频教学 \ Cha08 \ 怀旧照片效果.avi

图 8-56　怀旧照片效果

(1) 新建项目文件和 DV-24P|【标准 48kHz】序列，导入随书附带光盘中的 "CDROM\ 素材 \Cha08\ 怀旧老照片 .jpg" 文件，如图 8-57 所示。

(2) 选择 "怀旧老照片 .jpg" 素材文件，将其拖入 V1 视频轨道，如图 8-58 所示。

图 5-57　导入素材文件

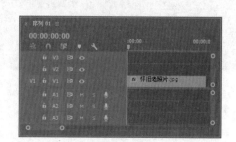

图 8-58　将素材添加到 V1 轨道

(3) 在 V1 轨道中选择添加的素材文件，打开【效果控件】面板，将【缩放】设置为 25，如图 8-59 所示。

(4) 打开【效果】面板，搜索【灰度系数校正】特效，并对素材添加该特效，打开【效果控件】面板，将【灰度系数校正】选项下的【灰度系数】设置为 7，如图 8-60 所示。

图 8-59　设置【缩放】参数

图 8-60　调整【灰度系数】参数

(5) 打开【效果】面板，搜索【黑白】特效，并对素材添加该特效，如图 8-61 所示。

图 8-61　添加【黑白】特效

(6) 打开【效果】面板，搜索【RGB 曲线】特效，并为素材添加该特效，打开【效果控件】面板，对【主要】、【红色】、【绿色】和【蓝色】进行调整，如图 8-62 所示。

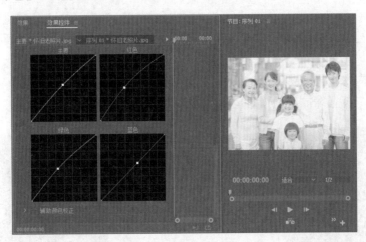

图 8-62　设置【RGB 曲线】参数

(7) 打开【效果】面板，搜索【杂色 HLS 自动】特效，并为其添加该特效，打开【效果控件】面板，将【杂色 HLS 自动】选项下的【色相】设置为 12%，【亮度】设置为 0%，【饱和度】设置为 23%，【杂色动画速度】设置为 24，如图 8-63 所示。

图 8-63　设置【杂色 HLS 自动】参数

案例精讲 154　个性电子相册

本例介绍如何制作个性电子相册，首先设置素材图片的【位置】和【缩放】，通过在两个素材文件之间添加【胶片溶解】和【风车】效果，使其呈现过渡效果，如图 8-64 所示。

> 案例文件：CDROM \ 场景 \ Cha08 \ 个性电子相册.prproj
>
> 视频文件：视频教学 \ Cha08 \ 个性电子相册.avi

图 8-64　个性电子相册效果

(1) 新建项目文件和 DV-24P|【标准 48kHz】序列，选择随书附带光盘中的 "CDROM\ 素材 \Cha08\ 个性电子相册" 文件夹，并单击【导入文件夹】按钮，弹出【导入分层文件】对话框，将【导入为】设为【各个图层】，单击【确定】按钮，这样就可以将素材文件导入【项目】面板，如图 8-65 所示。

(2) 选择 g01.jpg 素材文件，将其拖入 V1 视频轨道，选择该素材文件，打开【效果控件】面板，将【位置】设置为 169、124，将【缩放】设置为 27，如图 8-66 所示。

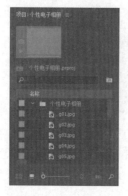

图 8-65　导入素材文件

图 8-66　设置 g01 文件的参数

(3) 继续选择 g01.jpg 文件，将其拖入 V2 轨道，在【效果控件】面板中将【位置】设置为 550、223，将【缩放】设置为 27，如图 8-67 所示。

(4) 使用同样的方法将 g01.jpg 文件拖入 V3~V7 轨道，分别在【效果控件】面板中将 V3 轨道中的素材【位置】设置为 354、407，【缩放】设置为 27，V4 轨道中的素材【位置】设置为 360.0、134，【缩放】设置为 30，V5 轨道中的素材【位置】设置为 134.4、269，【缩放】设置为 27，V6 轨道中的素材【位置】设置为 553.8、381.7，【缩放】设置为 32，V7 轨道中的素材【位置】设置为 551.9、82.4，【缩放】设置为 34，如图 8-68 所示。

图 8-67　添加 g01 文件到 V2 轨道

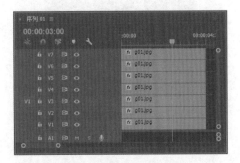

图 8-68　继续添加 g01 文件

(5) 在【序列】面板中选择添加的所有素材，右击素材，在弹出的快捷菜单中选择【速度持续时间】，弹出【剪辑速度 / 持续时间】对话框，在该对话框中将【持续时间】设置为 00:00:03:00，并单击【确定】按钮，如图 8-69 所示。

(6) 在【项目】面板中选择 g02.jpg 素材文件，将其拖入 V1 轨道，使其与 g01.jpg 素材文件首尾相连，如图 8-70 所示。

图 8-69　设置 g01 文件的持续时间

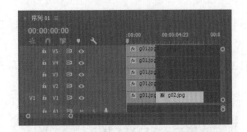

图 8-70　添加 g02 文件到 V1 轨道

(7) 选择上一步添加的素材文件，打开【效果控件】面板，将【位置】设置为 159.2、115.7，将【缩放】设置为 25，如图 8-71 所示。

(8) 使用同样的方法将 g03.jpg~g08.jpg 文件分别添加到 V2~V7 轨道，依次将 V2 轨道中的素材【位置】设置为 550.0、220.0，【缩放】设置为 25，V3 轨道中的素材【位置】设置为 349、398.8，【缩放】设置为 26，V4 轨道中的素材【位置】设置为 355.9、123.7，【缩放】设置为 20，V5 轨道中的素材【位置】设置为 158.3、270.1，【缩放】设置为 27，V6 轨道中的素材【位置】设置为 550.4、395.6，【缩放】设置为 24，V7 轨道中的素材【位置】设置为 538.2、66.7，【缩放】设置为 27，设置完成后的效果如图 8-72 所示。

(9) 选择上一步添加的所有素材文件，右击素材，在弹出的快捷菜单中选择【素材持续时间】，弹出【剪辑速度 / 持续时间】对话框，在该对话框中将【持续时间】设置为 00:00:03:00，并单击【确定】按钮，如图 8-73 所示。

(10) 打开【效果】面板，搜索【胶片溶解】特效，将其添加到 V1 轨道中的两个素材之间，选择添加的特效，在【效果控件】面板中将【持续时间】设置为 00:00:02:00，如图 8-74 所示。

图 8-71　设置 g02 文件的参数

图 8-72　完成后的效果

图 8-73　设置 g02 文件的持续时间

图 8-74　设置特效的持续时间

(11) 使用同样的方法在其他素材之间添加【胶片溶解】特效，并设置相同的持续时间，如图 8-75 所示。

(12) 将 g09.jpg~g15.jpg 文件分别拖入 V1~V7 轨道，并设置它们的持续时间为 00:00:03:00，如图 8-76 所示。

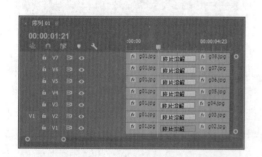

图 8-75　添加特效并设置持续时间

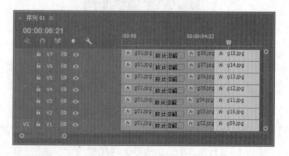

图 8-76　添加其他素材

(13) 分别选择 g09.jpg~g15.jpg 文件，打开【效果控件】面板，依次将 V1 轨道中的素材【位置】设置为 162.3、115.6，【缩放】设置为 25，V2 轨道中的素材【位置】设置为 555.3、222.2，【缩放】设置为 26，V3 轨道中的素材【位置】设置为 355.1、402.2，【缩放】设置为 26，V4 轨道中的素材【位置】设置为 362.4、113.3，【缩放】设置为 22，V5 轨道中的素材【位置】设置为 147、266.7，【缩放】设置为 27，V6 轨道中的素材【位置】设置为 535.5、382.2，【缩放】设置为 11，V7 轨道中的素材【位置】设置为 547.9、71.1，【缩放】设置为 25，设置完成后的效果，如图 8-77 所示。

图 8-77　完成后的效果

(14) 打开【效果】面板，选择【视频过渡】|【擦除】|【风车】特效，分别添加到两个素材之间，并设置【持续时间】为 00:00:02:00，如图 8-78 所示。

(15) 打开【项目】面板，选择 g16.psd 文件，将其添加到 V8 轨道，并使其结尾处与 g15.jpg 文件结尾处对齐，如图 8-79 所示。

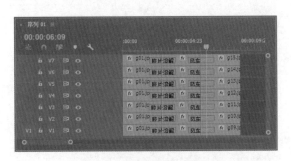

图 8-78　添加【风车】特效

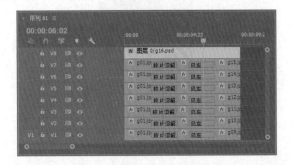

图 8-79　添加 g16 文件到 V8 轨道

(16) 选择上一步添加的素材文件，打开【效果控件】面板，将【位置】设置为 360、238.4，将【缩放】设置为 64，如图 8-80 所示。

图 8-80　设置 g16 文件的参数

案例精讲 155　三维立体照片效果

　　本例介绍如何制作三维立体照片，主要利用了【斜角边】特效，通过添加【边缘厚度】和【光照角度】关键帧，使照片呈现出三维立体照片的感觉，如图 8-81 所示。

> 案例文件：CDROM \ 场景 \ Cha08 \ 三维立体照片效果.prproj
> 视频文件：视频教学 \ Cha08 \ 三维立体照片效果.avi

图 8-81　三维立体照片效果

　　(1) 新建项目文件和 DV-24P|【标准 48kHz】序列，导入随书附带光盘中的 "CDROM\ 素材 \Cha08\ 三维立体照片 .jpg" 文件，如图 8-82 所示。

　　(2) 选择添加的素材文件，将其拖入 V1 轨道，如图 8-83 所示。

图 8-82　导入素材文件

图 8-83　添加素材到 V1 轨道

　　(3) 确认素材文件处于选择状态，打开【效果控件】面板，将【缩放】设置为 82，如图 8-84 所示。

图 8-84　设置【缩放】参数

(4) 打开【效果】面板，搜索【斜角边】特效，并将其添加到素材文件中，确认当前时间为 00:00:00:00，打开【效果控件】面板，将【斜角边】选项下的【边缘厚度】设置为 0.5，并单击左侧的【切换动画】按钮，将【光照角度】设置为 77°，如图 8-85 所示。

(5) 将当前时间设置为 00:00:04:15，打开【效果控件】面板，将【斜角边】选项下的【边缘厚度】设置为 0.1，如图 8-86 所示。

图 8-85　设置【斜角边】参数

图 8-86　设置【边缘厚度】参数

案例精讲 156　DV 相册

本例介绍如何制作 DV 相册，首先制作 DV 相册需要的字幕，设置【位置】关键帧，得到相册的片头。对于主体部分，则通过对素材图片和字幕添加【位置】和【缩放】关键帧得到，最终效果如图 8-87 所示。

案例文件：CDROM \ 场景 \ Cha08 \ DV 相册.prproj

视频文件：视频教学 \ Cha08 \ DV 相册.avi

图 8-87　DV 相册

(1) 新建项目文件和 DV-24P|【标准 48kHz】序列，导入随书附带光盘中的 "CDROM\ 素材 \Cha08DV 相册" 文件夹，如图 8-88 所示。

(2) 按 Ctrl+T 键，弹出【新建字幕】对话框，将【名称】设置为 "直线"，并单击【确定】按钮，如图 8-89 所示。

(3) 进入字幕编辑器，选择【椭圆工具】，在舞台中绘制椭圆，在【字幕属性】面板中，将【宽度】、【高度】分别设置为 456、7，将【填充类型】设置为【线性渐变】，将第一个色标的颜色设置为 #C1A961，将第二个色标的颜色设置为 #F5E19E，将【X 位置】、【Y 位置】分别设置为 384.8、176.9，如图 8-90 所示。

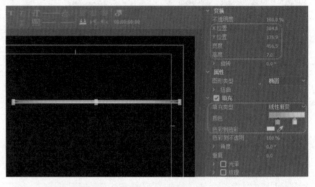

图 8-88　导入素材　　图 8-89　【新建字幕】对话框　　　　图 8-90　设置字幕 "直线" 的参数

(4) 单击【基于当前字幕新建字幕】按钮，弹出【新建字幕】对话框，将【名称】设置为 D，单击【确定】按钮，进入字幕编辑器，将椭圆删除，选择【文字工具】，在舞台中输入 D，设置【字幕样式】面板中选择 Hobostd Slant Gold 80 样式，将【字体大小】设置为 100，将【X 位置】、【Y 位置】分别设置为 193、237.7，如图 8-91 所示。

(5) 单击【基于当前字幕新建字幕】按钮，弹出【新建字幕】对话框，将【名称】设为 V，单击【确定】按钮，进入字幕编辑器，将原来的文字修改为 V，如图 8-92 所示。

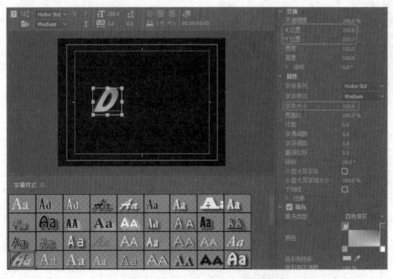

图 8-91　设置字幕 D 的参数　　　　　　　图 8-92　新建字幕 V

(6) 单击【基于当前字幕新建字幕】按钮,弹出【新建字幕】对话框,将【名称】设置为 Family,单击【确定】按钮,进入字幕编辑器,将原来的文字修改为 Family,并对其应用 Caslon Red 84 样式,将【字体大小】设置为 85,将【X 位置】、【Y 位置】分别设置为 255.1、230.2,如图 8-93 所示。

(7) 单击【基于当前字幕新建字幕】按钮,弹出【新建字幕】对话框,将【名称】设置为 Friend,单击【确定】按钮,进入字幕编辑器,将原来的英文修改为 Friend,如图 8-94 所示。

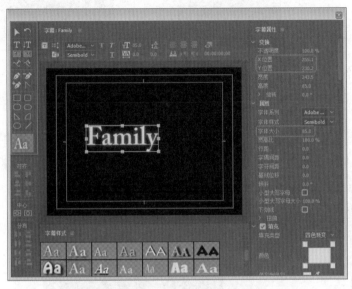

图 8-93 设置字幕 Family 的参数

图 8-94 新建字幕 Friend

(8) 单击【基于当前字幕新建字幕】按钮,弹出【新建字幕】对话框,将【名称】设置为 Laugh,单击【确定】按钮,进入字幕编辑器,将原来的文字删除,选择【路径文字工具】,在舞台绘制斜线,并输入英文 Laugh,将【X 位置】、【Y 位置】分别设置为 496、119.5,如图 8-95 所示。

(9) 单击【基于当前字幕新建字幕】按钮,弹出【新建字幕】对话框,将【名称】设置为 Happy。单击【确定】按钮,进入字幕编辑器,将原来的英文修改为 Happy,在【字幕属性】面板中,将【旋转】设置为 67.2,将【X 位置】、【Y 位置】分别设置为 537.1、414.9,如图 8-96 所示。

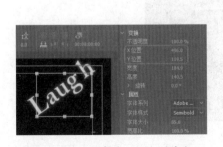

图 8-95 设置字幕 Laugh 的参数

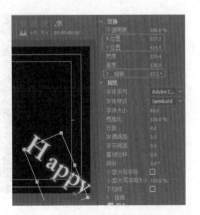

图 8-96 新建字幕 Happy

(10) 关闭字幕编辑器,选择【直线】、D、V 字幕,分别将其拖入 V1~V4 轨道,如图 8-97 所示。

(11) 按住 Shift 键选择上一步添加的所有字幕，将【持续时间】设置为 00:00:01:00，如图 8-98 所示。

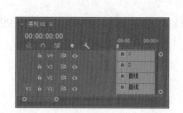

图 8-97　添加字幕到【时间轴】面板

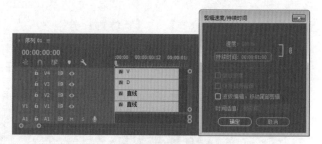

图 8-98　设置【持续时间】参数

(12) 将当前时间设置为 00:00:00:00，选择 V1 轨道中的字幕，打开【效果控件】面板，将【位置】设置为 923、240，并单击其左侧的【切换动画】按钮，如图 8-99 所示。

(13) 确认当前时间设为 00:00:00:00，将 V2 轨道中的字幕【位置】设置为 -312.3、401，单击右侧的【切换动画】按钮，将 D 字幕【位置】设置为 68、261，将 V 字幕【位置】设置为 920、261，如图 8-100 所示。

图 8-99　设置 V1 轨道中字幕的参数

图 8-100　设置其他字幕的参数

(14) 确认当前时间为 00:00:00:23，分别将 V1~V4 轨道中的字幕【位置】设置为 405、240、180.7、401、434、261、585、261，完成后的效果如图 8-101 所示。

图 8-101　完成后的效果

(15) 将 g01.jpg 文件拖入 V1 轨道，使其与【直线】字幕首尾相连，并设置【持续时间】为 00:00:03:00，如图 8-102 所示。

(16) 确认 g01.jpg 文件处于选择状态，打开【效果控件】面板，将【缩放】设置为 25，如图 8-103 所示。

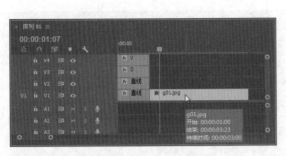

图 8-102　添加 g01 文件并设置持续时间　　　　　图 8-103　设置 g01 文件的参数

(17) 打开【效果】面板，选择【胶片溶解】效果，将其添加到 V1 轨道两个素材之间，如图 8-104 所示。

(18) 将当前时间设置为 00:00:01:15，将 Family 字幕拖入 V2 轨道，使其开始处与标识线对齐，结尾处与 V1 轨道中 01.jpg 的结尾处对齐，如图 8-105 所示。

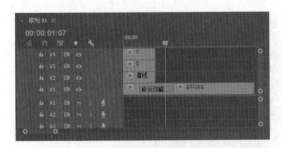

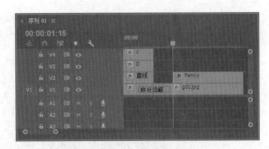

图 8-104　添加【交叉溶解】特效　　　　　　图 8-105　添加 Family 字幕到 V2 轨道

(19) 确认当前时间为 00:00:01:15，选择添加的 Family 字幕，打开【效果控件】面板，将【位置】设置为-21、411，并单击其左侧的【切换动画】按钮，如图 8-106 所示。

(20) 将当前时间设置为 00:00:03:23，打开【效果控件】面板，将【位置】设置为 928、411，如图 8-107 所示。

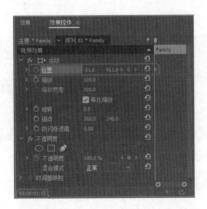

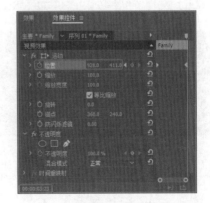

图 8-106　设置 Family 字幕的参数　　　　　图 8-107　设置 00:00:03:23 时的参数

(21) 将 g02.jpg 文件添加到 V1 轨道，使其与 g01.jpg 文件首尾相连，并将【持续时间】设置为 00:00:03:00，如图 8-108 所示。

(22) 将当前时间设置为 00:00:04:00，选择添加的 g02.jpg 文件，打开【效果控件】面板，将【位置】设置为 566、379，并单击其左侧的【切换动画】按钮，打开关键帧记录，如图 8-109 所示。

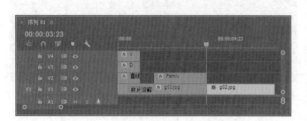

图 8-108　添加 g02 文件并设置持续时间

图 8-109　设置 g02 文件的参数

(23) 分别在 00:00:05:12 处设置【位置】为 162、379，在 00:00:06:23 处设置【位置】为 282、379，将【缩放】设置为 40，如图 8-110 所示。

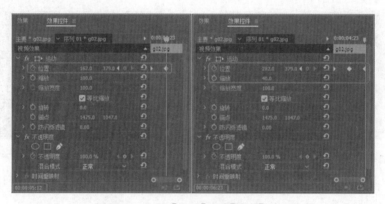

图 8-110　设置【位置】和【缩放】参数

(24) 打开【效果】面板，将【渐隐为白色】效果添加到两个素材之间，如图 8-111 所示。

(25) 将当前时间设置为 00:00:05:12，将 Friend 字幕添加到 V2 轨道，使其开始处与标识线对齐，结尾处与 g02.jpg 文件的结尾处对齐，如图 8-112 所示。

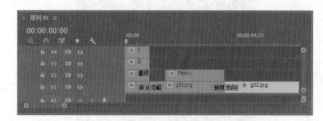

图 8-111　添加【渐隐为白色】效果

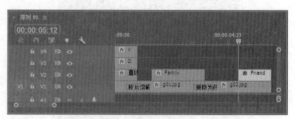

图 8-112　添加 Friend 字幕到 V2 轨道

(26) 选择添加的字幕，打开【效果控件】面板，将【位置】设置为 933.7、82，并单击其左侧的【切换动画】按钮，如图 8-113 所示。

(27) 将当前时间设置为 00:00:06:23，将【位置】设置为 -57.3、82，如图 8-114 所示。

图 8-113　设置 Friend 字幕的参数

图 8-114　修改 Friend 字幕的参数

(28) 将 g03.jpg 文件拖入 V1 轨道，使其与 g02.jpg 文件首尾相连，并设置【持续时间】为 00:00:03:00，如图 8-115 所示。

(29) 将当前时间设置为 00:00:07:00，选择上一步添加的素材文件，打开【效果控件】面板，将【位置】设置为 189.9、376.5，并单击左侧的【切换动画】按钮，如图 8-116 所示。

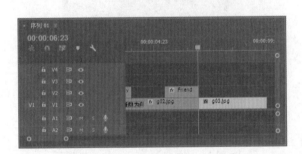

图 8-115　添加 g03 文件至 V1 轨道

图 8-116　设置 g03 文件的参数

(30) 将当前时间设置为 00:00:08:12，设置【位置】为 556.6、119.5，将当前时间设置为 00:00:09:23，设置【位置】为 364.4、254.1，如图 8-117 所示。

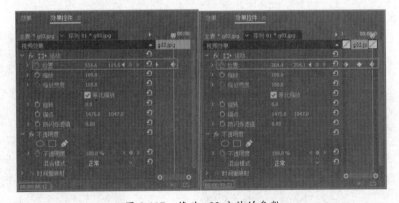

图 8-117　修改 g03 文件的参数

（31）打开【效果】面板，将【菱形划像】效果添加到 g02.jpg 文件和 g03.jpg 文件之间，如图 8-118 所示。

（32）将当前时间设置为 00:00:08:12，将 Laugh 字幕添加到 V2 轨道，使其开始处与标识线对齐，结尾处与 g03.jpg 文件的结尾处对齐，如图 8-119 所示。

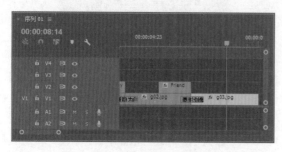

图 8-118　添加【菱形划像】特效

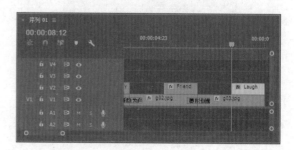

图 8-119　添加 Laugh 字幕至 V2 轨道

（33）确认当前时间为 00:00:08:12，选择 Laugh 字幕，打开【效果控件】面板，将【位置】设置为 644.8、42.8，并单击左侧的【切换动画】按钮，如图 8-120 所示。

（34）确认当前时间为 00:00:09:23，将【位置】设置为 -292.5、677.2，如图 8-121 所示。

图 8-120　设置 Laugh 字幕的参数

图 8-121　修改 Laugh 字幕的参数

（35）将 g04.jpg 文件拖入 V1 轨道，使其与 g03.jpg 文件首尾相连，并设置【持续时间】为 00:00:03:00，如图 8-122 所示。

（36）选择 g04.jpg 文件，打开【效果控件】面板，将【缩放】设置为 30，如图 8-123 所示。

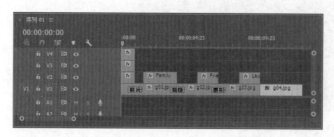

图 8-122　添加 g04 文件至 V1 轨道

图 8-123　设置 g04 文件的参数

(37) 打开【效果】面板，将【交叉缩放】效果添加到 g03.jpg 文件和 g04.jpg 文件之间，如图 8-124 所示。

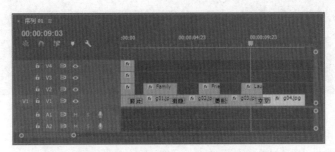

图 8-124　添加【交叉缩放】特效

(38) 将当前时间设置为 00:00:11:05，将 Happy 字幕添加到 V2 轨道，使其开始处与标识线对齐，结束处与 g04.jpg 文件的结束处对齐，如图 8-125 所示。

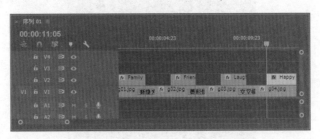

图 8-125　添加 Happy 字幕至 V2 轨道

(39) 确认当前时间为 00:00:11:05，选择 Happy 字幕，打开【效果控件】面板，将【位置】设置为 585、411.2，并单击其左侧的【切换动画】按钮，如图 8-126 所示。

(40) 将当前时间设置为 00:00:12:21，打开【效果控件】面板，将【位置】设置为 -347.7、-232.6，如图 8-127 所示。

图 8-126　设置 Happy 字幕的参数

图 8-127　修改 Happy 字幕的参数

(41) 将当前时间设置为 00:00:00:00，打开【项目】面板，将【花瓣飞舞 .AVI】文件拖入 V5 轨道，使其开始处与标识线对齐，并设置【持续时间】为 00:00:12:21，如图 8-128 所示。

图 8-128　添加视频文件

(42) 选择上一步添加的视频文件，打开【效果控件】面板，将【缩放】设为 212，将【不透明度】选项下的【混合模式】设为【线性减淡（添加）】，如图 8-129 所示。

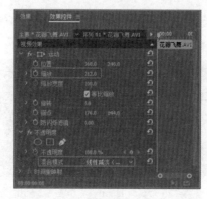

图 8-129　设置【缩放】和【混合模式】

第 9 章

相机广告片头

本章重点

- 导入相机素材文件
- 制作广告片头 01
- 新建字幕、横线
- 制作广告片头 02
- 嵌套合成
- 添加音频文件
- 输出广告片头

图 9-1　相机广告片头

　　随着时代的飞速发展，各式各样的广告片头随即出现，本章介绍如何制作相机广告片头，效果如图 9-1 所示，通过本案例的学习，可以使读者简单地了解如何制作广告片头。

案例精讲 157　导入素材文件【视频案例】

在制作相机广告片头动画之前，首先需要将素材文件导入到【项目】面板中，本案例对其进行简单的讲解。

　案例文件：CDROM ＼ 场景 ＼ Cha09＼ 相机广告片头.prproj
　　　　　视频文件：视频教学 ＼ Cha09 ＼ 导入素材文件.avi

案例精讲 158　制作广告片头 01【视频案例】

导入完素材文件后，接下来介绍如何制作广告片头 01。该案例主要介绍前面所导入的素材添加并进行设置，从而达到动画效果。

　案例文件：CDROM ＼ 场景 ＼ Cha09＼ 相机广告片头.prproj
　　　　　视频文件：视频教学 ＼ Cha09 ＼ 制作广告片头 01.avi

案例精讲 159　新建字幕、横线【视频案例】

在广告片头中，文字是必不可少的一部分。本案例介绍如何新建字幕文件以及横线图像的创建。

　案例文件：CDROM ＼ 场景 ＼ Cha09＼ 相机广告片头.prproj
　　　　　视频文件：视频教学 ＼ Cha09 ＼ 新建字幕、横线.mp4

案例精讲 160　新建广告片头 02【视频案例】

本例介绍如何制作广告片头 02，主要包括将创建完成的字幕文件进行添加并设置其参数，以及将其他素材文件添加至序列文件中，再通过设置其参数达到动画效果。

　案例文件：CDROM ＼ 场景 ＼ Cha09＼ 相机广告片头.prproj
　　　　　视频文件：视频教学 ＼ Cha09 ＼ 新建广告片头 02.mp4

案例精讲 161　嵌套合成【视频案例】

制作完广告片头 02 后，需要将前面制作的广告片头 01 嵌套至广告片头 02 中。

　案例文件：CDROM ＼ 场景 ＼ Cha09＼ 相机广告片头.prproj
　　　　　视频文件：视频教学 ＼ Cha09 ＼ 嵌套合成.mp4

案例精讲 162　添加音频文件【视频案例】

嵌套完成后，需要为广告片头添加音频文件。

> 案例文件：CDROM \ 场景 \ Cha09\ 相机广告片头.prproj
> 视频文件：视频教学 \ Cha09 \ 添加音频文件.mp4

 案例精讲 163　输出广告片头【视频案例】

相机广告片头制作完成后需要对影片进行输出，这是关键的一步，它决定着影片的清晰度和播放质量。

> 案例文件：CDROM \ 场景 \ Cha09\ 相机广告片头.prproj
> 视频文件：视频教学 \ Cha09 \ 输出广告片头.mp4

第 10 章

环保宣传广告

本章重点

- 导入素材文件
- 新建字幕
- 创建序列
- 为环保宣传广告添加背景音乐
- 导出环保宣传广告

图 10-1　环保宣传广告

通过制作环保宣传广告，可以在一定程度上提高人们保护环境的意识，如图 10-1 所示，本章介绍使用 Premiere Pro CC 2017 制作环保宣传广告的方法。

案例精讲 164　导入素材文件

在制作环保宣传广告之前，首先应收集相应的图像文件及背景音乐，然后将收集的文件及背景音乐导入软件。

案例文件：CDROM \ 场景 \ Cha10\ 环保宣传广告.prproj
视频文件：视频教学 \ Cha10 \ 导入素材文件.avi

(1) 启动 Premiere Pro CC 2017，在欢迎界面中单击【新建项目】按钮，在弹出的对话框中将【名称】设置为"环保宣传广告"，并指定其保存路径，如图 10-2 所示。

(2) 单击【确定】按钮，右击【项目】面板中的空白区域，在弹出的快捷菜单中选择【新建素材箱】命令，如图 10-3 所示。

图 10-2　【新建项目】对话框

图 10-3　选择【新建素材箱】命令

(3) 将新建的素材箱命名为【素材】，右击素材箱，在弹出的快捷菜单中选择【导入】命令，如图 10-4 所示。

(4) 在弹出的对话框中选择随书附带光盘中的"CDROM\ 素材 \Cha10"所有的素材文件，如图 10-5 所示。

图 10-4　选择【导入】命令

图 10-5　选择素材文件

(5) 单击【打开】按钮，即可将选择的素材文件导入【项目】面板，如图 10-6 所示。

图 10-6　导入素材文件

案例精讲 165　新建字幕

将素材文件导入【项目】面板后，下面介绍创建字幕的方法。

案例文件：CDROM \ 场景 \ Cha10\ 环保宣传广告.prproj

视频文件：视频教学 \ Cha10 \ 新建字幕.avi

(1) 按 Ctrl+T 键，在弹出的【新建字幕】对话框中将【宽度】和【高度】分别设置为 720、576，将【时基】设置为 25.00fps，将【像素长宽比】设置为 D1 /DV PAL(1.0940)，将【名称】设置为 "保护环境"，如图 10-7 所示。

(2) 弹出字幕编辑器，选择【垂直文字工具】[IT]，在字幕编辑器中输入文字，在【字幕属性】面板中将【字体系列】设置为【微软雅黑】，将【字体大小】设置为 26，将【字偶间距】设置为 4，将【填充】选项下的【颜色】RGB 值设置为 60、61、63，将【X 位置】、【Y 位置】分别设置为 684.4、146.3，如图 10-8 所示。

图 10-7　【新建字幕】对话框

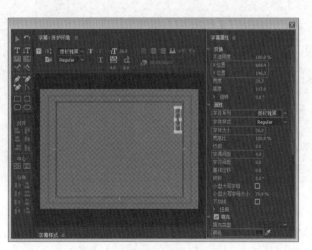

图 10-8　输入文字并设置参数

(3) 单击【基于当前字幕新建字幕】按钮 ，在弹出的对话框中设置【名称】为"善待地球"，单击【确定】按钮，如图 10-9 所示。

(4) 在字幕编辑器中修改文字为"善待地球"，在【字幕属性】面板中将【X 位置】、【Y 位置】分别设置为 639.9、163.7，如图 10-10 所示。

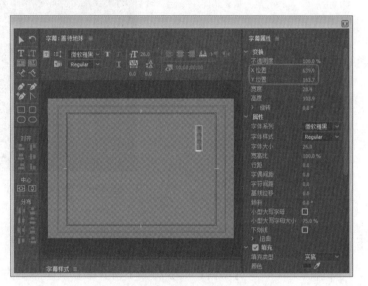

图 10-9　新建字幕"善待地球"　　　　图 10-10　设置"善待地球"的参数

(5) 单击【基于当前字幕新建字幕】按钮 ，将【名称】设置为"让我们行动起来"，在字幕编辑器中修改文字，在【字幕属性】面板中将【X 位置】、【Y 位置】分别设置为 596.1、182.3，如图 10-11 所示。

(6) 按 Ctrl+T 键，在弹出的【新建字幕】对话框中，设置【名称】为"创造更美好的明天吧！"，单击【确定】按钮，在字幕编辑器中，使用【文字工具】 输入文字，然后在【字幕属性】面板中将【字体系列】设置为【方正综艺简体】，将【字体大小】设置为 30，在【填充】选项下将【颜色】设置为白色，在【变换】选项下将【X 位置】设置为 401.4，将【Y 位置】设置为 110.5，如图 10-12 所示。

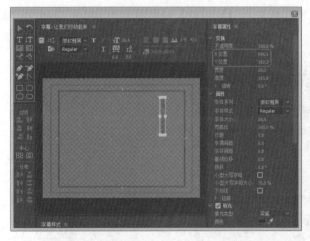

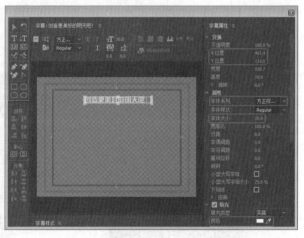

图 10-11　新建字幕"让……"并设置参数　　　　图 10-12　新建字幕"创……"并设置参数

(7) 按 Ctrl+T 键，在弹出的【新建字幕】对话框中，设置【名称】为"标语"，单击【确定】按钮，在字幕编辑器中使用【区域文字工具】 绘制一个文本框，输入文字"随着不同因素的破坏，如今的环境越来越"，选择输入的文字，将【字体系列】设置为【方正新舒体简体】，将【字体大小】设置为14，将【行距】设置为17.4，将【字偶间距】设置为-1，将【填充颜色】设置为黑色，将【宽度】、【高度】分别设置为201.4、58，将【X位置】、【Y位置】分别设置为138.5、261.4，如图10-13所示。

(8) 选择【文字工具】 T ，在字幕编辑器中输入文字"恶劣"，选择输入的文字，将【字体大小】设置为18，将【字偶间距】设置为-3，将【填充】选项下的【颜色】RGB值设置为164、0、0，将【X位置】、【Y位置】分别设置为209、269.8，如图10-14所示。

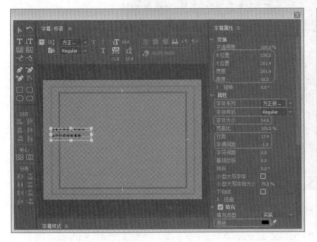
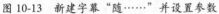

图 10-13　新建字幕"随……"并设置参数

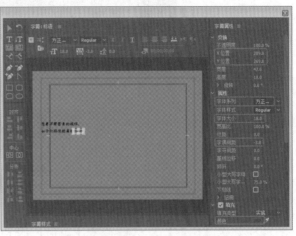

图 10-14　输入文字并设置参数

(9) 单击【基于当前字幕新建字幕】按钮 T ，将【名称】设置为"标语1"，将字幕编辑器中的【恶劣】删除，将其他文字修改为【从这一刻开始行动！】，选择【从这一刻】四个文字，将【字体大小】设置为20，将【颜色】设置为黑色，将【X位置】、【Y位置】分别设置为143.8、261.4，如图10-15所示。

(10) 选择"开始行动！"五个文字，将【字体大小】设置为23，将【颜色】RGB值设置为2、97、33，如图10-16所示。

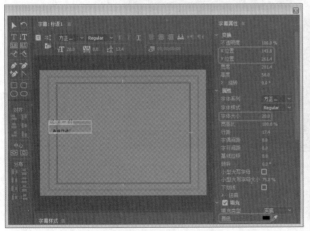

图 10-15　新建字幕"标语1"并设置参数

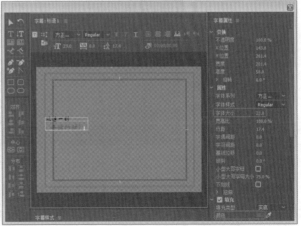

图 10-16　设置字体大小和字体颜色

(11) 新建一个"绿色行动"字幕文件，在字幕编辑器中使用【文字工具】 T 输入文字，选择输入的文字，在【字幕属性】面板中将【字体系列】设置为【方正行楷简体】，将【字体大小】设置为90，在【填充】区域下将【颜色】设置为白色，在【描边】区域下添加一处【外描边】，将【大小】设置为20，将【颜色】的 RGB 值设置为 255、192、0，如图 10-17 所示。

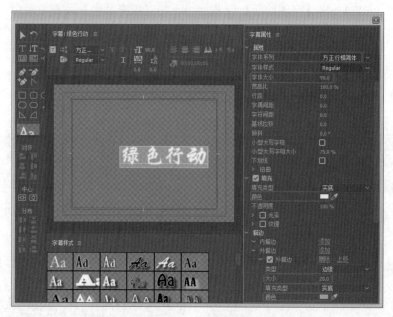

图 10-17　新建字幕"绿色行动"并设置参数

　　(12) 勾选【阴影】复选框，将【颜色】的 RGB 值设置为 255、192、0，将【不透明度】设置为 50%，将【角度】设置为 45°，将【距离】设置为 0，将【大小】设置为 20，将【扩散】设置为 80，在【变换】选项下，将【X 位置】设置为 515.7，将【Y 位置】设置为 106.9，如图 10-18 所示。

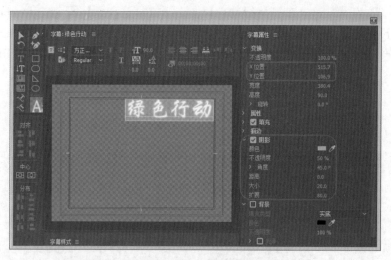

图 10-18　勾选【阴影】复选框并设置参数

　　(13) 按 Ctrl+T 键，在弹出的【新建字幕】对话框中将【名称】设置为"用心"，单击【确定】按钮，选择【文字工具】，在字幕编辑器中输入文字，在【字幕属性】面板中将【字体系列】设置为【方正粗圆简体】，将【字体大小】设置为 24，将【填充】选项下的【颜色】设置为白色，将【X 位置】、【Y 位置】分别设置为 695、314.4，如图 10-19 所示。

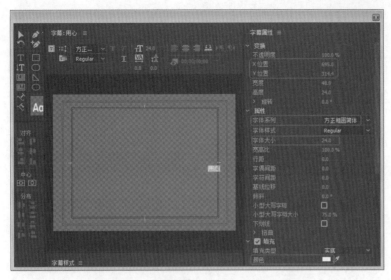

图 10-19　新建字幕"用心"并设置参数

(14) 单击【基于当前字幕新建字幕】按钮，将其命名为"装点"，在字幕编辑器中修改文字，选择修改的文字，将【字体大小】设置为 33，将【X 位置】、【Y 位置】分别设置为 632.4、360，如图 10-20 所示。

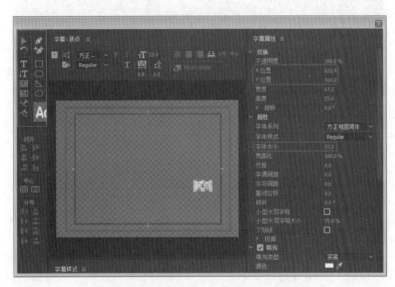

图 10-20　新建"装点"字幕并设置参数

(15) 单击【基于当前字幕新建字幕】按钮，将其命名为"我们唯一的家园"，在字幕编辑器中修改文字，选择修改的文字，将【字体大小】设置为 24，将【X 位置】、【Y 位置】分别设置为 660.7、407，如图 10-21 所示。

(16) 单击【基于当前字幕新建字幕】按钮，将其命名为"才更美好"，在字幕编辑器中修改文字，选择修改的文字，将【字体大小】设置为 35，将【X 位置】、【Y 位置】分别设置为 675.7、455.2，如图 10-22 所示。

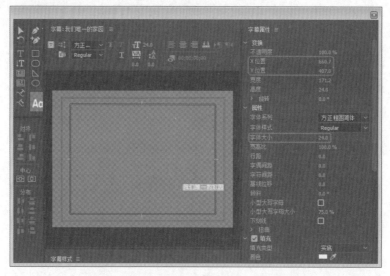

图 10-21　新建字幕"我……"并设置参数

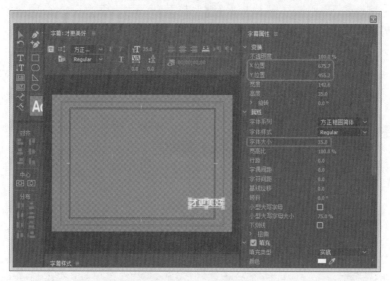

图 10-22　新建字幕"才更美好"并设置参数

(17) 按 Ctrl+T 键，在弹出的对话框中将【名称】设置为"线"，如图 10-23 所示。

(18) 单击【确定】按钮，选择【直线工具】，在字幕编辑器中绘制一条垂直的直线，将【线宽】设置为 2，将【填充颜色】的 RGB 值设置为 82、94、83，将【高度】设置为 110，将【X 位置】、【Y 位置】分别设置为 664.8、152.7，如图 10-24 所示。

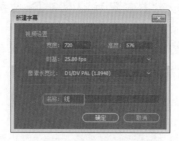

图 10-23　新建字幕"线"

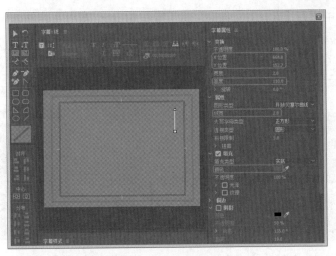

图 10-24 设置"线"的参数

案例精讲 166　创建序列

创建完字幕后，接下来将介绍如何创建环保宣传广告的序列，具体操作步骤如下。

> 案例文件：CDROM \ 场景 \ Cha10\ 环保宣传广告.prproj
> 视频文件：视频教学 \ Cha10 \ 创建序列.avi

　(1) 按 Ctrl+N 键，在弹出的对话框中选择 DV-PAL 文件夹中的【标准 48kHz】，选择【轨道】选项卡，将视频轨道设置为 8，将【序列名称】设置为"环保宣传广告"，单击【确定】按钮，如图 10-25 所示。

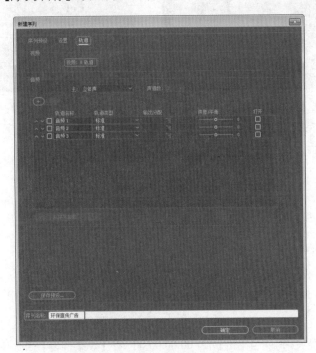

图 10-25 新建序列

（2）在【项目】面板中展开【素材】文件夹，将"背景 01.jpg"素材文件拖入 V1 轨道，右击素材文件，在弹出的快捷菜单中选择【速度 / 持续时间】命令，如图 10-26 所示。

（3）弹出【剪辑速度 / 持续时间】对话框，在该对话框中将【持续时间】设置为 00:00:06:10，单击【确定】按钮，如图 10-27 所示。

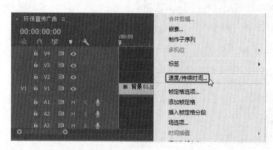

图 10-26　选择【速度 / 持续时间】命令

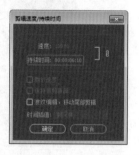

图 10-27　设置"背景 01"文件的持续时间

（4）确定"背景 01.jpg"素材文件处于选择状态，在【效果控件】面板中，将【缩放】设置为 23，如图 10-28 所示。

（5）将字幕"保护环境"拖入 V2 轨道，右击字幕，在弹出的快捷菜单中选择【速度 / 持续时间】命令，如图 10-29 所示。

图 10-28　设置【缩放】参数

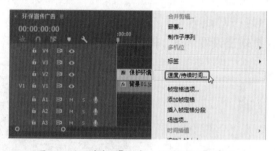

图 10-29　选择【速度 / 持续时间】命令

（6）弹出【剪辑速度 / 持续时间】对话框，在该对话框中将【持续时间】设置为 00:00:05:22，单击【确定】按钮，如图 10-30 所示。

图 10-30　设置"保护环境"字幕的持续时间

（7）选择字幕"保护环境"，确认当前时间为 00:00:00:00，在【效果控件】面板中，将【位置】设置为 -300、210，并单击其左侧的【切换动画】按钮，将【不透明度】设置为 0%；将时间设置为 00:00:00:24，在【效果控件】面板中，将【位置】设置为 -100、221，将【不透明度】设置为 100%，如图 10-31 所示。

(8) 将当前时间设置为 00:00:00:00，将字幕"线"拖入 V3 轨道，使其开始处与时间线对齐，结尾处与 V2 轨道中的字幕"保护环境"结尾处对齐，将【位置】设置为 -98、219，并为其添加【裁剪】特效，将当前时间设置为 00:00:01:05，将【底部】和【羽化边缘】分别设置为 84%、0，并单击其左侧的【切换动画】按钮，如图 10-32 所示。

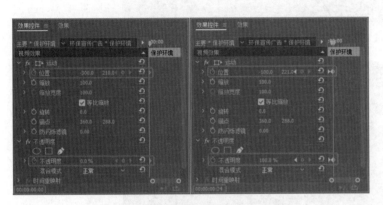

图 10-31　设置"保护环境"字幕的参数

图 10-32　添加"线"字幕并设置参数

(9) 将当前时间设置为 00:00:01:17，将【底部】和【羽化边缘】分别设置为 63%、90，如图 10-33 所示。

图 10-33　设置 00:00:01:17 时的参数

(10) 将当前时间设置为 00:00:00:00，将字幕"善待地球"拖入 V4 轨道，使其开始处与时间线对齐，结尾处与 V3 轨道中的"线"结尾处对齐，在【效果控件】面板中将【位置】设置为 -94、235，将当前时间设置为 00:00:01:22，将【不透明度】设置为 0%，将当前时间设置为 00:00:02:07，将【不透明度】设置为 100%，如图 10-34 所示。

(11) 将"线"字幕拖入 V5 轨道，使其结尾处与"善待地球"的结尾处对齐，为其添加【裁剪】特效，将当前时间设置为 00:00:02:12，在【效果控件】面板中将【位置】设置为 -131、253，将【底部】、【羽化边缘】分别设置为 84%、0，然后单击其左侧的【切换动画】按钮，将当前时间设置为 00:00:02:24，将【底部】、【羽化边缘】分别设置为 63%、90，如图 10-35 所示。

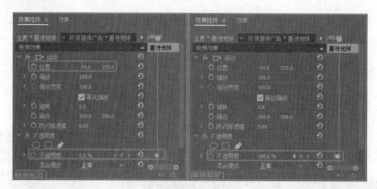

图 10-34 添加"善待地球"字幕并设置参数

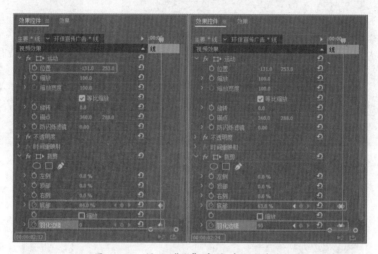

图 10-35 添加"线"字幕并设置参数

(12) 将当前时间设为 00:00:00:00，将字幕"让我们行动起来"拖入 V6 轨道，使其开始处与时间线对齐，结尾处与 V5 轨道中的"线"结尾处对齐，将当前时间设置为 00:00:03:04，在【效果控件】面板中将【位置】设置为 -89.0、270，将【不透明度】设置为 0%，将当前时间设置为 00:00:03:14，将【不透明度】设置为 100%，如图 10-36 所示。

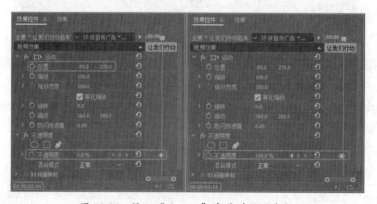

图 10-36 添加"让……"字幕并设置参数

(13) 将当前时间设置为 00:00:03:17，将"创造更美好的明天吧！"字幕文件拖入 V7 轨道，使其开始处与时间线对齐，结尾处与 V6 轨道中的"让我们行动起来"结尾处对齐，如图 10-37 所示。

(14) 在【效果】面板中，展开【视频过渡】文件夹，选择【擦除】文件夹下的【带状擦除】过渡效果，将其拖至【时间轴】面板中"创造更美好的明天!"字幕的开始处,如图 10-38 所示。

图 10-37 添加"创……"字幕

图 10-38 添加【带状擦除】效果

(15) 将当前时间设置为 00:00:06:10,将"背景 02.jpg"素材文件拖入 V1 轨道,使其开始处与时间线对齐,并将其持续时间设置为 00:00:16:06,如图 10-39 所示。

(16) 选择素材文件"背景 02.jpg",在【效果控件】面板中,将【缩放】设置为 23,如图 10-40 所示。

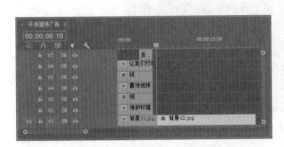
图 10-39 添加"背景 02"文件并设置持续时间

图 10-40 设置"背景 02"文件的参数

(17) 在【效果】面板中,展开【视频过渡】文件夹,选择【擦除】文件夹下的【油漆飞溅】过渡效果,将其拖至【时间轴】面板中"背景 01.jpg"和"背景 02.jpg"文件的中间处,如图 10-41 所示。

(18) 将当前时间设置为 00:00:06:23,将"吊牌.png"素材文件拖入 V2 轨道,使其开始处与时间线对齐,如图 10-42 所示。

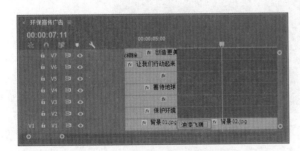
图 10-41 添加【油漆飞溅】效果

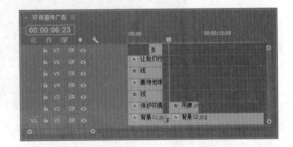
图 10-42 添加"吊牌"文件

(19) 选择"吊牌.png"素材文件,确认当前时间为 00:00:06:23,在【效果控件】面板中,将【位置】设为 125、-181,并单击其左侧的【切换动画】按钮，打开动画关键帧记录;将当前时间设置为 00:00:07:23,在【效果控件】面板中,将【位置】设置为 125、170,如图 10-43 所示。

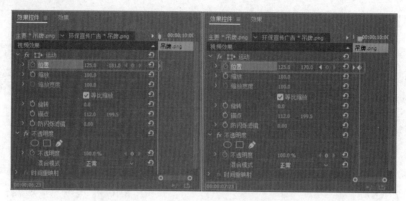

图 10-43　设置"吊牌"文件的参数

(20) 将当前时间设置为 00:00:08:08，在【效果控件】面板中，将【位置】设置为 125、130；将当前时间设置为 00:00:08:18，在【效果控件】面板中，将【位置】设置为 125、170，如图 10-44 所示。

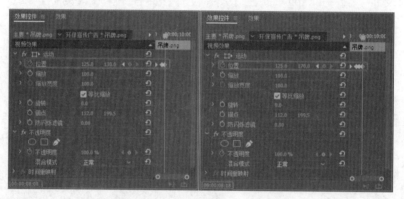

图 10-44　修改"吊牌"文件的参数

(21) 将当前时间设置为 00:00:09:23，在【效果控件】面板中，单击【位置】右侧的按钮 ，添加关键帧；将当前时间设置为 00:00:10:23，在【效果控件】面板中，将【位置】设置为 125、-181，如图 10-45 所示。

图 10-45　继续修改"吊牌"文件的参数

(22) 将当前时间设置为 00:00:06:23，选择字幕"标语"，将其拖入 V3 轨道，使其开始处与时间线对齐，在【效果控件】面板中将【位置】设置为 360、-34，并单击其左侧的【切换动画】按钮 ；将当前时间设置为 00:00:07:23，在【效果控件】面板中，将【位置】设置为 360、288，如图 10-46 所示。

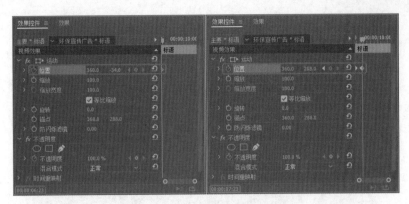

图 10-46　设置"标语"字幕的参数

(23) 将当前时间设置为 00:00:08:08，在【效果控件】面板中，将【位置】设置为 360、255，将当前时间设置为 00:00:08:18，在【效果控件】面板中，将【位置】设置为 360、288，如图 10-47 所示。

图 10-47　修改"标语"字幕的参数

(24) 将当前时间设置为 00:00:09:23，在【效果控件】面板中，单击【位置】右侧的 按钮，添加关键帧；将当前时间设置为 00:00:10:23，在【效果控件】面板中，将【位置】设置为 360、-34，如图 10-48 所示。

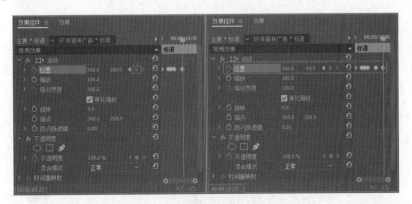

图 10-48　继续修改"标语"字幕的参数

(25) 将当前时间设置为 00:00:06:10，将"背景 02.jpg"添加至 V4 轨道，使其开始处与时间线对齐，将其持续时间设置为 00:00:16:06，为其添加【黑白】特效，将当前时间设置为 00:00:10:23，在【效果控件】面板中将【缩放】设置为 23，将【不透明度】设置为 0%，将当前时间设置为 00:00:12:03，将【不透明度】设置为 100%，如图 10-49 所示。

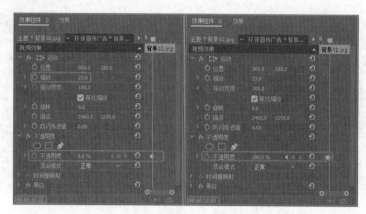

图 10-49　添加 "背景 02" 文件并设置参数

　　(26) 将当前时间设为 00:00:11:05，将 "透明矩形 .png" 素材文件拖入 V5 轨道，使其开始处与时间线对齐，并将其持续时间设为 00:00:06:11，选择素材文件 "透明矩形 .png"，在【效果控件】面板中将【位置】设为 361、471，取消勾选【等比缩放】复选框，将【缩放高度】、【缩放宽度】分别设置为 28、214，如图 10-50 所示。

图 10-50　添加 "透明矩形" 文件并设置参数

　　(27) 在【效果】面板中选择【百叶窗】过渡效果，将其拖至【序列】面板中 "透明矩形 .png" 素材文件的开始处，选择添加的【百叶窗】过渡效果，在【效果控件】面板中单击【自东向西】按钮，如图 10-51 所示。

图 10-51　添加【百叶窗】效果

　　(28) 将当前时间设为 00:00:12:15，将 001.jpg 素材文件拖入 V6 轨道，使其开始处与时间线对齐，结尾处与 V5 轨道中的〝透明矩形 .png〞文件结尾处对齐，如图 10-52 所示。

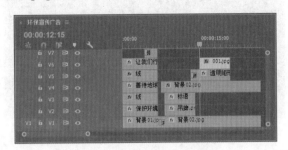

图 10-52　添加 001 文件至 V6 轨道

(29) 选择 001.jpg 素材文件，为其添加【黑白】效果，确定当前时间为 00:00:12:15，在【效果控件】面板中，将【位置】设置为 -176、473，并单击其左侧的【切换动画】按钮，将【缩放】设置为 24；将当前时间设置为 00:00:14:00，在【效果控件】面板中将【位置】设置为 130、473，将【不透明度】设置为 50%，如图 10-53 所示。

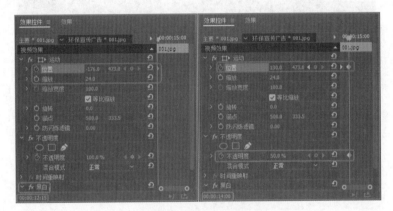

图 10-53　设置 001 文件的参数

(30) 将当前时间设置为 00:00:14:01，在【效果控件】面板中，将【不透明度】设置为 100%，如图 10-54 所示。

图 10-54　设置 00:00:14:01 时的参数

(31) 将当前时间设置为 00:00:14:00，将 002.jpg 素材文件拖入 V7 轨道，使其开始处与时间线对齐，结尾处与 V6 轨道中的 001.jpg 文件结尾处对齐，如图 10-55 所示。

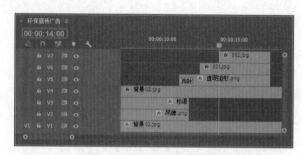

图 10-55 添加 002 文件至 V7 轨道

(32) 选择 002.jpg 素材文件，为其添加【黑白】特效，确定当前时间为 00:00:14:00，在【效果控件】面板中将【位置】设置为 130、473，并单击其左侧的【切换动画】按钮，将【缩放】设置为 24；将【不透明度】设置为 0%，将当前时间设置为 00:00:14:11，在【效果控件】面板中将【位置】设置为 361、473，将【不透明度】设置为 100%，如图 10-56 所示。

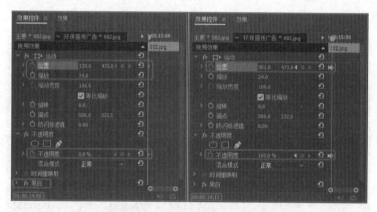

图 10-56 设置 002 文件的参数

(33) 将当前时间设置为 00:00:15:05，将 003.jpg 素材文件拖入 V8 轨道，使其开始处与时间线对齐，结尾处与 V7 轨道中的 002.jpg 文件结尾处对齐，选择 003.jpg 素材文件，为其添加【黑白】特效，将当前时间设置为 00:00:15:16，在【效果控件】面板中将【位置】设置为 361、473，并单击其左侧的【切换动画】按钮，将【缩放】设置为 50，将【不透明度】设置为 0%；将当前时间设置为 00:00:16:16，在【效果控件】面板中，将【位置】设置为 590、473，将【不透明度】设置为 100%，如图 10-57 所示。

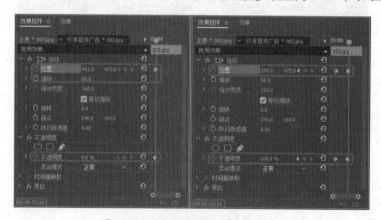

图 10-57 添加 003 文件并设置参数

(34) 在 V3 和 V2 轨道中选择"标语"和"吊牌"素材文件，按住 Alt 键拖至【透明矩形】的结尾处，

在【时间轴】面板中选择"标语 1"，右击 V6 轨道中的"标语"，在弹出的快捷菜单中选择【使用剪辑替换】|【从素材箱】命令，即可替换素材，如图 10-58 所示。

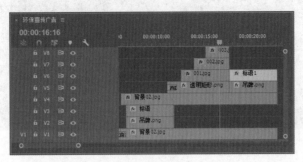

图 10-58　添加并替换素材

(35) 将当前时间设置为 00:00:22:16，将"背景 03.jpg"拖入 V1 轨道，使其开始处与时间线对齐，并将其持续时间设置为 00:00:12:18，在【效果控件】面板中将【缩放】设置为 32，如图 10-59 所示。

图 10-59　添加"背景 03"文件并设置参数

(36) 将当前时间设置为 00:00:23:15，选择"树苗气泡 .png"素材文件，将其添加至 V2 轨道，将其持续时间设置为 00:00:09:00，确认当前时间为 00:00:23:15，在【效果控件】面板中，将【位置】设置为 -53、345，并单击其左侧的【切换动画】按钮🔘；将当前时间设置为 00:00:24:15，在【效果控件】面板中，将【位置】设置为 149、345，将【缩放】设置为 40，并单击其左侧的【切换动画】按钮🔘，如图 10-60 所示。

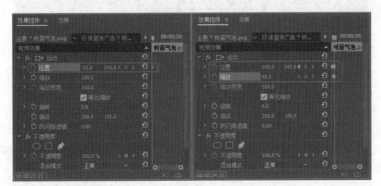

图 10-60　添加"树苗气泡"文件并设置参数

(37) 将当前时间设置为 00:00:25:02，在【效果控件】面板中，将【缩放】设置为 55；将当前时间设置为 00:00:25:15，在【效果控件】面板中，将【缩放】设置为 40，如图 10-61 所示。

图 10-61　设置"树苗气泡"文件的参数

(38) 将当前时间设置为 00:00:26:02，在【效果控件】面板中，将【缩放】设置为 55；将当前时间设置为 00:00:26:15，在【效果控件】面板中，将【缩放】设置为 40，如图 10-62 所示。

图 10-62　修改"树苗气泡"文件的参数

(39) 使用同样的方法，继续设置【缩放】参数，效果如图 10-63 所示。

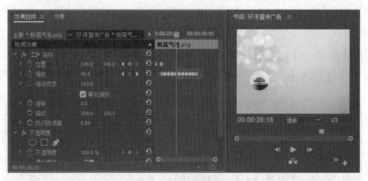

图 10-63　添加其他关键帧

(40) 将当前时间设置为 00:00:29:15，在【效果控件】面板中，单击【位置】右侧的【添加/移除关键帧】按钮，添加关键帧；将当前时间设置为 00:00:30:10，在【效果控件】面板中，将【位置】设置为 420、360，将【缩放】设置为 0，如图 10-64 所示。

(41) 使用相同的方法在 V3 至 V5 轨道中添加"树苗气泡.png"素材文件，并对其进行相应的设置，效果如图 10-65 所示。

图 10-64　添加关键帧

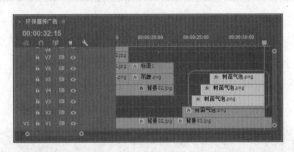

图 10-65　继续添加"树苗气泡"文件并设置参数

(42) 将当前时间设置为 00:00:30:10，将"心形叶子 .png"素材文件拖入 V6 轨道，使其开始处与时间线对齐，并将其持续时间设置为 00:00:04:22，如图 10-66 所示。

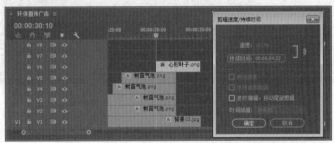

图 10-66　添加"心形叶子"文件并设置持续时间

(43) 选择"心形叶子 .png"素材文件，确认当前时间为 00:00:30:10，在【效果控件】面板中将【位置】设置为 420、360，将【缩放】设置为 0，并单击其左侧的【切换动画】按钮，将当前时间设置为 00:00:32:10，在【效果控件】面板中将【缩放】设置为 45，如图 10-67 所示。

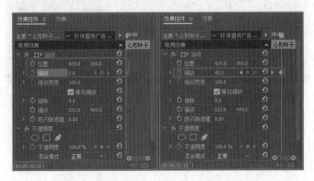

图 10-67　设置"心形叶子"文件的参数

(44) 将当前时间设置为 00:00:30:10, 将"绿色行动"字幕拖入 V7 轨道, 将其持续时间设置为 00:00:04:22, 如图 10-68 所示。

图 10-68 添加"绿色行动"字幕并设置持续时间

(45) 选择"绿色行动"字幕, 确认当前时间为 00:00:30:10, 在【效果控件】面板中, 将【位置】设置为 780、288, 并单击其左侧的【切换动画】按钮 🔘, 打开动画关键帧记录, 将【不透明度】设置为 0%; 将时间设置为 00:00:32:10, 在【效果控件】面板中, 将【位置】设置为 360、288, 将【不透明度】设置为 100%, 如图 10-69 所示。

图 10-69 设置"绿色行动"字幕的参数

(46) 将当前时间设置为 00:00:35:09, 将"背景 04.jpg"素材文件拖入 V1 轨道, 使其开始处与时间线对齐, 并将其持续时间设置为 00:00:08:04, 如图 10-70 所示。

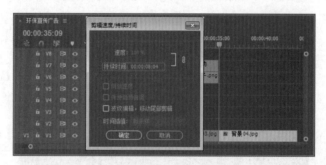

图 10-70 添加"背景 04"文件并设置持续时间

(47) 选择"背景 04.jpg"素材文件, 在【效果控件】面板中将【缩放】设置为 77, 如图 10-71 所示。

(48) 选择"背景 04.jpg"素材文件, 为其添加【网格】特效, 将当前时间设置为 00:00:35:09, 在【效果控件】面板中将【边框】设置为 51, 单击其左侧的【切换动画】按钮, 将【混合模式】设置为【正常】, 将当前时间设置为 00:00:37:00, 将【边框】设置为 0, 如图 10-72 所示。

图 10-71　设置"背景 04"文件的参数

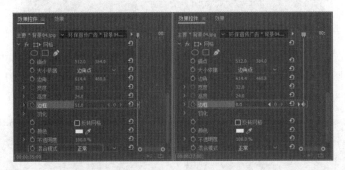

图 10-72　添加【网格】特效并设置参数

(49) 将当前时间设置为 00:00:38:01，将"用心"字幕拖入 V2 轨道，使其开始处与时间线对齐，结尾处与 V1 轨道中的"背景 04.jpg"文件结尾处对齐，如图 10-73 所示。

图 10-73　添加"用心"字幕至 V2 轨道

(50) 选择字幕"用心"，确认当前时间为 00:00:38:01，在【效果控件】面板中将【位置】设置为 280、288，将【不透明度】设置为 0%；将当前时间设置为 00:00:39:01，在【效果控件】面板中，将【不透明度】设置为 100%，如图 10-74 所示。

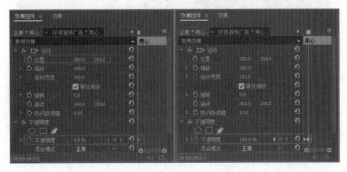

图 10-74　设置"用心"字幕的参数

(51) 确认当前时间为 00:00:39:01，将 "装点" 字幕拖入 V3 轨道，使其开始处与时间线对齐，结尾处与 V2 轨道中的 "用心" 字幕结尾处对齐，如图 10-75 所示。

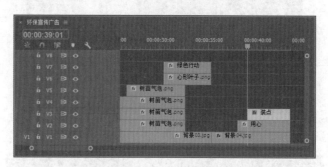

图 10-75　添加 "装点" 字幕至 V3 轨道

(52) 选择字幕 "装点"，确认当前时间为 00:00:39:01，在【效果控件】面板中将【位置】设置为 539、288，并单击其左侧的【切换动画】按钮；将当前时间设置为 00:00:40:01，在【效果控件】面板中将【位置】设置为 313、288，如图 10-76 所示。

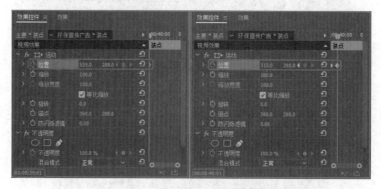

图 10-76　设置 "装点" 字幕的参数

(53) 确认当前时间为 00:00:40:01，将 "我们唯一的家园" 字幕拖入 V4 轨道，使其开始处与时间线对齐，结尾处与 V3 轨道中的 "装点" 字幕结尾处对齐，确认当前时间为 00:00:40:01，将【位置】设置为 360、472，并单击其左侧的【切换动画】按钮，如图 10-77 所示。

图 10-77　添加 "我……" 字幕并设置参数

(54) 将当前时间设置为 00:00:41:01，将【位置】设置为 315、288，将当前时间设置为 00:00:42:01，在【效果控件】面板中，将【位置】设置为 295、288，如图 10-78 所示。

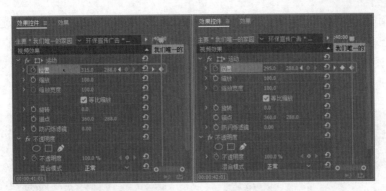

图 10-78 修改 "我……" 字幕的参数

(55) 确认当前时间为 00:00:41:01，将 "才更美好" 字幕拖入 V5 轨道中，使其开始处与时间线对齐，结尾处与 V4 轨道中的 "我们唯一的家园" 字幕结尾处对齐，如图 10-79 所示。

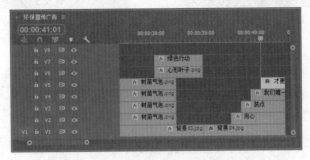

图 10-79 添加 "才更美好" 字幕至 V5 轨道

(56) 选择字幕 "才更美好"，确认当前时间为 00:00:41:01，在【效果控件】面板中将【位置】设置为 556、419，将【缩放】设置为 0，并单击它们左侧的【切换动画】按钮 ；将当前时间设置为 00:00:42:01，在【效果控件】面板中，将【位置】设置为 340、288，将【缩放】设置为 100，如图 10-80 所示。

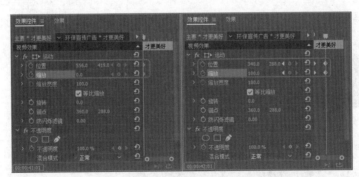

图 10-80 设置 "才更美好" 字幕的参数

案例精讲 167 为环保宣传广告添加背景音乐

本例介绍如何为宣传广告添加背景音乐，具体操作步骤如下。

案例文件：CDROM ＼ 场景 ＼ Cha10＼ 环保宣传广告 .prproj

视频文件：视频教学 ＼ Cha10 ＼ 为环保宣传广告添加背景音乐 .avi

（1）将当前时间设置为 00:00:00:00，将 "背景音乐 .mp3" 拖入 A1 轨道，使其开始处与时间线对齐，将音频轨放大，将当前时间设置为 00:00:39:18，使用【钢笔工具】添加一个关键帧，如图 10-81 所示。

（2）将当前时间设置为 00:00:43:16，使用【钢笔工具】添加一个关键帧，并按住该关键帧向下拖动，效果如图 10-82 所示。

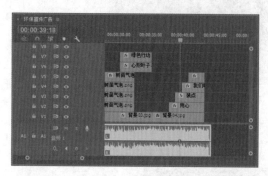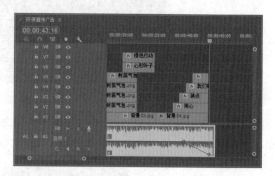

图 10-81　添加 "背景音乐" 文件并设置关键帧　　　图 10-82　添加关键帧并进行调整

案例精讲 168　导出环保宣传广告

本例介绍如何将制作完成的环保宣传广告进行输出，具体操作步骤如下。

> 案例文件：CDROM ＼ 场景 ＼ Cha10＼ 环保宣传广告 . prproj
> 视频文件：视频教学 ＼ Cha10 ＼ 导出环保宣传广告 . avi

（1）激活【序列】面板，在菜单栏中选择【文件】|【导出】|【媒体】命令，在弹出的【导出设置】对话框中将【格式】设置为 AVI，将【预设】设置为 PAL DV，单击【输出名称】右侧的名称，如图 10-83 所示。

（2）弹出【另存为】对话框，在该对话框中设置输出路径及文件名，然后单击【保存】按钮，如图 10-84 所示。返回到【导出设置】对话框中，在该对话框中单击【导出】按钮，即可对影片进行渲染输出。

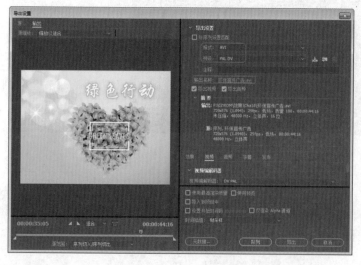

图 10-83　设置输出参数　　　　　　　　图 10-84　【另存为】对话框

第 11 章

儿童电子相册

本章重点

- 新建项目序列与导入素材
- 设置相册背景
- 创建字幕和制作"序列 01"
- 制作"序列 02"
- 设置视频过渡效果
- 添加背景音乐并输出视频

图 11-1　儿童电子相册

　　孩子的照片会随着时间变质，而将孩子的照片以图、文、声的电子相册方式表现出来，可以永久记录孩子童年的美好时光，本例介绍儿童电子相册的制作过程，完成后的效果如图 11-1 所示。

案例精讲 169 新建项目序列与导入素材

本例通过 Premiere Pro CC2017 来制作儿童电子相册，首先需要将素材图片放置在一个文件夹中，便于管理，如果所需要的图片整体色彩相对暗，则可以在 Photoshop 中调整其亮度与对比度。本节介绍如何新建项目序列，并将素材导入到操作界面中，具体操作步骤如下。

> 案例文件：CDROM \ 场景 \ Cha10 \ 儿童电子相册 .prproj
> 视频文件：视频教学 \ Cha10 \ 新建项目序列与导入素材 .avi

(1) 运行 Premiere Pro CC 2017，在欢迎界面中单击【新建项目】按钮，在【新建项目】对话框中，选择项目的保存路径，对项目名称进行命名，单击【确定】按钮，如图 11-2 所示。

(2) 进入【新建序列】对话框中，在【序列预设】选项卡中【可用预设】区域下选择 DV-PAL|【标准 48kHz】选项，对【序列名称】进行命名，单击【确定】按钮。

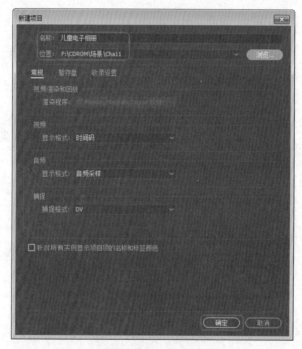

图 11-2 新建项目

(3) 进入操作界面，双击【项目】面板中的空白区域，在弹出的对话框中选择随书附带光盘 "CDROM\ 素材 \Cha11" 文件夹中的所有文件，单击【打开】按钮，如图 11-3 所示，导入素材。

(4) 导入素材后，单击【项目】面板中的【新建素材箱】按钮，新建 "图片" 文件夹。将导入的图片素材文件拖入该文件夹，如图 11-4 所示。

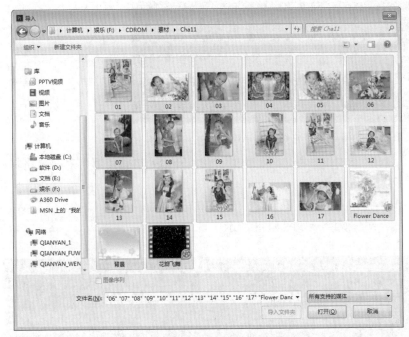

图 11-3　选择素材文件

图 11-4　新建素材文件

案例精讲 170　设置相册背景

本例介绍如何设置相册背景，首先导入背景视频文件，设置【缩放】并对其进行复制，然后使用【剃刀工具】将多余的部分剪切并删除，最后添加背景素材图片并调整其【缩放】和【混合模式】。

> 案例文件：CDROM \ 场景 \ Cha10 \ 儿童电子相册.prproj
>
> 视频文件：视频教学 \ Cha10 \ 设置相册背景.avi

(1) 在【项目】面板中，将"花瓣飞舞.AVI"文件拖入 V1 轨道。在弹出的【剪辑不匹配警告】对话框中选择【保持现有设置】选项，在【效果控件】面板中，将【缩放】设置为 210.0，如图 11-5 所示。

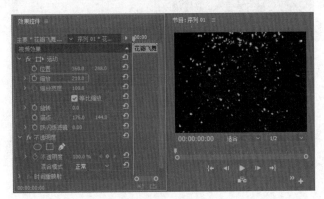

图 11-5　设置【缩放】参数

(2) 对 V1 轨道中的"花瓣飞舞.AVI"文件进行复制，在其后复制 9 个"花瓣飞舞.AVI"文件，如图 11-6 所示。

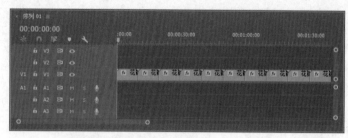

图 11-6　复制 9 个"花瓣飞舞 .AVI"文件

（3）将【项目】面板中的"背景 .jpg"素材图片拖入 V2 轨道，使其开始处与轨道顶端对齐，将其持续时间设置为 00:01:38:16，如图 11-7 所示。

（4）将当前时间设置为 00:01:38:16，使用【剃刀工具】 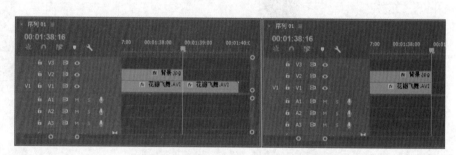 ，对 V1 轨道中最后一个"花瓣飞舞 .AVI"文件沿时间线进行剪切，将剪切的后半部分删除，如图 11-8 所示。

图 11-7　设置持续时间

图 11-8　将剪切的后半部分删除

（5）选择 V2 轨道中的"背景 .jpg"素材图片，在【效果控件】面板中，将【缩放】设置为 77.0，【混合模式】设置为【滤色】，如图 11-9 所示。

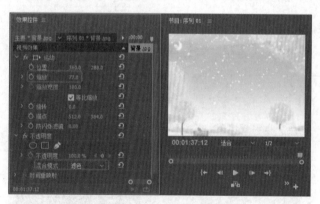

图 11-9　设置"背景 .jpg"素材图片

案例精讲 171　创建字幕和制作"序列 01"

本例首先创建制作"序列 01"所需要的文字字幕，然后选择【纹理】复选框，通过设置图形纹理来创建图片字幕，在【滚动 / 游动选项】对话框中设置字幕的运动方式。字幕创建完成后添加【基本 3D】、【快速模糊】、【查找边缘】等效果，并设置相应的【位置】、【缩放】和【不透明度】参数。

案例文件：CDROM \ 场景 \ Cha10 \ 儿童电子相册 .prproj

视频文件：视频教学 \ Cha10 \ 创建字幕和制作【序列 01】.avi

(1) 按 Ctrl+T 键，在弹出的【新建字幕】对话框中，将【名称】设置为"标题字幕"，如图 11-10 所示。

(2) 在字幕编辑器中，输入文字"童年的一份记忆"。将文字设置为【字幕样式】中的 CaslonPro Slant Blue 70，然后将【字体系列】设置为【汉仪彩云体简】，将【字体大小】设置为 80.0，将【X 位置】设置为 406.6，将【Y 位置】设置为 271.6，如图 11-11 所示。

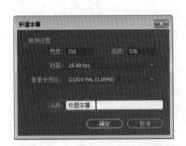

图 11-10 【新建字幕】对话框

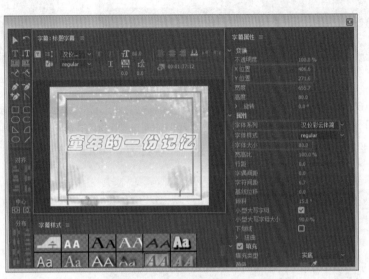

图 11-11 设置"标题字幕"的参数

(3) 关闭字幕编辑器，将新建的【标题字幕】拖入 V3 轨道，使其开始处与轨道顶端对齐，并将其持续时间设置为 00:00:10:00，如图 11-12 所示。

图 11-12 添加"标题字幕"至 V3 轨道

(4) 为"标题字幕"添加【闪光灯】效果，在【效果控件】面板中，将【与原始图像混合】设置为60%，如图 11-13 所示。

(5) 新建"图片 01"字幕，在字幕编辑器中，使用【矩形工具】 绘制一个【宽度】为 428，【高度】为 560 的矩形。在【字幕属性】面板中，勾选【纹理】复选框，单击【纹理】右侧的图块，在弹出的【选择纹理图像】对话框中，选择随书附带光盘中的"CDROM\ 素材 \ Cha11\ 01.jpg"文件，单击【打开】按钮。然后单击【垂直居中】按钮 和【水平居中】按钮 ，如图 11-14 所示。

图 11-13　设置【闪光灯】效果

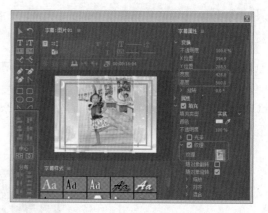

图 11-14　添加【纹理】

（6）单击【外描边】右侧的【添加】按钮，将【外描边】的【颜色】设置为白色，如图 11-15 所示。

（7）关闭字幕编辑器，将当前时间设置为 00:00:10:00，将"图片 01"字幕添加到 V4 轨道，使其开始处与时间线对齐，然后将其持续时间设置为 00:00:20:00，如图 11-16 所示。

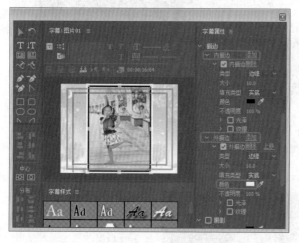

图 11-15　添加描边

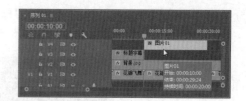

图 11-16　设置"图片 01"字幕的持续时间

（8）在【效果控件】面板中，将【缩放】设置 370.0，然后单击其左侧的【切换动画】按钮，如图 11-17 所示。

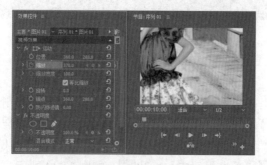

图 11-17　设置"图片 01"字幕的参数

（9）将当前时间设置为 00:00:10:19，将【缩放】设置为 60.0，然后单击【位置】左侧的【切换动画】按钮，如图 11-18 所示。

(10) 将当前时间设置为 00:00:11:06，为其添加【基本 3D】效果，将【位置】设置为 360.0、220.0，然后单击【基本 3D】选项中【旋转】左侧的【切换动画】按钮，如图 11-19 所示。

图 11-18　修改"图片 01"字幕的参数

图 11-19　添加【基本 3D】效果并设置参数

(11) 将当前时间设置为 00:00:14:00，将【基本 3D】选项中的【旋转】设置为 1×0.0°，将【与图像的距离】设置为 20.0，勾选【显示镜面高光】复选框，如图 11-20 所示。

(12) 新建"英文字幕"，在字幕编辑器中输入英文 pretty Girls。将英文设置为【字幕样式】中的 Tekton Pro Yellow 93，将【X 位置】设置为 383.8，【Y 位置】设置为 422.2，如图 11-21 所示。

图 11-20　修改【基本 3D】效果的参数

图 11-21　设置"英文字幕"的参数

(13) 关闭字幕编辑器，将当前时间设置为 00:00:12:19，将"英文字幕"拖入 V3 轨道，使其开始处与时间线对齐，将其持续时间设置为 00:00:07:06，如图 11-22 所示。

图 11-22　设置持续时间

(14) 将当前时间设置为 00:00:12:19，为其添加【快速模糊】效果。在【效果控件】面板中，将【模糊度】设置为 200.0，然后单击其左侧的【切换动画】按钮，如图 11-23 所示。

(15) 将当前时间设置为 00:00:15:08，将【模糊度】设置为 0.0，如图 11-24 所示。

图 11-23　添加【快速模糊】效果并设置参数

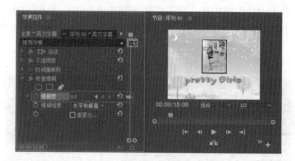

图 11-24　修改【模糊度】参数

(16) 新建"图片 02"字幕，在字幕编辑器中，使用【矩形工具】，在字幕的底部绘制一个适当大小的矩形，将【填充】选项卡下【颜色】RGB 值设置为 123、225、255，如图 11-25 所示。

(17) 在空白位置绘制一个矩形，勾选【纹理】复选框，单击【纹理】右侧的图块，在弹出的【选择纹理图像】对话框中，选择随书附带光盘中的"CDROM\ 素材 \Cha11\ 02.jpg"文件，单击【打开】按钮。然后为其添加【外描边】，将【颜色】设置为白色。将矩形移动到如图 11-26 所示的位置。

图 11-25　绘制矩形并设置参数

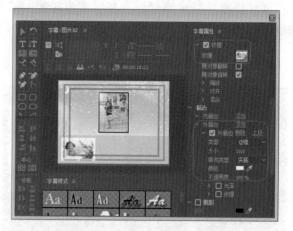

图 11-26　绘制矩形并移动位置

(18) 对绘制的小矩形进行复制，并调整复制后矩形的位置，将复制得到的矩形纹理图片分别更改为附带光盘 "CDROM\ 素材 \Cha11\ 03.jpg 和 04.jpg"文件，如图 11-27 所示。

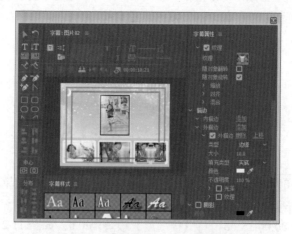

图 11-27　复制矩形并更改纹理图片

(19) 单击【滚动 / 游动选项】按钮，在弹出的【滚动 / 游动选项】对话框中，将【字幕类型】设置为【向左游动】，然后勾选【开始于屏幕外】和【结束于屏幕外】复选框，如图 11-28 所示。

(20) 单击【确定】按钮，关闭字幕编辑器。将"图片 02"字幕拖入 V3 轨道，使其与"英文字幕"首尾相连，将其持续时间设置为 00:00:10:00，如图 11-29 所示。

图 11-28 【滚动 / 游动选项】对话框

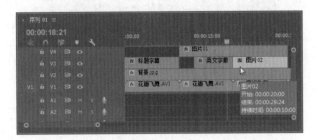

图 11-29 添加"图片 02"字幕并设置持续时间

(21) 新建"图片 03"字幕，在字幕编辑器中，使用【矩形工具】绘制一个【宽度】为 500.0，【高度】为 330.0 的矩形。将【X 位置】设置为 396.2，【Y 位置】设置为 271.1。勾选【纹理】复选框，单击【纹理】右侧的图块，在弹出的【选择纹理图像】对话框中，选择随书附带光盘中的"CDROM\ 素材 \Cha11\ 05.jpg"文件，单击【打开】按钮。如图 11-30 所示。

(22) 添加【外描边】，将【填充类型】设置为【线性渐变】，将左右滑块的 RGB 值分别设置为 238、214、231 和 124、225、254，如图 11-31 所示。

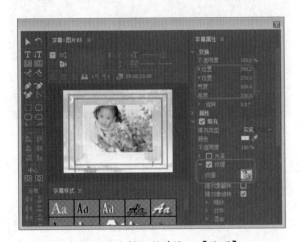

图 11-30 绘制矩形并添加【纹理】

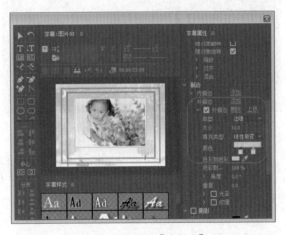

图 11-31 设置【外描边】

(23) 单击【基于当前字幕新建字幕】按钮，新建"图片 04"字幕。在字幕编辑器中，将【X 位置】设置为 399.0，【Y 位置】设置为 287.7。将【纹理】更改为随书附带光盘中的"CDROM\ 素材 \Cha11\06. jpg"文件，如图 11-32 所示。

(24) 关闭字幕编辑器。将"图片 03"字幕拖入 V3 轨道，使其与"图片 02"字幕首尾相连，将"图片 04"字幕拖入 V4 轨道，使其与"图片 01"字幕首尾相连。然后将其持续时间都设置为 00:00:10:00，如图 11-33 所示。

图 11-32　更改【纹理】

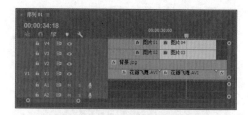

图 11-33　添加字幕并设置持续时间

(25) 将当前时间设置为 00:00:31:22，选择 V3 轨道中的"图片 03"字幕，在【效果控件】面板中，单击【位置】左侧的【切换动画】按钮 ◎，将其【位置】设置为 401.0、288.0；将当前时间设置为 00:00:33:18，将其【位置】设置为 491.7、184.6，如图 11-34 所示。

(26) 将当前时间设置为 00:00:31:22，选择 V4 轨道中的【图片 04】字幕，在【效果控件】面板中，单击【位置】左侧的【切换动画】按钮 ◎，将其【位置】设置为 360.0、300.0；将当前时间设置为 00:00:33:18，将其【位置】设置为 230.0、405.0，如图 11-35 所示。

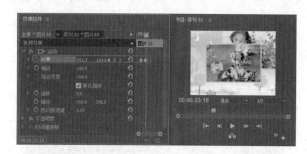

图 11-34　设置"图片 03"字幕的参数

图 11-35　设置"图片 04"字幕的参数

(27) 将当前时间设置为 00:00:33:19，使用【剃刀工具】 ◈，沿着时间线对"图片 03"和"图片 04"字幕进行剪切，然后将剪切后得到的"图片 03"和"图片 04"字幕的后半部分进行位置互换，如图 11-36 所示。

(28) 将当前时间设置为 00:00:36:05，选择 V4 轨道中的"图片 03"字幕，在【效果控件】面板中，将【位置】设置为 350.0、300.0，如图 11-37 所示。

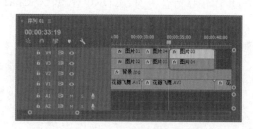

图 11-36　互换字幕位置

图 11-37　设置 V4 轨道中"图片 03"字幕的参数

(29) 选择 V3 轨道中的"图片 04"字幕，在【效果控件】面板中，将【位置】设置为 380.0、260.0，如图 11-38 所示。

(30) 新建"图片 05"字幕，在字幕编辑器中使用【矩形工具】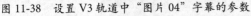，绘制一个宽为 210.0、高为 315.0 的矩形，勾选【纹理】复选框，单击【纹理】右侧的图块，在弹出的【选择纹理图像】对话框中，选择随书附带光盘中的"CDROM\ 素材 \Cha11\ 07.jpg"文件，单击【打开】按钮。然后添加【外描边】，将【大小】设置为 5.0，【颜色】设置为白色，如图 11-39 所示。

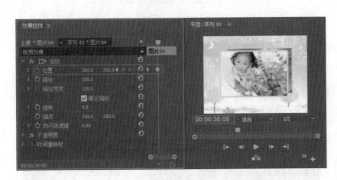

图 11-38　设置 V3 轨道中"图片 04"字幕的参数

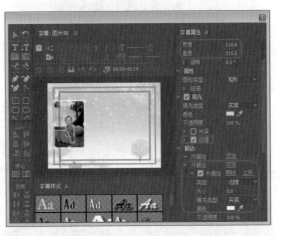

图 11-39　绘制矩形并设置纹理

(31) 对绘制的矩形进行复制，并调整复制后矩形的位置，然后将其【图形类型】分别设置为【圆角矩形】和【弧形】，并将其纹理图片分别更改为附带光盘中的"CDROM\ 素材 \Cha11| 08.jpg 和 09.jpg"文件，如图 11-40 所示。

(32) 单击【滚动 / 游动选项】按钮，在弹出的【滚动 / 游动选项】对话框中，将【字幕类型】设置为【向左游动】，然后勾选【开始于屏幕外】复选框，如图 11-41 所示。单击【确定】按钮。

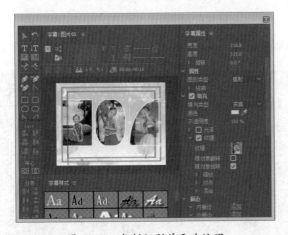

图 11-40　复制矩形并更改纹理

图 11-41　设置"图片 05"字幕的参数

(33) 单击【基于当前字幕新建字幕】按钮，新建"图片 06"字幕。单击【滚动 / 游动选项】按钮，在弹出的【滚动 / 游动选项】对话框中，将【字幕类型】设置为【静止图像】，如图 11-42 所示。单击【确定】按钮。

(34) 单击【基于当期字幕新建字幕】按钮，新建"图片 07"字幕。单击【滚动 / 游动选项】按钮,在弹出的【滚动 / 游动选项】对话框中，将【字幕类型】设置为【向左游动】，然后勾选【结束于屏幕外】复选框，如图 11-43 所示。单击【确定】按钮。

图 11-42　设置"图片 06"字幕的参数

图 11-43　设置"图片 07"字幕的参数

(35) 关闭字幕编辑器。将"图片 05""图片 06"和"图片 07"字幕添加到 V4 轨道，使其与"图片 03"字幕顺次相连，如图 11-44 所示。

(36) 将当前时间设置为 00:00:54:24，将 10.jpg 拖入 V4 轨道，使其开始处与时间线对齐，将【位置】设置为 180.0、288.0，【缩放】设置为 50.0，如图 11-45 所示。

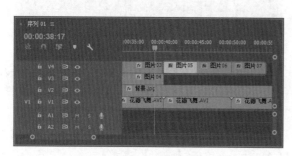

图 11-44　添加字幕

图 11-45　添加 10.jpg 并设置参数

(37) 将 11.jpg 拖入 V5 轨道，使其开始处与时间线对齐，如图 11-46 所示。

(38) 在【效果控件】面板中，将【位置】设置为 530.0、288.0，【缩放】设置为 50.0，如图 11-47 所示。

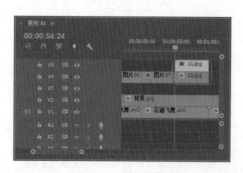

图 11-46　添加 11.jpg

图 11-47　设置 11.jpg 的参数

(39) 将 12.jpg 拖入 V4 轨道，使其与 10.jpg 首尾相连。将当前时间设置为 00:01:02:01，将其【缩放】设置为 110.0，单击【不透明度】右侧的【添加 / 移除关键帧】按钮 ，如图 11-48 所示。

(40) 将当前时间设置为 00:01:02:24，将【不透明度】设置为 40.0%，如图 11-49 所示。

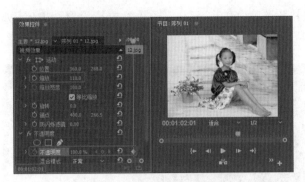

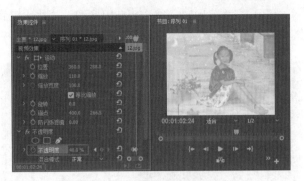

图 11-48　添加 12.jpg 并设置参数 图 11-49　修改 12.jpg 的参数

(41) 将 12.jpg 的持续时间设置为 00:00:17:06，然后将 16.jpg 图片拖入 V4 轨道，使其与 12.jpg 首尾相连，将其持续时间设置为 00:00:21:11，如图 11-50 所示。

(42) 将当前时间设置为 00:01:20:11，在【效果控件】面板中，将【缩放】设置为 110.0，然后单击其左侧的【切换动画】按钮，如图 11-51 所示。

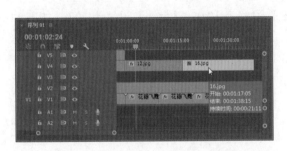

图 11-50　添加 16.jpg 并设置持续时间 图 11-51　设置 16.jpg 的参数

(43) 将当前时间设置为 00:01:24:03，为其添加【基本 3D】效果，单击【位置】左侧的【切换动画】按钮，将【缩放】设置为 60.0，然后单击【基本 3D】中【旋转】和【倾斜】左侧的【切换动画】按钮，如图 11-52 所示。

图 11-52　添加【基本 3D】效果并设置参数

(44) 将当前时间设置为 00:01:24:21，将【缩放】设置为 35.0，将【基本 3D】中的【旋转】设置为 -43.0°，【倾斜】设置为 -60.0°，如图 11-53 所示。

(45) 将当前时间设置为 00:01:25:13，将【位置】设置为 60.0、67.0，将【缩放】设置为 0.0，如图 11-54 所示。

图 11-53　设置 00:01:24:21 时的参数

图 11-54　设置 00:01:25:13 时的参数

(46) 新建"图片 08"字幕，在字幕编辑器中，使用【椭圆工具】，在适当位置绘制一个椭圆，勾选【纹理】复选框，单击【纹理】右侧图块，在弹出的【选择纹理图像】对话框中，选择随书附带光盘中的"CDROM\ 素材 \Cha11\ 17.jpg"文件，单击【打开】按钮。勾选【阴影】复选框，将【颜色】设置为白色，【不透明度】设置为 100%，【角度】设置为 90.0°，【距离】设置为 10.0，【大小】设置为 20.0，如图 11-55 所示。

(47) 关闭字幕编辑器，将当前时间设置为 00:01:25:18，将"图片 08"字幕拖入 V5 轨道，使其开始处与时间线对齐，然后将其持续时间设置为 00:00:12:23，如图 11-56 所示。

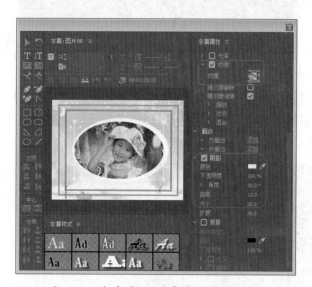

图 11-55　新建"图片 08"字幕并设置参数

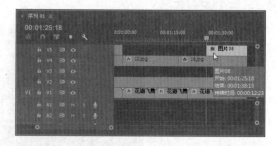

图 11-56　添加"图片 08"字幕并设置持续时间

(48) 将当前时间设置为 00:01:27:19，为 V2 轨道中的"背景 .jpg"素材文件添加【视频效果】|【风格化】|【查找边缘】效果，在【效果控件】面板中，将【查找边缘】效果中的【与原始图像混合】设置为 100%，然后单击其左侧的【切换动画】按钮，如图 11-57 所示。

(49) 将当前时间设置为 00:01:30:08，将【与原始图像混合】设置为 20%，如图 11-58 所示。

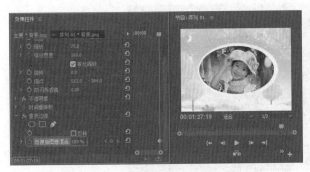

图 11-57　添加【查找边缘】效果并设置参数

图 11-58　修改【查找边缘】效果的参数

案例精讲 172　制作"序列 02"

本例首先新建"序列 02"，然后添加素材图片并设置【位置】、【缩放】和【旋转】动画关键帧，最后将"序列 02"拖入"序列 01"的轨道。

(1) 在菜单栏中选择【文件】|【新建】|【序列】选项。在弹出的【新建序列】对话框中，在【序列预置】选项中【可用预设】区域下选择 DV-PAL|【标准 48kHz】选项，单击【确定】按钮。

(2) 将【项目】面板中，将 13.jpg 文件拖入【时间轴】面板 V1 轨道中，将其持续时间设置为 00:00:15:00，如图 11-59 所示。

(3) 将当前时间设置为 00:00:09:23，在【效果控件】面板中，将【位置】设置为 555.0、333.0，将【缩放】设置为 30.0，然后单击【位置】和【缩放】左侧的【切换动画】按钮，如图 11-60 所示。

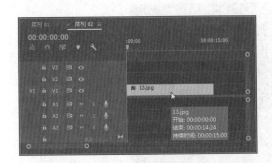

图 11-59　添加 13.jpg 并设置持续时间

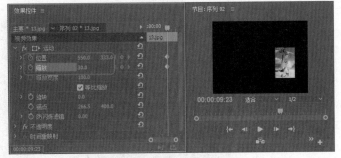

图 11-60　设置 13.jpg 的参数

(4) 将当前时间设置为 00:00:12:00，在【效果控件】面板中，将【位置】设置为 350.0、285.0，【缩放】设置为 60.0，如图 11-61 所示。

(5) 将当前时间设置为 00:00:00:00，将【项目】面板中，将 14.jpg 素材文件拖入【时间轴】面板 V2 轨道中，将其持续时间设置为 00:00:09:23。在【效果控件】面板中，单击【旋转】左侧的【切换动画】按钮。将当前时间设置为 00:00:01:09，在【效果控件】面板中，将【旋转】设置为 10.0°，如图 11-62 所示。

图 11-61　修改 13.jpg 的参数

图 11-62　添加 14.jpg 并设置参数

(6) 将当前时间设置为 00:00:05:00，在【效果控件】面板中，将【位置】设置为 555.0、333.0，【缩放】设置为 30.0，然后单击【位置】和【缩放】左侧的【切换动画】按钮，单击【旋转】右侧的【添加/移除关键帧】按钮。将当前时间设置为 00:00:06:12，将【位置】设置为 280.0、288.0，将【缩放】设置为 60.0、【旋转】设置为 0.0°，如图 11-63 所示。

图 11-63　修改 14.jpg 的参数

(7) 将当前时间设置为 00:00:00:00，将【项目】面板中的 15.jpg 素材文件拖入【时间轴】面板 V3 轨道。在【效果控件】面板中，单击【旋转】左侧的【切换动画】按钮。将当前时间设置为 00:00:00:24，在【效果控件】面板中，单击【位置】和【缩放】左侧的【切换动画】按钮，将【位置】设置为 555.0、333.0，【缩放】设置为 30.0，【旋转】设置为 20.0°。将当前时间设置为 00:00:02:12，在【效果控件】面板中，将【位置】设置为 280.0、288.0，【缩放】设置为 60.0，【旋转】设置为 0.0°，如图 11-64 所示。

图 11-64　添加 15.jpg 并设置参数

(8) 切换至"序列 01"，将当前时间设置为 00:01:02:05，将【时间轴】面板中的"序列 02"拖入 V5 轨道，使其开始处与时间线对齐，如图 11-65 所示。

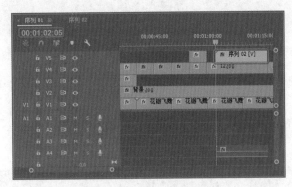

图 11-65　添加"序列 02"

案例精讲 173　设置视频过渡效果

本例分别为各个字幕或图片添加【插入】、【旋转离开】、【交叉溶解】、【棋盘擦除】、【滑动带】、【交叉伸展】、【滑动框】、【风车】等视频过渡效果。

案例文件：CDROM \ 场景 \ Cha10 \ 儿童电子相册 .prproj

视频文件：视频教学 \ Cha10 \ 设置视频过渡效果 .avi

(1) 在 V3 轨道"标题字幕"的头部，添加【视频过渡】|【擦除】|【插入】效果，如图 11-66 所示。

(2) 在 V3 轨道"标题字幕"的结尾位置，添加【视频过渡】|【擦除】|【双侧平推门】效果，如图 11-67 所示。

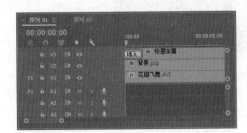

图 11-66　添加【插入】效果

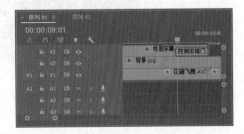

图 11-67　添加【双侧平推门】效果

（3）在 V4 轨道＂图片 04＂和＂图片 03＂之间，添加【视频过渡】|【溶解】|【交叉溶解】效果，如图 11-68 所示。

（4）在 V4 轨道 10.jpg 的开始位置和 V5 轨道 11.jpg 的开始位置，添加【视频过渡】|【擦除】|【棋盘擦除】效果，如图 11-69 所示。

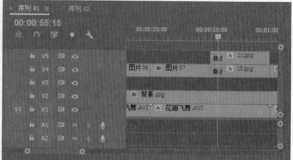

图 11-68　添加【交叉溶解】效果　　　　　图 11-69　添加【棋盘擦除】效果

（5）在 V4 轨道 12.jpg 的开始位置，添加【视频过渡】|【3D 运动】|【翻转】效果，如图 11-70 所示。

（6）在 V5 轨道序列 02 的开始位置，添加【视频过渡】|【擦除】|【楔形擦除】效果，如图 11-71 所示。

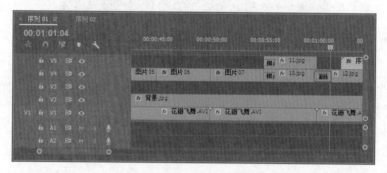

图 11-70　添加【翻转】效果

图 11-71　添加【楔形擦除】效果

（7）在 V4 轨道 16.jpg 的开始位置，添加【视频过渡】|【滑动】|【带状滑动】效果，如图 11-72 所示。

（8）在 V5 轨道图片 08 的开始位置，添加【视频过渡】|【擦除】|【风车】效果，如图 11-73 所示。

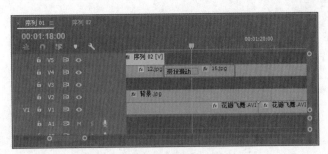

图 11-72　添加【带状滑动】效果

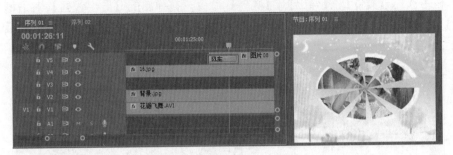

图 11-73　添加【风车】效果

案例精讲 174　添加背景音乐并输出视频

本例介绍如何使用【剃刀工具】将各个轨道中多余的部分剪切并删除，然后为音频添加【恒定增益】效果和【指数淡化】效果，最后在【导出设置】对话框中设置视频输出参数。

> 案例文件：CDROM ＼ 场景 ＼ Cha10 ＼ 儿童电子相册.prproj
>
> 视频文件：视频教学 ＼ Cha10 ＼ 添加背景音乐并输出视频.avi

(1) 将【项目】面板中的 Flower Dance.mp3 音频素材文件拖入 A1 轨道。将当前时间设置为 00:01:38:16，使用【剃刀工具】 ，以时间线为基准，将音频轨道中多余的部分删除，如图 11-74 所示。

(2) 在 A1 轨道音频素材开始位置添加【音频过渡】|【交叉淡化】|【恒定增益】效果，并将持续时间设置为 00:00:02:00，如图 11-75 所示。

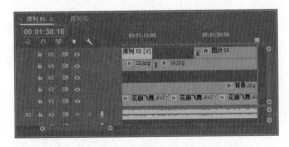

图 11-74　将各个轨道中多余的部分删除

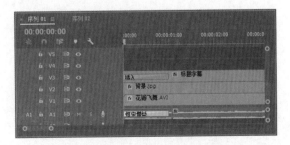

图 11-75　添加【恒定增益】效果

(3) 在 A1 轨道音频素材结尾位置添加【音频过渡】|【交叉淡化】|【指数淡化】效果，并将持续时间设置为 00:00:04:00，如图 11-76 所示。

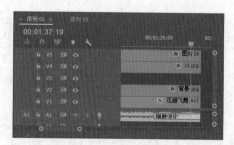

图 11-76　添加【指数淡化】效果

(4) 在菜单栏中选择【文件】|【导出】|【媒体】命令，在弹出的【导出设置】对话框中，勾选【与序列设置匹配】选项，然后单击【输出名称】右侧的文本，设置输出的位置和名称。最后单击【导出】按钮，如图 11-77 所示。

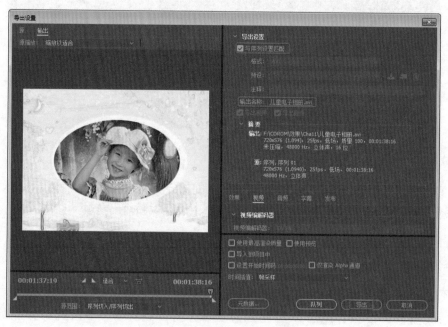

图 11-77　【导出设置】对话框

第 12 章

电视节目预告

本章重点

- ✅ 新建序列
- ✅ 制作开始动画效果
- ✅ 制作封面动画效果
- ✅ 制作预告动画效果
- ✅ 嵌套序列
- ✅ 添加背景音乐

图 12-1　电视节目预告

　　节目预告，指在电视媒体播出的内容中无主持人画面，无"节目预告、收视指南、收视提示"等字样的，介绍或预告在电视媒体本台或电视媒体其他台将要播出的节目信息。本章介绍如何制作电视节目预告，其最终效果如图 12-1 所示。

案例精讲 175 新建项目和序列文件

本例介绍如何通过 Premiere 制作电视节目预告，首先新建项目和序列文件，具体操作步骤如下。

> 案例文件：CDROM \ 场景 \ Cha12 \ 电视节目预告 .prproj
> 视频文件：视频教学 \ Cha12 \ 新建项目和序列文件 .avi

（1）启动 Premiere Pro CC 2017，按 Ctrl+N 键，在弹出的对话框中指定项目名称及路径，如图 12-2 所示。

（2）单击【确定】按钮，右击【项目】面板中的空白区域，在弹出的快捷菜单中选择【新建项目】|【序列】选项，如图 12-3 所示。

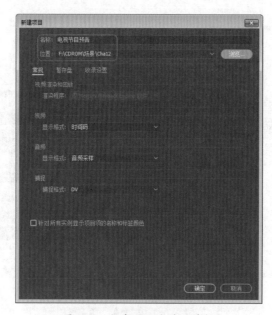

图 12-2　指定项目名称及路径

图 12-3　选择【序列】选项

（3）在弹出的对话框中选择【序列预设】选项卡，选择 DV-PAL|【标准 48kHz】选项，将【序列名称】设置为"开始动画"，如图 12-4 所示。

(4) 再在该对话框中选择【轨道】选项卡，将视频轨道设置为 8，如图 12-5 所示。

(5) 设置完成后，单击【确定】按钮。

图 12-4　设置序列预设

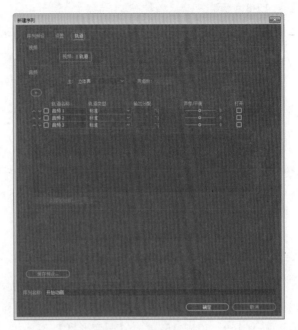

图 12-5　设置视频轨道

案例精讲 176　制作开始动画效果

　　开始动画，顾名思义，是节目预告开始时的动画，开始动画起着非常重要的引导作用，本例介绍开始动画的制作。

 案例文件：CDROM \ 场景 \ Cha12 \ 电视节目预告 .prproj

　　视频文件：视频教学 \ Cha12 \ 制作开始动画效果 .avi

　　(1) 右击【项目】面板中的空白区域，在弹出的快捷菜单中选择【新建项目】|【颜色遮罩】选项，如图 12-6 所示。

　　(2) 在弹出的对话框中保持默认设置，单击【确定】按钮，再在弹出的对话框中将 RGB 值设置为 224、240、194，如图 12-7 所示。

图 12-6　选择【颜色遮罩】选项

图 12-7　设置遮罩颜色

(3) 单击【确定】按钮，在弹出的对话框中使用其默认参数，单击【确定】按钮，将当前时间设置为 00:00:03:00，在【项目】面板中选择"颜色遮罩"，将其拖入 V1 视频轨道，使其开始处与时间线对齐，如图 12-8 所示。

(4) 在【效果】面板中选择【视频效果】|【生成】|【渐变】视频效果，如图 12-9 所示。

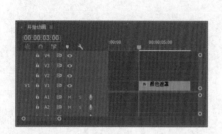

图 12-8　添加"颜色遮罩"至 V1 轨道

图 12-9　选择【渐变】视频效果

(5) 为颜色遮罩添加【渐变】视频特效，在【效果控件】面板中将【渐变起点】设置为 360、195，将【起始颜色】的 RGB 值设置为 169、171、157，将【渐变终点】设置为 472、576，将【结束颜色】的 RGB 值设置为 169、171、157，将【渐变形状】设置为【径向渐变】，如图 12-10 所示。

(6) 按 Ctrl+T 键，在弹出的对话框中保持默认设置，单击【确定】按钮，在弹出的字幕编辑器中单击【椭圆工具】 ◎，按住 Shift 键绘制一个正圆，选择绘制的正圆，在【填充】选项中将【填充类型】设置为【径向渐变】，将左侧色标的 RGB 值设置为 255、255、255，将【色彩到不透明度】设置为 69，将右侧色标的 RGB 值设置为 255、255、255，将【色彩到不透明度】设置为 0，并调整色标的位置，在【变换】选项组中将【宽度】、【高度】都设置为 598，将【X 位置】、【Y 位置】分别设置为 397.6、286.3，如图 12-11 所示。

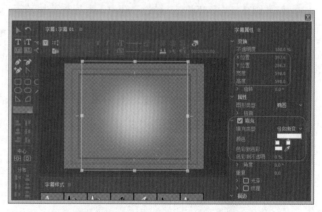

图 12-10　设置【渐变】参数

图 12-11　新建"字幕 01"并设置参数

(7) 按 Ctrl+T 键，在弹出的对话框中单击【确定】按钮，在字幕编辑器中单击【文字工具】 T，在【字幕属性】面板中将【字体系列】设置为【微软雅黑】，将【字体样式】设置为 Bold，将【字体大小】设置为 66，在【填充】选项组中将【颜色】的 RGB 值设置为 0、0、0，勾选【阴影】复选框，将【不透明度】、【角度】、【距离】、【大小】、【扩展】分别设置为 50%、135°、10、5、81，如图 12-12 所示。

(8) 继续选择该文字，在【变换】选项组中将【X 位置】、【Y 位置】分别设置为 241.2、259.9，如图 12-13 所示。

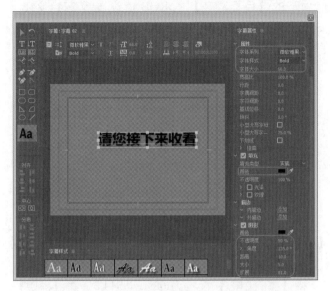

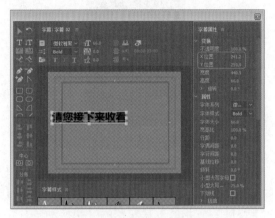

图 12-12　新建"字幕 02"并设置参数

图 12-13　调整文字位置

(9) 关闭字幕编辑器，确认当前时间为 00:00:03:00，在【项目】面板中选择"字幕 01"，将其拖入 V2 视频轨道，使其开始处与时间线对齐，如图 12-14 所示。

(10) 继续选择 V2 视频轨道中的素材文件，在【效果控件】面板中将【缩放】设置为 169，如图 12-15 所示。

(11) 确认当前时间为 00:00:03:00，在【项目】面板中选择"字幕 02"，将其拖入 V3 视频轨道中，使其开始处与时间线对齐，如图 12-16 所示。

图 12-14　添加"字幕 01"至 V2 轨道

图 12-15　设置"字幕 01"的参数

图 12-16　添加"字幕 02"至 V3 轨道

(12) 确认当前时间为 00:00:03:00，在【项目】面板中选择【颜色遮罩】，将其拖入 V4 视频轨道，使其开始处与时间线对齐，在【效果】面板中选择【图像控制】|【颜色替换】视频效果，如图 12-17 所示。

(13) 在【效果控件】面板中将【颜色替换】选项下的【目标颜色】的 RGB 值设置为 224、241、193，将【替换颜色】的 RGB 值设置为 176、239、53，如图 12-18 所示。

图 12-17　选择【颜色替换】视频效果

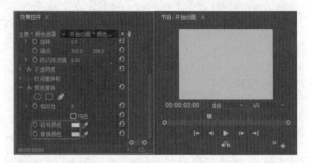

图 12-18　设置【颜色替换】参数

(14) 继续为选中的对象添加【径向擦除】与【投影】视频效果，确认当前时间为 00:00:03:00，在【效果控件】面板中单击【径向擦除】选项下【过渡完成】左侧的【切换动画】按钮，将【起始角度】设置为 311°，并单击其左侧的【切换动画】按钮，将【擦除中心】设置为 689.5、544.5，将【擦除】设置为【逆时针】，将【投影】选项下的【不透明度】、【方向】、【距离】、【柔和度】分别设置为 35%、1×291°、10、50，如图 12-19 所示。

(15) 将当前时间设置为 00:00:04:00，在【效果控件】面板中将【径向擦除】选项下的【过渡完成】、【起始角度】分别设置为 8%、318°，如图 12-20 所示。

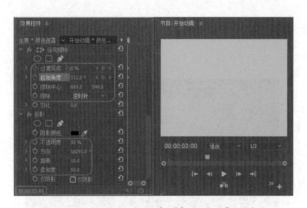

图 12-19　设置 V4 轨道中“颜色遮罩”的参数

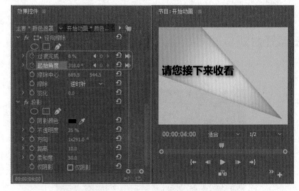

图 12-20　修改【径向擦除】参数

(16) 将当前时间设置为 00:00:05:15，在【效果控件】面板中单击【过渡完成】、【起始角度】右侧的【添加 / 移除关键帧】按钮，如图 12-21 所示。

(17) 将当前时间设置为 00:00:06:15，在【效果控件】面板中将【径向擦除】选项下的【过渡完成】、【起始角度】分别设置为 0%、311°，如图 12-22 所示。

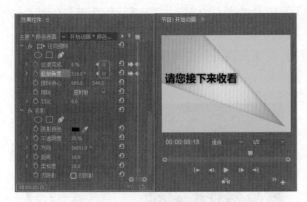

图 12-21　设置 00:00:05:15 时的参数

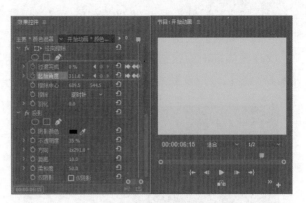

图 12-22　设置 00:00:06:15 时的参数

(18) 将当前时间设置为 00:00:03:00，在【项目】面板中选择"颜色遮罩"，将其拖入 V5 视频轨道，使其开始处与时间线对齐，如图 12-23 所示。

(19) 选择该素材文件，为其添加【径向擦除】与【投影】视频效果，确认当前时间为 00:00:03:00，在【效果控件】面板中单击【径向擦除】选项下【过渡完成】左侧的【切换动画】按钮，将【起始角度】设置为 311，并单击其左侧的【切换动画】按钮，将【擦除中心】设置为 689.5、544.5，将【擦除】设置为【逆时针】，将【投影】下的【不透明度】、【方向】、【距离】、【柔和度】分别设置为 35%、1×291°、10、50，如图 12-24 所示。

图 12-23　添加"颜色遮罩"至 V5 轨道

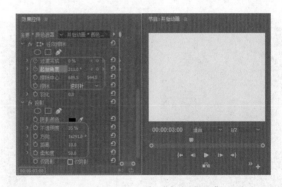

图 12-24　设置 V5 轨道中"颜色遮罩"的参数

(20) 将当前时间设置为 00:00:04:00，在【效果控件】面板中将【径向擦除】选项下的【过渡完成】、【起始角度】分别设置为 9%、320°，如图 12-25 所示。

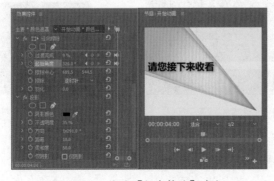

图 12-25　修改【径向擦除】参数

(21) 将当前时间设置为 00:00:05:15，在【效果控件】面板中单击【过渡完成】及【起始角度】右侧的【添加 / 移除关键帧】按钮，如图 12-26 所示。

(22) 将当前时间设置为 00:00:06:15，在【效果控件】面板中将【径向擦除】选项下的【过渡完成】、【起始角度】分别设置为 0%、311°，如图 12-27 所示。

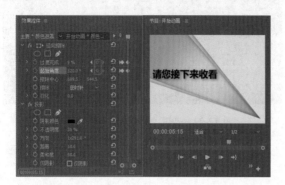
图 12-26　设置 00:00:05:15 时的参数

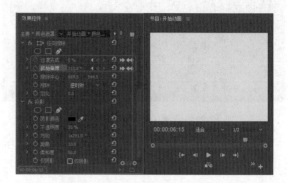
图 12-27　设置 00:00:06:15 时的参数

(23) 按 Ctrl+N 键，在弹出的对话框中选择【序列预设】选项卡，选择 DV-PAL|【标准 48kHz】选项，将【序列名称】设置为"封面"，如图 12-28 所示。

(24) 单击【确定】按钮，将当前时间设置为 00:00:00:00，在【项目】面板中选择【颜色遮罩】，将其拖入 V1 视频轨道，使其开始处与时间线对齐，将其持续时间设置为 00:00:21:00，如图 12-29 所示。

图 12-28　设置序列参数

图 12-29　添加"颜色遮罩"并设置持续时间

(25) 选择该素材文件，为其添加【渐变】视频效果，在【效果控件】面板中将【渐变】选项下的【渐变起点】设置为 360、281，将【起始颜色】的 RGB 值设置为 84、87、95，将【渐变终点】设置为 290、751，将【结束颜色】的 RGB 值设置为 19、21、25，将【渐变形状】设置为【径向渐变】，如图 12-30 所示。

(26) 右击【项目】面板中的空白区域，在弹出的快捷菜单中选择【新建项目】|【颜色遮罩】选项，在弹出的对话框中单击【确定】按钮，再在弹出的对话框中将 RGB 值设置为 255、255、255，如图 12-31 所示。

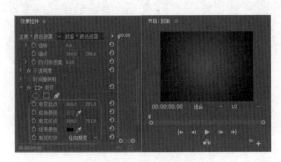

图 12-30　设置渐变颜色

图 12-31　设置遮罩颜色

(27) 单击【确定】按钮，在弹出的对话框中将【遮罩名称】设置为"白色遮罩"，单击【确定】按钮，将当前时间设置为 00:00:00:00，在【项目】面板中选择"白色遮罩"，将其拖入 V2 视频轨道，使其开始处与时间线对齐，将其持续时间设置为 00:00:21:00，如图 12-32 所示。

(28) 继续选择该素材，为其添加【径向擦除】与【投影】视频效果，在【效果控件】面板中将【不透明度】设置为 25%，单击其左侧的【切换动画】按钮，在弹出的对话框中单击【确定】按钮，将【混合模式】设置为【相乘】，将【径向擦除】选项下的【过渡完成】、【起始角度】分别设置为 50%、-19.3°，将【擦除】设置为【两者兼有】，将【投影】选项下的【不透明度】、【方向】、【距离】、【柔和度】分别设置为 42%、1×13°、42、168，如图 12-33 所示。

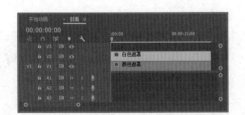

图 12-32　添加"白色遮罩"

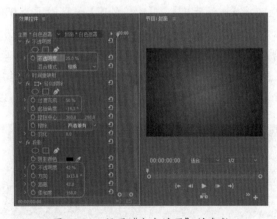

图 12-33　设置"白色遮罩"的参数

(29) 按住 Alt 键将其复制至 V3 视频轨道，选择 V3 视频轨道中的素材文件，在【效果控件】面板中将【径向擦除】下的【起始角度】设置为 -29.2°，如图 12-34 所示。

(30) 继续将该素材复制至 V4 视频轨道，选择 V4 视频轨道中的素材文件，在【效果控件】面板中将【径向擦除】下的【起始角度】设置为 -41.9，如图 12-35 所示。

(31) 将当前时间设置为 00:00:00:00，在【项目】面板中选择"封面"序列文件，将其拖入【开始动画】中的 V6 视频轨道，使其开始处与时间线对齐，将速度与持续时间断开链接。将其持续时间设置为 00:00:03:00，如图 12-36 所示。

(32) 将当前时间设置为 00:00:03:00，在【项目】面板中选择"封面"序列文件，将其拖入【开始动画】中的 V7 视频轨道，使其开始处与时间线对齐，将速度与持续时间断开链接。将其持续时间设置为 00:00:05:00，如图 12-37 所示。

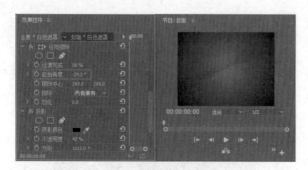

图 12-34　复制素材至 V3 轨道并设置参数

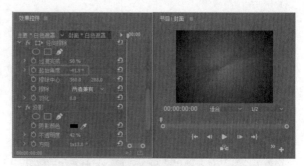

图 12-35　复制素材至 V4 轨道并设置参数

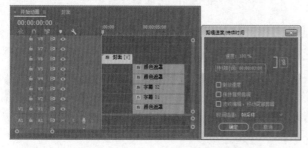

图 12-36　添加"封面"至 V6 轨道并设置持续时间

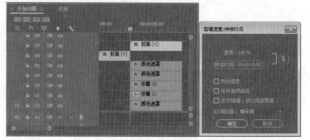

图 12-37　添加"封面"至 V7 轨道并设置持续时间

(33) 确认当前时间为 00:00:03:00，为选择的素材添加【径向擦除】及【投影】视频效果，在【效果控件】面板中将【过渡完成】、【起始角度】分别设置为 0%、311°，并单击【过渡完成】及【起始角度】左侧的【切换动画】按钮，将【擦除中心】设置为 689.5、544.5，将【擦除】设置为【两者兼有】，将【投影】下的【不透明度】、【方向】、【距离】、【柔和度】分别设置为 35%、1×291°、10、50，如图 12-38 所示。

(34) 将当前时间设置为 00:00:04:00，在【效果控件】面板中将【径向擦除】选项下的【过渡完成】、【起始角度】分别设置为 12%、305°，如图 12-39 所示。

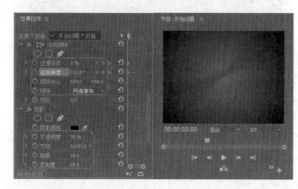

图 12-38　设置 00：00:03:00 时的参数

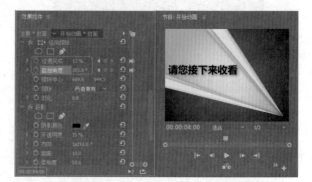

图 12-39　设置 00:00:04:00 时的参数

(35) 将当前时间设置为 00:00:05:15，在【效果控件】面板中单击【过渡完成】及【起始角度】右侧的【添加 / 移除关键帧】按钮，如图 12-40 所示。

(36) 将当前时间设置为 00:00:06:15，在【效果控件】面板中将【径向擦除】选项下的【过渡完成】、【起始角度】分别设置为 0%、311°，如图 12-41 所示。

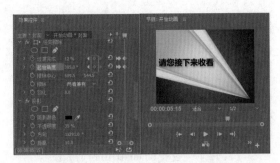

图 12-40 设置 00:00:05:15 时的参数

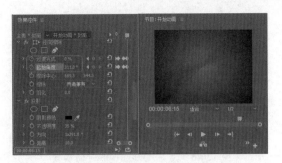

图 12-41 设置 00:00:06:15 时的参数

(37) 双击【项目】面板中的空白区域,在弹出的对话框中选择随书附带光盘中的"CDROM\素材\Cha12中的节目预告"文件夹,如图 12-42 所示。

(38) 单击【导入文件夹】按钮,将当前时间设置为 00:00:00:00,在【项目】面板中选择 Logo.jpg素材文件,将其拖入 V8 视频轨道,使其开始处与时间线对齐,将其持续时间设置为 00:00:08:00,如图 12-43 所示。

图 12-42 选择素材文件夹

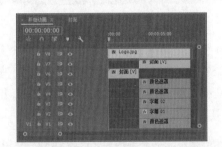

图 12-43 添加 Logo.jpg 至 V8 轨道

(39) 选择该素材文件,确认当前时间为 00:00:00:00,在【效果控件】面板中将【位置】设置为353、305.6,单击【缩放】及【旋转】左侧的【切换动画】,将【缩放】设置为 0,如图 12-44 所示。

(40) 将当前时间设置为 00:00:01:00,在【效果控件】面板中将【缩放】、【旋转】分别设置为 13、34°,如图 12-45 所示。

图 12-44 设置 Logo.jpg 的参数

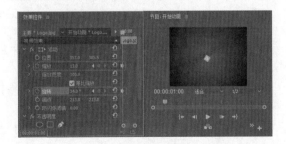

图 12-45 设置 00:00:01:00 时的参数

(41) 将当前时间设置为 00:00:01:05,在【效果控件】面板中将【旋转】设置为 45°,如图 12-46 所示。

(42) 将当前时间设置为 00:00:01:10,在【效果控件】面板中将【旋转】设置为 30°,如图 12-47 所示。

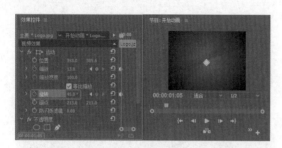

图 12-46　设置 00:00:01:05 时的参数

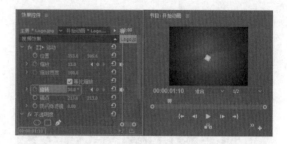

图 12-47　设置 00:00:01:10 时的参数

（43）将当前时间设置为 00:00:01:15，在【效果控件】面板中将【旋转】设置为 45°，如图 12-48 所示。

（44）将当前时间设置为 00:00:01:20，在【效果控件】面板中将【旋转】设置为 30°，如图 12-49 所示。

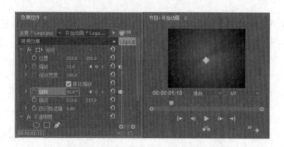

图 12-48　设置 00:00:01:15 时的参数

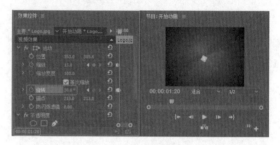

图 12-49　设置 00:00:01:20 时的参数

（45）将当前时间设置为 00:00:02:00，在【效果控件】面板中单击【位置】左侧的【切换动画】按钮，单击【缩放】右侧的【添加/移除关键帧】按钮，如图 12-50 所示。

（46）将当前时间设置为 00:00:03:00，在【效果控件】面板中将【位置】设置为 680、534.9，将【缩放】设置为 10，如图 12-51 所示。

图 12-50　设置 00:00:02:00 时的参数

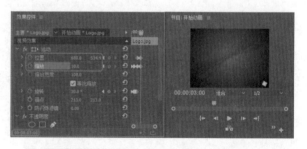

图 12-51　设置 00:00:03:00 时的参数

（47）将当前时间设置为 00:00:06:15，在【效果控件】面板中单击【位置】及【缩放】右侧的【添加/移除关键帧】按钮，如图 12-52 所示。

（48）将当前时间设置为 00:00:07:15，在【效果控件】面板中将【位置】设置为 360、288，将【缩放】设置为 18，如图 12-53 所示。

（49）确认该素材处于选择状态，为其添加【基本 3D】与【相机模糊】视频效果，将当前时间设置为 00:00:06:15，在【效果控件】面板中单击【倾斜】左侧的【切换动画】按钮，然后再单击【相机模糊】下的【百分比模糊】左侧的【切换动画】按钮，将【百分比模糊】设置为 0，如图 12-54 所示。

（50）将当前时间设置为 00:00:07:03，在【效果控件】面板中将【百分比模糊】设置为 25，如图 12-55 所示。

图 12-52　设置 00:00:06:15 时的参数

图 12-53　设置 00:00:07:15 时的参数

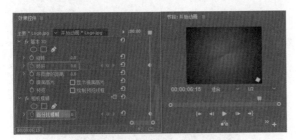

图 12-54　添加视频效果并设置参数

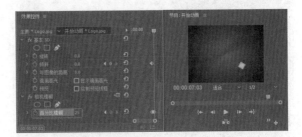

图 12-55　设置【百分比模糊】参数

(51) 将当前时间设置为 00:00:07:15，在【效果控件】面板中将【基本 3D】下的【倾斜】设置为 -180°，将【相机模糊】下的【百分比模糊】设置为 0，如图 12-56 所示。

(52) 确认当前时间为 00:00:07:15，在【效果控件】面板中右击【倾斜】右侧的最后一个关键帧，双击鼠标左键，在弹出的快捷菜单中选择【贝塞尔曲线】选项，如图 12-57 所示。

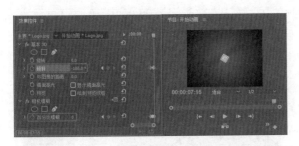

图 12-56　设置【基本 3D】及【相机模糊】参数

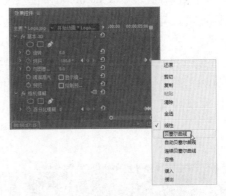

图 12-57　选择【贝塞尔曲线】选项

案例精讲 177　制作封面动画效果

本例主要讲解如何制作封面动画，方法是通过设置白色遮罩和视频的【位置】、【缩放】关键帧，完成封面动画的创建。

案例文件：CDROM ＼ 场景 ＼ Cha10 ＼ 电视节目预告 .prproj

视频文件：视频教学 ＼ Cha10 ＼ 制作封面动画效果 .avi

(1) 按 Ctrl+N 键，在弹出的对话框中选择【序列预设】选项卡，选择 DV-PAL|【标准 48kHz】选项，将【序列名称】设置为 "封面动画"，如图 12-58 所示。

(2) 单击【确定】按钮，将当前时间设置为 00:00:00:00，在【项目】面板中选择"白色遮罩"，将其拖入 V1 视频轨道，使其开始处与时间线对齐，将其持续时间设置为 00:00:20:01，如图 12-59 所示。

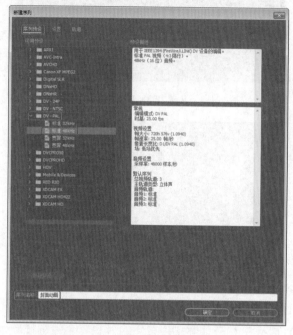

图 12-58　新建"封面动画"序列

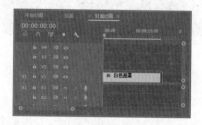

图 12-59　添加"白色遮罩"至 V1 轨道

(3) 确认当前时间为 00:00:00:00，在【项目】面板中选择"封面"序列文件，将其拖入 V2 视频轨道，使其开始处与时间线对齐，将其持续时间设置为 00:00:20:01，并取消速度与持续时间的链接，如图 12-60 所示。

(4) 继续选择该素材文件，为其添加【径向擦除】视频效果，确认当前时间为 00:00:01:10，将【过渡完成】设置为 50%，单击【过渡完成】左侧的【切换动画】按钮，将【起始角度】设置为 180°，单击【擦除中心】左侧的【切换动画】按钮，如图 12-61 所示。

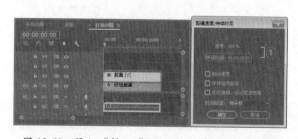

图 12-60　添加"封面"至 V2 轨道并设置持续时间

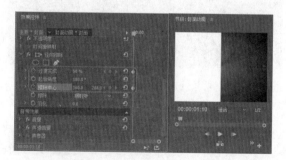

图 12-61　添加【径向擦除】效果并设置参数

(5) 将当前时间设置为 00:00:01:20，在【效果控件】面板中将【过渡完成】设置为 79%，将【擦除中心】设置为 360、386.1，如图 12-62 所示。

(6) 将当前时间设置为 00:00:16:01，在【效果控件】面板中单击【过渡完成】及【擦除中心】右侧的【添加/移除关键帧】按钮，如图 12-63 所示。

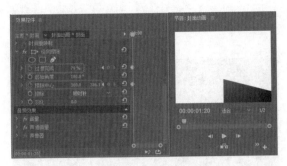

图 12-62　设置 00:00:01:20 时的参数

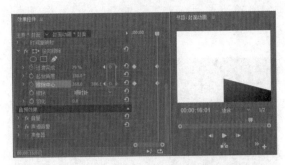

图 12-63　设置 00:00:16:01 时的关键帧

(7) 将当前时间设置为 00:00:16:11，在【效果控件】面板中将【径向擦除】下的【过渡完成】设置为 50%，将【擦除中心】设置为 360、288，如图 12-64 所示。

(8) 将当前时间设置为 00:00:00:00，在【项目】面板中选择"封面"序列文件，将其拖入 V3 视频轨道，使其开始处与时间线对齐，取消其速度与持续时间的链接，将其持续时间设置为 00:00:20:01，如图 12-65 所示。

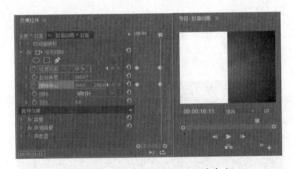

图 12-64　设置 00:00:16:11 的参数

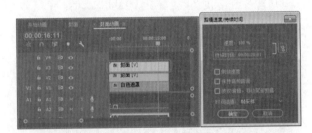

图 12-65　添加"封面"至 V3 轨道并设置持续时间

(9) 选择该素材，为其添加【径向擦除】视频效果，将当前时间设置为 00:00:01:10，在【效果控件】面板中将【过渡完成】设置为 50%，单击其左侧的【切换动画】按钮 ，将【起始角度】设置为 180°，单击【擦除中心】左侧的【切换动画】按钮 ，将【擦除】设置为【逆时针】，如图 12-66 所示。

(10) 将当前时间设置为 00:00:01:20，在【效果控件】面板中将【过渡完成】设置为 53%，将【擦除中心】设置为 360、386.1，如图 12-67 所示。

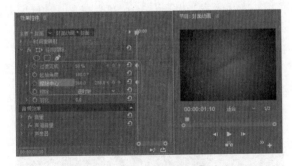

图 12-66　设置【径向擦除】参数

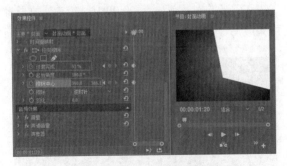

图 12-67　设置 00:00:01:20 时的参数

(11) 将当前时间设置为 00:00:16:01，在【效果控件】面板中单击【过渡完成】及【擦除中心】右侧的【添加 / 移除关键帧】按钮，如图 12-68 所示。

(12) 将当前时间设置为 00:00:16:11，在【效果控件】面板中将【过渡完成】设置为 50%，将【擦除中心】设置为 360、288，如图 12-69 所示。

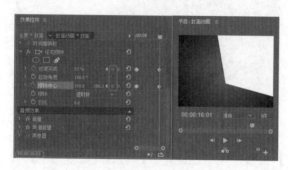

图 12-68　设置 00:00:16:01 时的关键帧

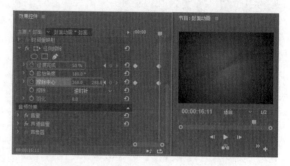

图 12-69　设置 00:00:16:11 时的参数

(13) 将当前时间设置为 00:00:00:00，在【效果控件】面板中选择 Logo.jpg 素材文件，将其拖至 V3 视频轨道上方的空白处，使其开始处与时间线对齐，将其持续时间设置为 00:00:20:01，选择该素材文件，将当前时间设置为 00:00:01:10，在【效果控件】面板中单击【位置】左侧的【切换动画】按钮 ，将【缩放】设置为 18，将【旋转】设置为 30°，如图 12-70 所示。

(14) 将当前时间设置为 00:00:01:20，在【效果控件】面板中将【位置】设置为 360、386.1，如图 12-71 所示。

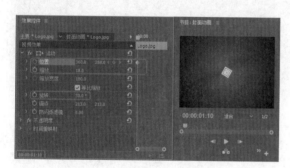

图 12-70　添加 Logo.jpg 并设置参数

图 12-71　设置 Logo.jpg 的【位置】参数

(15) 将当前时间设置为 00:00:16:01，在【效果控件】面板中单击【位置】右侧【添加 / 移除关键帧】按钮，如图 12-72 所示。

(16) 将当前时间设置为 00:00:16:11，在【效果控件】面板中将【位置】设置为 360、288，如图 12-73 所示，设置完成后，将 V1 视频轨道中的"白色遮罩"删除。

图 12-72　为 Logo.jpg 添加关键帧

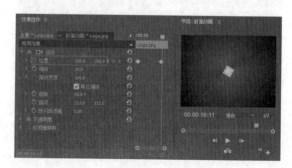

图 12-73　修改 Logo.jpg 的【位置】参数

案例精讲 178　制作预告动画效果

本案例主要通过在字幕编辑器中创建字幕，然后对创建的字幕添加视频特效以及关键帧，从而完成预告动画的制作。

案例文件：CDROM \ 场景 \ Cha10 \ 电视节目预告 .prproj

视频文件：视频教学 \ Cha10 \ 制作预告动画效果 .avi

(1) 按 Ctrl+N 键，在弹出的对话框中选择【序列预设】选项卡，选择 DV-PAL|【标准 48kHz】选项，将【序列名称】设置为"预告动画"，如图 12-74 所示。

(2) 再在该对话框中选择【轨道】选项卡，将视频轨道设置为 11，如图 12-75 所示。

图 12-74　设置序列参数

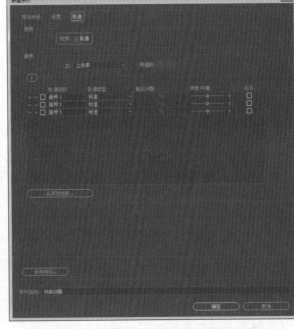

图 12-75　设置轨道参数

(3) 单击【确定】按钮，将当前时间设置为 00:00:00:00，在【项目】面板中选择"颜色遮罩"，将其拖入 V1 视频轨道，使其开始处与时间线对齐，将其持续时间设置为 00:00:18:10，如图 12-76 所示。

(4) 选择该素材文件，为其添加【渐变】视频效果，在【效果控件】面板中将【渐变起点】设置为 360、195，将【起始颜色】的 RGB 值设置为 169、171、157，将【渐变终点】设置为 472、576，将【结束颜色】的 RGB 值设置为 169、171、157，将【渐变形状】设置为【径向渐变】，如图 12-77 所示。

(5) 确认当前时间为 00:00:00:00，在【项目】面板中选择"字幕 01"，将其拖入 V2 视频轨道，将其持续时间设置为 00:00:18:10，选择该素材，在【效果控件】面板中将【缩放】设置为 169，如图 12-78 所示。

(6) 将当前时间设置为 00:00:01:16，在【项目】面板中选择"颜色遮罩"，将其拖入 V4 视频轨道，使其开始处与时间线对齐，将其持续时间设置为 00:00:16:06，如图 12-79 所示。

图 12-76 添加"颜色遮罩"至 V1 轨道并设置持续时间

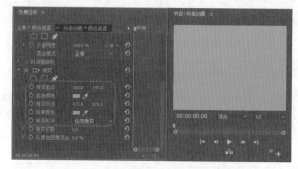

图 12-77 添加【渐变】效果并设置参数

图 12-78 添加"字幕 01"至 V2 轨道并设置参数

图 12-79 添加"颜色遮罩"至 V4 轨道并设置持续时间

(7) 继续选择该素材文件，为其添加【颜色替换】、【径向擦除】以及【投影】视频效果，将当前时间设置为 00:00:02:06，在【效果控件】面板中将【颜色替换】选项下的【目标颜色】的 RGB 值设置为 223、240、193，将【替换颜色】的 RGB 值设置为 163、223、46，单击【径向擦除】选项下【过渡完成】左侧的【切换动画】按钮，将【起始角度】设置为 -6°，将【擦除中心】设置为 363、436.8，将【投影】下的【不透明度】、【方向】、【距离】、【柔和度】分别设置为 35%、1×41°、10、50，如图 12-80 所示。

(8) 将当前时间设置为 00:00:02:15，在【效果控件】面板中将【过渡完成】设置为 30%，如图 12-81 所示。

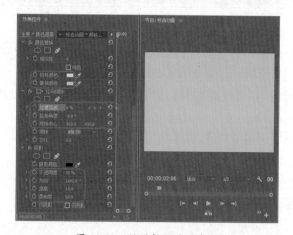

图 12-80 设置视频效果参数

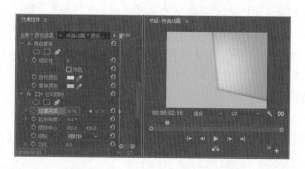

图 12-81 设置 00:00:02:15 时的参数

(9) 将当前时间设置为 00:00:06:08，在【效果控件】面板中单击【过渡完成】右侧的【添加 / 移除关键帧】按钮，如图 12-82 所示。

(10) 将当前时间设置为 00:00:06:16, 在【效果控件】面板中将【过渡完成】设置为 0%, 如图 12-83 所示。

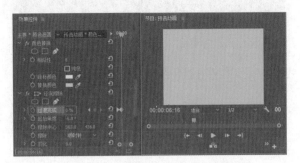

图 12-82　添加 00:00:06:08 时的关键帧　　　　图 12-83　设置 00:00:06:16 时的参数

(11) 将当前时间设置为 00:00:07:01, 在【效果控件】面板中单击【过渡完成】右侧的【添加/移除关键帧】按钮，如图 12-84 所示。

(12) 将当前时间设置为 00:00:07:09, 在【效果控件】面板中将【过渡完成】设置为 30%, 如图 12-85 所示。

(13) 将当前时间设置为 00:00:10:16, 在【效果控件】面板中单击【过渡完成】右侧的【添加/移除关键帧】按钮，如图 12-86 所示。

(14) 将当前时间设置为 00:00:10:23, 在【效果控件】面板中将【过渡完成】设置为 28%, 如图 12-87 所示。

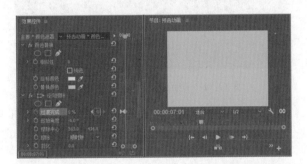

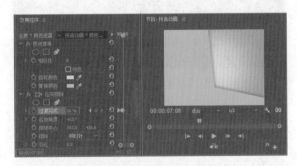

图 12-84　添加 00:00:07:01 时的关键帧　　　　图 12-85　设置 00:00:07:09 时的参数

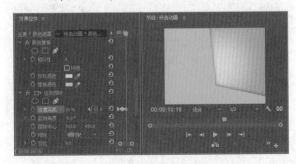

图 12-86　添加 00:00:10:16 时的关键帧　　　　图 12-87　设置 00:00:10:23 时的参数

(15) 将当前时间设置为 00:00:11:07, 在【效果控件】面板中将【过渡完成】设置为 0%, 如图 12-88 所示。

(16) 将当前时间设置为 00:00:11:18, 在【效果控件】面板中单击【过渡完成】右侧的【添加/移除关键帧】按钮，如图 12-89 所示。

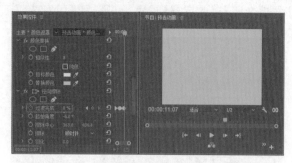

图 12-88　设置 00:00:11:07 时的参数

图 12-89　设置 00:00:11:18 时的参数

(17) 将当前时间设置为 00:00:12:02，在【效果控件】面板中将【过渡完成】设置为 30%，如图 12-90 所示。

(18) 将当前时间设置为 00:00:15:17，在【效果控件】面板中单击【过渡完成】右侧的【添加/移除关键帧】按钮，如图 12-91 所示。

图 12-90　设置 00:00:12:02 时的参数

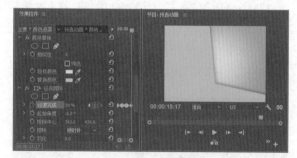

图 12-91　设置 00:00:15:17 时的参数

(19) 将当前时间设置为 00:00:16:00，在【效果控件】面板中将【过渡完成】设置为 0%，如图 12-92 所示。

(20) 使用同样的方法在 V5、V6 视频轨道中添加"颜色遮罩"，并对其进行相应的设置，效果如图 12-93 所示。

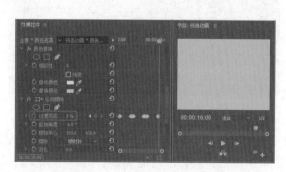

图 12-92　设置 00:00:16:00 时的参数

图 12-93　添加其他素材文件并进行设置后的效果

(21) 将当前时间设置为 00:00:00:00，在【项目】面板中选择"封面动画"序列文件，将其拖入 V7 视频轨道，使其开始处与时间线对齐，取消其速度与持续时间的链接，将其持续时间设置为 00:00:18:10，如图 12-94 所示。

(22) 为其添加【投影】视频效果,将当前时间设置为 00:00:01:10,在【效果控件】面板中单击【位置】左侧的【切换动画】按钮,将【投影】下的【不透明度】、【方向】、【距离】、【柔和度】分别设置为 35%、1×41°、10、50,如图 12-95 所示。

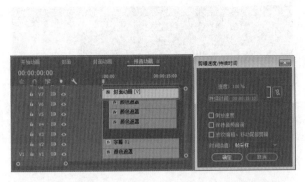

图 12-94 添加"封面动画"至 V7 轨道并设置参数

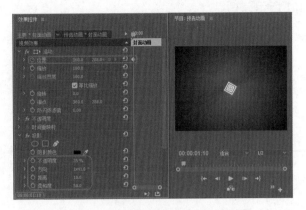

图 12-95 添加【投影】效果并设置参数

(23) 将当前时间设置为 00:00:01:20,在【效果控件】面板中将【位置】设置为 360、347.7,如图 12-96 所示。

(24) 将当前时间设置为 00:00:15:15,在【效果控件】面板中单击【位置】右侧的【添加/移除关键帧】按钮,如图 12-97 所示。

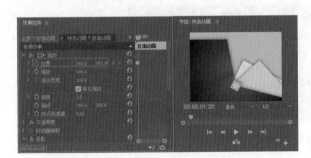

图 12-96 设置 00:00:01:20 时的参数

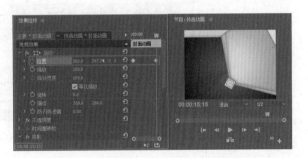

图 12-97 添加 00:00:15:15 时的关键帧

(25) 将当前时间设置为 00:00:16:01,在【效果控件】面板中将【位置】设置为 360、288,如图 12-98 所示。

(26) 将当前时间设置为 00:00:02:05,在【项目】面板中选择"植物.jpg"素材文件,将其拖入 V3 视频轨道,使其开始处与时间线对齐,将其持续时间设置为 00:00:04:12,如图 12-99 所示。

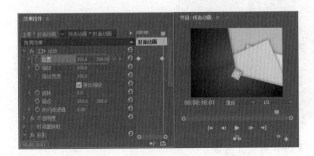

图 12-98 设置 00:00:16:01 时的参数

图 12-99 添加"植物.jpg"并设置持续时间

(27) 将当前时间设置为 00:00:02:06，在【效果控件】面板中将【位置】设置为 611.9、270，并单击其左侧的【切换动画】按钮，将【缩放】设置为 53，如图 12-100 所示。

(28) 将当前时间设置为 00:00:06:16，在【效果控件】面板中将【位置】设置为 500、270，如图 12-101 所示。

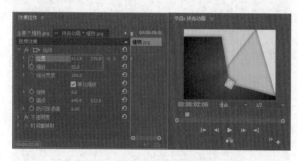

图 12-100　设置 00:00:02:06 时的参数

图 12-101　设置 00:00:06:16 时的参数

(29) 使用同样的方法添加另外两个素材文件，并对其进行相应的设置，效果如图 12-102 所示。

(30) 按 Ctrl+T 键，在弹出的对话框中单击【确定】按钮，在弹出的字幕编辑器中单击【文字工具】 T，输入文字"接下来将播出："，选择输入的文字，在【字幕属性】面板中将【字体系列】设置为【黑体】，将【字体大小】设置为 35，在【填充】选项中将【颜色】的 RGB 值设置为 255、255、255，在【变换】选项中将【X 位置】、【Y 位置】分别设置为 163.9、110.1，如图 12-103 所示。

图 12-102　添加其他素材后的效果

图 12-103　新建"字幕 03"并设置参数

(31) 使用同样的方法创建其他字幕，并对其进行相应的设置，效果如图 12-104 所示。

(32) 将当前时间设置为 00:00:00:00，在【项目】面板中选择"字幕 03"，将其拖入 V8 视频轨道，使其开始处与时间线对齐，将其持续时间设置为 00:00:18:00，如图 12-105 所示。

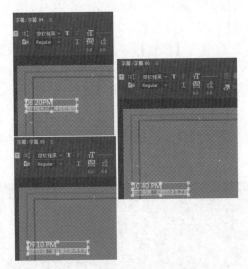

图 12-104　创建其他文字后的效果　　　　　图 12-105　添加"字幕 03"至 V8 轨道并设置持续时间

(33) 将当前时间设置为 00:00:01:20，在【效果控件】面板中将【位置】设置为 75、288，单击其左侧的【切换动画】按钮，如图 12-106 所示。

(34) 将当前时间设置为 00:00:02:01，在【效果控件】面板中将【位置】设置为 360、288，如图 12-107 所示。

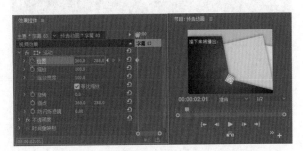

图 12-106　设置 00:00:01:20 时的参数　　　　　　图 12-107　设置 00:00:02:01 时的参数

(35) 将当前时间设置为 00:00:15:08，在【效果控件】面板中单击【位置】右侧的【添加 / 移除关键帧】按钮，如图 12-108 所示。

(36) 将当前时间设置为 00:00:15:15，在【效果控件】面板中将【位置】设置为 75、288，如图 12-109 所示。

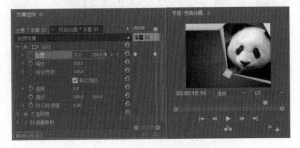

图 12-108　添加 00:00:15:08 时的关键帧　　　　　图 12-109　设置 00:00:15:15 时的参数

(37) 将当前时间设置为 00:00:00:00，在【项目】面板中选择"字幕04"，将其拖入 V9 视频轨道，使其开始处与时间线对齐，将其持续时间设置为 00:00:18:00。将当前时间设置为 00:00:01:23，在【效果控件】面板中将【位置】设置为 35、288，单击其左侧的【切换动画】按钮，如图 12-110 所示。

(38) 将当前时间设置为 00:00:02:05，在【效果控件】面板中将【位置】设置为 360、288，如图 12-111 所示。

(39) 将当前时间设置为 00:00:06:02，在【效果控件】面板中单击【不透明度】右侧的【添加/移除关键帧】按钮 ◈，如图 12-112 所示。

(40) 将当前时间设置为 00:00:06:16，在【效果控件】面板中将【不透明度】设置为 30%，如图 12-113 所示。

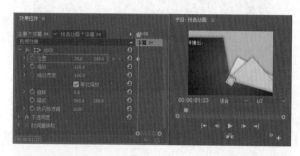

图 12-110　添加"字幕04"至 V9 轨道并设置参数

图 12-111　设置 00:00:02:05 时的参数

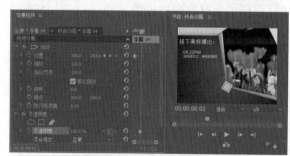

图 12-112　添加 00:00:00:02 时的关键帧

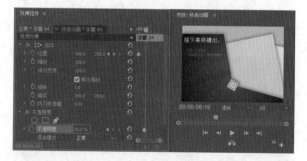

图 12-113　设置 00:00:06:16 时的参数

(41) 将当前时间设置为 00:00:15:05，在【效果控件】面板中单击【位置】右侧的【添加/移除关键帧】按钮 ◈，如图 12-114 所示。

(42) 将当前时间设置为 00:00:15:12，在【效果控件】面板中将【位置】设置为 35、288，如图 12-115 所示。

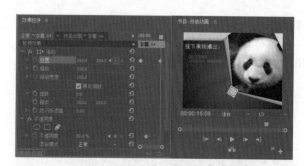

图 12-114　添加 00:00:15:05 时的关键帧

图 12-115　设置 00:00:15:12 时的参数

(43) 使用同样的方法添加其他文字，并对添加的文字进行设置，效果如图 12-116 所示。

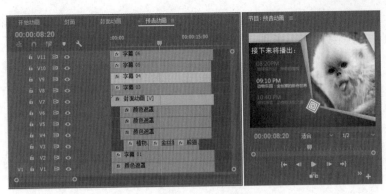

图 12-116　添加其他文字后的效果

 案例精讲 179　嵌套序列

制作完开始动画、封面动画和预告动画序列后，需要将它们嵌套在一个新的序列中，才能组成完整的动画效果。本案例介绍嵌套序列的方法。

> 案例文件：CDROM ＼ 场景 ＼ Cha10 ＼ **电视节目预告** .prproj
>
> 视频文件：视频教学 ＼ Cha10 ＼ **嵌套序列** .avi

(1) 按 Ctrl+N 键，在弹出的对话框中选择【序列预设】选项卡，选择 DV-PAL|【标准 48kHz】选项，将【序列名称】设置为电视节目预告，如图 12-117 所示。

(2) 单击【确定】按钮，将当前时间设置为 00:00:00:00，在【项目】面板中选择"开始动画"序列文件，将其拖入 V1 视频轨道，使其开始处与时间线对齐，如图 12-118 所示。

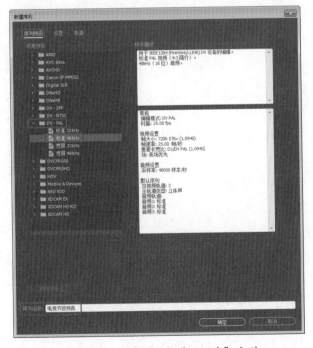

图 12-117　新建"电视节目预告"序列

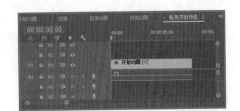

图 12-118　添加"开始动画"序列至 V1 轨道

(3) 将当前时间设置为 00:00:08:00，在【项目】面板中选择"预告动画"序列文件，将其拖入 V1 视频轨道，使其开始处与时间线对齐，如图 12-119 所示。

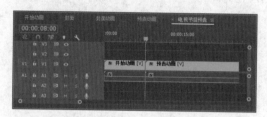

图 12-119　添加"预告动画"序列文件至 VI 轨迹

本章重点

- 新建项目序列和导入素材
- 创建字幕
- 创建序列文件
- 添加音频

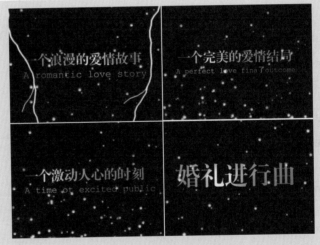

图 13-1 婚礼片头效果

　　婚礼片头是生活中常见到的，本章介绍如何制作婚礼片头，其最终效果如图 13-1 所示。

案例精讲 180　新建项目序列和导入素材【视频案例】

本例介绍婚礼片头的制作。首先创建需要的项目和序列，并导入素材文件。

案例文件：CDROM ＼ 场景 ＼ Cha13＼ 婚礼片头 .prproj

视频文件：视频教学 ＼ Cha13 ＼ 新建项目序列和导入素材 .avi

案例精讲 181　创建字幕【视频案例】

一个完美的片头，字幕是不可或缺的。首先根据片头主体内容创建字幕，通过【字幕属性】设置与其相符合的字幕。

案例文件：CDROM ＼ 场景 ＼ Cha13＼ 婚礼片头 .prproj

视频文件：视频教学 ＼ Cha13 ＼ 创建字幕 .avi

案例精讲 182　创建序列文件【视频案例】

序列是一个片头的主体部分，也是最复杂的部分，其中很多效果都是在【序列】面板中制作完成的。本例中的序列主要是通过对字幕设置各种关键帧和添加效果完成的。

案例文件：CDROM ＼ 场景 ＼ Cha13＼ 婚礼片头 .prproj

视频文件：视频教学 ＼ Cha13 ＼ 创建序列文件 .avi

案例精讲 183　添加音频【视频案例】

一个完整的片头，音频是不可缺少的。将音频素材添加到视频文字的过渡段，然后设置其持续时间。

案例文件：CDROM ＼ 场景 ＼ Cha13＼ 婚礼片头 .prproj

视频文件：视频教学 ＼ Cha13 ＼ 添加音频 .avi

旅游短片欣赏

本章重点

- 新建项目并导入素材
- 新建颜色遮罩和字幕
- 创建并设置序列
- 添加背景音乐
- 输出影片

图 14-1　旅游短片欣赏

　　旅游短片欣赏是对一个旅游景地精要的展示和表现，通过一种视觉的传播路径，提高旅游景地的知名度和曝光率，以便更好地吸引投资和游客，彰显旅游景地品质及个性，本章介绍如何制作旅游短片欣赏，其最终效果如图 14-1 所示。

案例精讲 184　新建项目并导入素材【视频案例】

在制作旅游短片欣赏之前首先要新建项目和导入素材，本例介绍如何新建项目和导入素材。

案例文件：CDROM ＼ 场景 ＼ Cha14 ＼ 旅游短片欣赏.prproj
视频文件：视频教学 ＼ Cha14 ＼新建项目并导入素材.avi

案例精讲 185　新建颜色遮罩和字幕【视频案例】

颜色遮罩和字幕可以使短片更加丰富多彩。在本短片中拥有多个字幕和颜色遮罩。本例讲解如何制作颜色遮罩和字幕。

案例文件：CDROM ＼ 场景 ＼ Cha14 ＼ 旅游短片欣赏.prproj
视频文件：视频教学 ＼ Cha14 ＼新建颜色遮罩和字幕.avi

案例精讲 186　创建并设置序列【视频案例】

本例介绍如何将【项目】面板中的各个素材添加至【序列】面板中，配合在【效果控件】面板中设置参数并添加关键帧和为素材添加视频效果来制作多彩的动态效果。

案例文件：CDROM ＼ 场景 ＼ Cha14 ＼ 旅游短片欣赏.prproj
视频文件：视频教学 ＼ Cha14 ＼创建并设置序列.avi

案例精讲 187　添加背景音乐【视频案例】

添加合适的背景音乐可以使欣赏者在视觉效果的基础上，让听觉动起来，两者结合，可以使视频更加富有感染力，本例讲解如何为视频添加背景音乐。

案例文件：CDROM ＼ 场景 ＼ Cha14 ＼ 旅游短片欣赏.prproj
视频文件：视频教学 ＼ Cha14 ＼添加背景音乐.avi

案例精讲 188　输出影片【视频案例】

输出影片就是软件根据素材在【序列】面板中设置的视频参数来创建影片。本例讲解如何输出影片。

案例文件：CDROM ＼ 场景 ＼ Cha14 ＼ 旅游短片欣赏.prproj
视频文件：视频教学 ＼ Cha14 输出影片.avi

第 15 章

公益广告

本章重点

- ✓ 新建项目和导入素材
- ✓ 创建字幕
- ✓ 设置序列
- ✓ 添加音效

图 15-1　公益广告

　　公益广告具有社会的效益性、主题的现实性和表现的号召性三大特点，本章根据前面所学的知识制作公益广告，最终效果如图 15-1 所示。

案例精讲 189 　新建项目和导入素材

在制作公益广告之前先新建项目文件和序列并导入素材。

> 案例文件：CDROM ＼ 场景 ＼ Cha15 ＼ 公益广告 .prproj
>
> 视频文件：视频教学 ＼ Cha15 ＼ 新建项目和导入素材 .avi

(1) 运行 Premiere Pro CC 2017，在欢迎界面单击【新建项目】按钮，弹出【新建项目】对话框，设置正确的【名称】和【位置】，单击【确定】按钮。

(2) 按 Ctrl+N 键，弹出【新建序列】对话框，选择 DV-24P|【标准 48kHz】选项，序列名称保持默认设置，单击【确定】按钮，如图 15-2 所示。

(3) 双击【项目】面板中的空白区域，弹出【导入】对话框，选择随书附带光盘 CDROM\ 素材 \Cha15 中的"公益广告"文件夹，并单击【导入文件夹】按钮，如图 15-3 所示。

(4) 打开【项目】面板可以查看导入的素材文件，如图 15-4 所示。

图 15-2 　新建序列

图 15-3 　导入素材文件

图 15-4 　查看导入的素材

案例精讲 190 　创建字幕

本例详细讲解如何制作公益广告中的字幕。该例中的字幕主要应用了系统的字幕样式，再对其加以修改。

> 案例文件：CDROM ＼ 场景 ＼ Cha15 ＼ 公益广告 .prproj
>
> 视频文件：视频教学 ＼ Cha15 ＼ 创建字幕 .avi

(1) 按 Ctrl+T 键，弹出【新建字幕】对话框，保持默认设置，将【名称】设置为"水"，单击【确定】按钮，如图 15-5 所示。

(2) 进入字幕编辑器，使用【文字工具】输入"水"，选择输入的文字，在【字幕样式】面板中对其应用 Caslon Red 84 样式，在【字幕属性】面板中将【字体系列】设置为【汉仪水滴体简】，将【字体大小】设置为 260，将【填充类型】设置为【实底】，将【颜色】设置为【白色】，如图 15-6 所示。

(3) 将【X 位置】、【Y 位置】分别设置为 319.9、233.5，如图 15-7 所示。

（4）单击【基于当前字幕新建字幕】按钮，弹出【新建字幕】对话框，将【名称】设置为"广告 1"，单击【确定】按钮，如图 15-8 所示。

图 15-5　新建"水"字幕

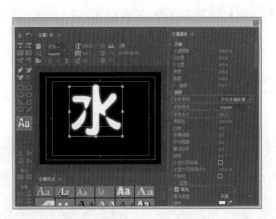

图 15-6　设置"水"字幕的参数

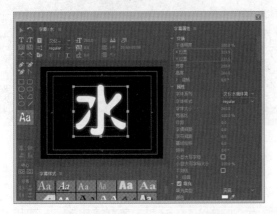

图 15-7　设置"水"字幕的位置

图 15-8　新建"广告 1"字幕

（5）将原来的文字删除，使用【文字工具】输入"请节约身边每一滴水！"，在【字幕属性】面板中将【字体系列】设置为【汉仪秀英体简】，将【字体大小】设置为 48，将【填充】选项中的颜色设置为 #A80909，将【X 位置】、【Y 位置】分别设置为 360.9、392.7，如图 15-9 所示。

（6）单击【基于当前字幕新建字幕】按钮，弹出【新建字幕】对话框，将【名称】设置为"广告 2"，单击【确定】按钮，如图 15-10 所示。

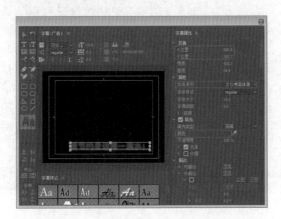

图 15-9　设置"广告 1"字幕的参数

图 15-10　新建"广告 2"字幕

(7) 进入字幕编辑器，将原来的文字删除，使用【矩形工具】绘制矩形，在【字幕属性】面板中将【填充】选项卡中的颜色设置为【白色】，将【宽度】设置为4000，将【高度】设置为58，将【X位置】、【Y位置】分别设置为1998.5、437.8，如图15-11所示。

(8) 使用【文字工具】输入"为何血浓于水？因为爱在其中，水是生命的源泉，农业的命脉，工业的血液，千万别让孩子知道鱼类只有泥鳅。请节约每一滴水，不要让最后一滴水，变成眼泪！"将【字体系列】设置为【汉仪秀英体简】，将【字体大小】设置为50，将【填充】选项下的【颜色】设为【黑色】。将【X位置】、【Y位置】分别设置为2021、441.6，如图15-12所示。

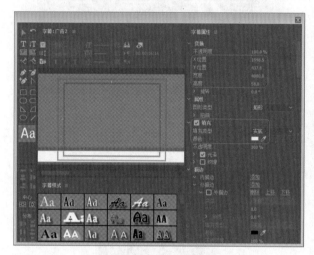 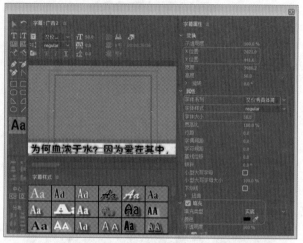

图 15-11　绘制矩形并设置参数　　　　图 15-12　输入文字并设置参数

(9) 单击【滚动/游动选项】按钮，弹出【滚动/游动选项】对话框，将【字幕类型】设为【向左游动】，并勾选【开始于屏幕外】和【结束于屏幕外】复选框，单击【确定】按钮，如图15-13所示。

(10) 按Ctrl+T键，在弹出的对话框中将【名称】设置为"广告3"，进入"字幕编辑器"，使用【文字工具】输入"你的生命需要水的滋润"，在【字幕样式】面板中对其应用"Tekton Blue Gradient 130"样式，在【字幕属性】面板中将【字体系列】设置为【汉仪立黑简】，将【字体大小】设置为60，将【X位置】、【Y位置】分别设置为322.6、439.9，如图15-14所示。

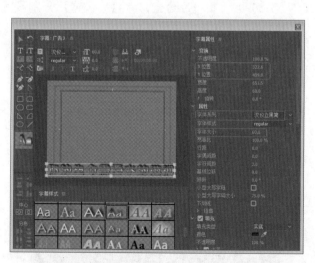

图 15-13　设置游动字幕　　　　图 15-14　新建"广告3"字幕并设置参数

(11) 按 Ctrl+T 键，在弹出的对话框中将【名称】设置为"广告 4"，进入【字幕编辑器】，使用【文字工具】输入"请节约用水让生命继续…让大地继续…"，在【字幕样式】面板中对其应用 Caslon Italic Bluesky 64，在【字幕属性】面板中将【字体系列】设置为【隶书】，将【字体大小】设置为 50，将【X 位置】、【Y 位置】分别设置为 298.7、355，如图 15-15 所示。

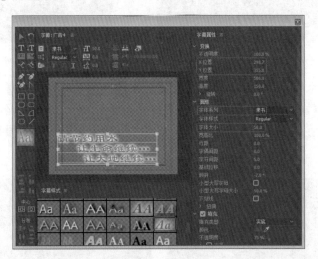

图 15-15　新建"广告 4"字幕并设置参数

案例精讲 191　设置序列

序列是公益广告的主体部分，本例中的序列主要应用了一些特效，以及素材本身关键帧的添加。

案例文件：CDROM \ 场景 \ Cha15 \ 公益广告 .prproj
视频文件：视频教学 \ Cha15 \ 设置序列 .avi

(1) 打开【项目】面板，将 01.jpg、02.jpg、03.jpg 文件拖入 V1 轨道，如图 15-16 所示。

(2) 选择上一步导入的素材文件，打开【效果控件】面板，分别选择 01.jpg、02.jpg、03.jpg 文件，将【缩放】设置为 94，86，136，如图 15-17 所示。

图 15-16　添加素材到 V1 轨道

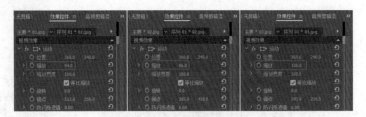

图 15-17　设置【缩放】参数

(3) 打开【效果】面板，搜索【交叉缩放】效果，添加到两个素材之间，并将持续时间设置为 00:00:02:00，如图 15-18 所示。

(4) 选择"水"字幕，将其添加到 V2 轨道，使其结尾处与 V1 轨道中的 01.jpg 文件结尾处对齐，如图 15-19 所示。

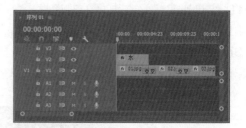

图 15-18　添加【交叉缩放】特效　　　　　　　图 15-19　添加"水"字幕至 V2 轨道

（5）将当前时间设置为 00:00:00:00，选择添加的"水"字幕，打开【效果控件】面板，将【缩放】设置为 30，并单击左侧【切换动画】按钮，打开关键帧记录，如图 15-20 所示。

（6）将当前时间设置为 00:00:04:23，选择添加的"水"字幕，打开【效果控件】面板，将【缩放】设置为 130，如图 15-21 所示。

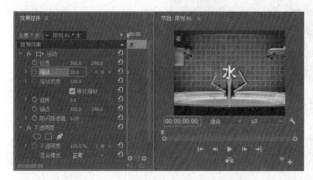

图 15-20　设置 00:00:00:00 时的参数　　　　　图 15-21　设置 00:00:04:23 时的参数

（7）将【项目】面板中的"水"字幕拖入 V2 轨道，使其与前一个"水"字幕首尾相连，结尾处与 V1 轨道中的 02.jpg 文件结尾处对齐，如图 15-22 所示。

（8）将当前时间设置为 00:00:05:00，选择上一步添加的"水"字幕，打开【效果控件】面板，将【缩放】设置为 30，并单击左侧【切换动画】按钮，打开关键帧记录，如图 15-23 所示。

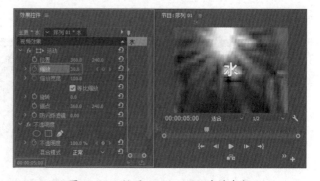

图 15-22　添加第 2 个"水"字幕　　　　　　　图 15-23　设置 00:00:05:00 时的参数

（9）将当前时间设置为 00:00:09:23，选择上一步添加的"水"字幕，打开【效果控件】面板，将【缩放】设置为 130，如图 15-24 所示。

（10）将【项目】面板中的"水"字幕拖入 V2 轨道，使其与第 2 个"水"字幕首尾相连，结束处与 V1 轨道中的 03.jpg 文件结尾处对齐，如图 15-25 所示。

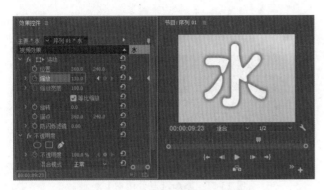

图 15-24 设置 00:00:09:23 时的参数

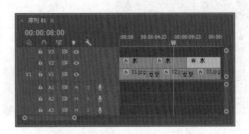

图 15-25 添加第 3 个"水"字幕

(11) 将当前时间设置为 00:00:10:00，选择添加的"水"字幕，打开【效果控件】面板，将【缩放】设置为 30，并单击左侧【切换动画】按钮，如图 15-26 所示。

(12) 将当前时间设置为 00:00:14:23，选择上一步添加的"水"字幕，打开【效果控件】面板，将【缩放】设置为 130，如图 15-27 所示。

图 15-26 设置 00:00:10:00 时的参数

图 15-27 设置 00:00:14:23 时的参数

(13) 打开【效果】面板，搜索【随机块】特效，将其添加到"水"字幕之间，并将其持续时间设置为 00:00:02:00，如图 15-28 所示。

(14) 打开【项目】面板，将 04.jpg 文件拖入 V1 轨道，使其与 03.jpg 文件首尾相连，如图 15-29 所示。

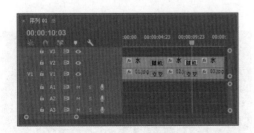

图 15-28 添加【随机块】特效

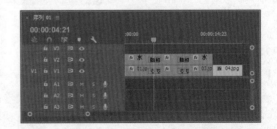

图 15-29 添加 04.jpg 到 V1 轨道

(15) 选择上一步添加的素材文件，打开【效果控件】面板，将【缩放】设置为 75，如图 15-30 所示。

(16) 打开【效果】面板，搜索【胶片溶解】特效，将其添加到 03.jpg 文件和 04.jpg 文件之间，并设置持续时间为 00:00:02:00，如图 15-31 所示。

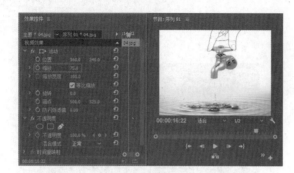

图 15-30　设置【缩放】参数

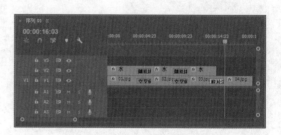

图 15-31　添加【胶片溶解】特效

(17) 将"广告 1"字幕拖入 V2 轨道，使其与第 3 个"水"字幕首尾相连，结尾处与 04.jpg 文件结尾处对齐，如图 15-32 所示。

(18) 将当前时间设置为 00:00:15:00，选择添加的"广告 1"字幕，打开【效果控件】面板，将【位置】设置为 1015、201，并单击其左侧的【切换动画】按钮，如图 15-33 所示。

图 15-32　添加"广告 1"字幕至 V2 轨道

图 15-33　设置 00:00:15:00 时的参数

(19) 将当前时间设置为 00:00:19:23，选择添加的"广告 1"字幕，打开【效果控件】面板，将【位置】设置为 361、201，如图 15-34 所示。

(20) 打开【效果】面板，搜索【随机块】特效，将其添加到"广告 1"和"水"字幕之间，并将持续时间设置为 00:00:02:00，如图 15-35 所示。

图 15-34　设置 00:00:19:23 时的参数

图 15-35　添加【随机块】特效

(21) 打开【项目】面板，将 05.jpg、06.jpg 和 07.jpg 文件拖入 V1 轨道，使其与 04.jpg 文件顺次相连，如图 15-36 所示。

(22) 将当前时间设置为 00:00:20:00，选择 05.jpg 文件，打开【效果控件】面板，将【位置】设置为

440、240，并单击左侧【切换动画】按钮，如图 15-37 所示。

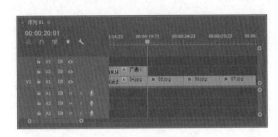

图 15-36 添加素材文件

图 15-37 设置 00:00:20:00 时的参数

(23) 将当前时间设置为 00:00:24:23，打开【效果控件】面板，将【位置】设置为 282、240，如图 15-38 所示。

(24) 将当前时间设置为 00:00:25:00，选择 06.jpg 文件，打开【效果控件】面板，将【位置】设置为 360、456，并单击左侧的【切换动画】按钮，打开关键帧记录，将【缩放】设置为 123，如图 15-39 所示。

图 15-38 设置 00:00:24:23 时的参数

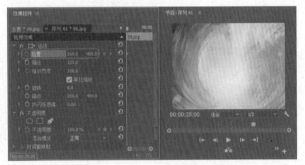

图 15-39 设置 00:00:25:00 时的参数

(25) 将当前时间设置为 00:00:29:23，选择 06.jpg 文件，打开【效果控件】面板，将【位置】设置为 360、105，如图 15-40 所示。

(26) 将当前时间设置为 00:00:30:00，选择 07.jpg 文件，打开【效果控件】面板，单击【缩放】左侧的【切换动画】按钮，如图 15-41 所示。

图 15-40 设置 00:00:29:23 时的参数

图 15-41 设置 00:00:30:00 时的参数

(27) 将当前时间设置为 00:00:34:23，选择 07.jpg 文件，打开【效果控件】面板，将【缩放】设置为 74，如图 15-42 所示。

(28) 打开【效果】面板，搜索【交叉溶解】特效，将其分别添加到 04.jpg~07.jpg 文件之间，并设置【持续时间】为 00:00:02:00，如图 15-43 所示。

图 15-42 设置 00:00:34:23 时的参数

图 15-43 添加【交叉溶解】特效

(29) 打开【项目】面板，选择其余的素材图片拖入 V1 轨道，使其与 07.jpg 文件顺次相连，如图 15-44 所示。

(30) 选择 08.jpg 文件，打开【效果控件】面板，将【缩放】设置为 75，如图 15-45 所示。

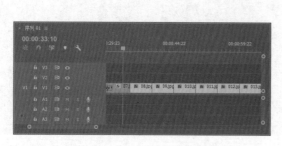

图 15-44 添加其余的素材图片

图 15-45 设置 08.jpg 的参数

(31) 打开【效果】面板，搜索【交叉缩放】特效，将其添加到 07.jpg 和 08.jpg 文件之间，并将【持续时间】设置为 00:00:02:00，如图 15-46 所示。

(32) 选择 V1 轨道中的 09.jpg 文件，打开【效果控件】面板，将【缩放】设置为 82，如图 15-47 所示。

(33) 打开【效果】面板，将【交叉缩放】特效添加到 08.jpg 和 09.jpg 文件之间，并将【持续时间】设置为 00:00:02:00，如图 15-48 所示。

(34) 选择 010.jpg 文件，打开【效果控件】面板，将【缩放】设置为 82，如图 15-49 所示。

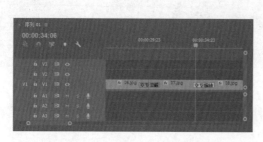

图 15-46 添加【交叉缩放】特效

图 15-47 设置 09.jpg 的参数

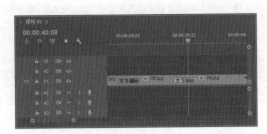

图 15-48　添加特效到 08.jpg 和 09.jpg 之间 　　　　　　图 15-49　设置 010.jpg 的参数

(35) 打开【效果】面板，将【交叉缩放】特效添加到 09.jpg 和 010.jpg 文件之间，并将【持续时间】设置为 00:00:02:00，如图 15-50 所示。

(36) 选择 011.jpg 素材文件，打开【效果控件】面板，将【缩放】设置为 92，如图 15-51 所示。

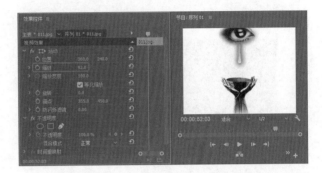

图 15-50　添加特效到 09.jpg 和 010.jpg 之间 　　　　　　图 15-51　设置 011.jpg 的参数

(37) 打开【效果】面板，将【渐隐为白色】特效添加到 010.jpg 和 011.jpg 文件之间，并将【持续时间】设置为 00:00:02:00，如图 15-52 所示。

(38) 选择 012.jpg 素材文件，打开【效果控件】面板，将【缩放】设置为 125，如图 15-53 所示。

图 15-52　添加【渐变为白色】特效 　　　　　　图 15-53　设置 012.jpg 的参数

(39) 打开【效果】面板，将【交叉缩放】特效添加到 011.jpg 和 012.jpg 文件之间，并将【持续时间】设置为 00:00:02:00，如图 15-54 所示。

(40) 将当前时间设置为 00:00:35:00，将 "广告 2" 字幕拖入 V2 轨道，使其开始处与时间线对齐，结尾处与 011.jpg 文件结尾处对齐，如图 15-55 所示。

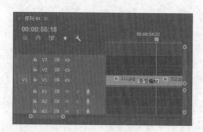

图 15-54　添加特效至 011.jpg 和 012.jpg 之间

图 15-55　添加"广告 2"字幕至 V2 轨道

(41) 将"广告 3"字幕拖入 V2 轨道，使其与 012.jpg 文件首尾对齐，如图 15-56 所示。

(42) 选择添加的"广告 3"字幕，将当前时间设置为 00:00:55:00，打开【效果控件】面板，将【缩放】设置为 10，并单击其左侧的【切换动画】按钮，如图 15-57 所示。

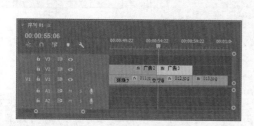

图 15-56　添加"广告 3"字幕至 V2 轨道

图 15-57　设置"广告 3"字幕的参数

(43) 将当前时间设置为 00:00:59:23，打开【效果控件】面板，将【缩放】设置为 100，如图 15-58 所示。

(44) 选择 013.jpg 文件，打开【效果控件】面板，将【缩放】设置为 20，如图 15-59 所示。

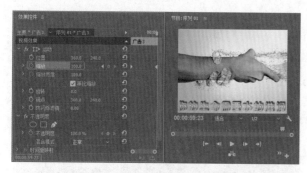

图 15-58　设置 00:00:59:23 时的参数

图 15-59　设置 013.jpg 的参数

(45) 打开【效果】面板，搜索【交叉缩放】特效，将其添加到 012.jpg 和 013.jpg 文件之间，并将其【持续时间】设置为 00:00:02:00，如图 15-60 所示。

(46) 选择广告 4 字幕，将其拖入 V2 轨道，使其开始位置和结束位置与 013.jpg，文件的开始和结束位置对齐，如图 15-61 所示。

(47) 选择添加的"广告 4"字幕，将当前时间设置为 00:01:00:00，打开【效果控件】面板，将【缩放】设置为 600，并单击左侧的【切换动画】按钮，如图 15-62 所示。

(48) 选择添加的"广告 4"字幕，将当前时间设置为 00:01:01:23，打开【效果控件】面板，将【缩放】

设置为 100，如图 15-63 所示。

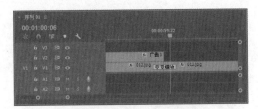

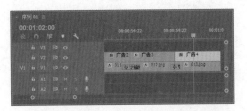

图 15-60 添加特效至 012.jpg 和 013.jpg 之间　　　　图 15-61 添加"广告 4"字幕至 V2 轨道

图 15-62 设置 00:01:00:00 时的参数　　　　图 15-63 设置 00:01:01:23 时的参数

案例精讲 192　添加音效

一个完整的公益广告，音频是必不可少的，本例介绍如何添加音效。

案例文件：CDROM \ 场景 \ Cha15 \ 公益广告.prproj

视频文件：视频教学 \ Cha15 \ 添加音效.avi

(1) 将当前时间设置为 00:00:14:23，打开【项目】面板，将 014.mp3 文件拖入 A1 轨道，使其开始位置处于 00:00:00:00，选择【剃刀工具】沿着时间线进行裁剪，并将后边部分删除，如图 15-64 所示。

(2) 将 015.mp3 文件拖入 A1 轨道，使其与 014.mp3 文件首尾相连，将当前时间设置为 00:01:04:23，使用【剃刀工具】沿着 013.jpg 文件的结束处进行裁剪，并将后边部分删除，完成后的效果如图 15-65 所示。

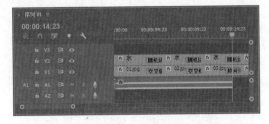

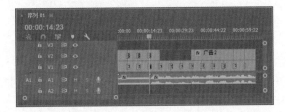

图 15-64 添加 014.mp3 至 A1 轨道　　　　图 15-65 添加 015.mp3 至 A1 轨道

第 16 章

企业宣传片头

本章重点

- 新建项目和序列文件
- 创建宣传字幕
- 设置片头宣传序列
- 添加音效
- 输出企业片头

图 16-1 企业宣传片头

企业宣传是通过企业自主投资，制作文字、图片、动画宣传片、宣传画或宣传书等，以提升企业形象，本章介绍如何制作企业宣传片头，效果如图 16-1 所示。

案例精讲 193　新建项目和序列文件【视频案例】

在制作公益广告之前，需要先新建项目文件和序列并导入素材。

案例文件： CDROM ＼ 场景 ＼ Cha16＼ 企业宣传片头 .prproj
视频文件： 视频教学 ＼ Cha16＼ 新建项目和序列文件 .avi

案例精讲 194　创建宣传字幕【视频案例】

字幕的创建要与本身背景相符合，才能达到完美的效果。本例中字幕的创建，主要应用了系统自身的样式，再通过对设置进行修改，从而达到与背景相符合的效果。

案例文件： CDROM ＼ 场景 ＼ Cha16＼ 企业宣传片头 .prproj
视频文件： 视频教学 ＼ Cha16＼ 创建宣传字幕 .avi

案例精讲 195　设置片头宣传序列【视频案例】

片头序列的创建主要应用了素材本身属性关键帧的设置以及效果的添加。

案例文件： CDROM ＼ 场景 ＼ Cha16＼ 企业宣传片头 .prproj
视频文件： 视频教学 ＼ Cha16＼ 设置片头宣传序列 .avi

案例精讲 196　添加音效【视频案例】

创建片头序列后，需要选择符合主体的音效，将其添加到音频轨道，使用【钢笔工具】可以绘制出淡入和淡出效果。

案例文件： CDROM ＼ 场景 ＼ Cha16＼ 企业宣传片头 .prproj
视频文件： 视频教学 ＼ Cha16＼ 添加音效 .avi

案例精讲 197　输出企业片头【视频案例】

片头文件制作完成后，需要将其输出为视频文件。

案例文件： CDROM ＼ 场景 ＼ Cha16＼ 企业宣传片头 .prproj
视频文件： 视频教学 ＼ Cha16＼ 输出企业片头 .avi

第 17 章

感恩父母短片

本章重点

- 新建项目并导入素材
- 新建颜色遮罩和字幕
- 创建并设置序列

- 添加背景音乐
- 输出影片

俗话说"滴水之恩，当涌泉相报"。更何况父母为你付出的不仅仅是一滴水，而是一片汪洋大海。你是否在父母劳累后递上一杯暖茶，在他们生日时递上一张卡片，在他们失落时奉上一番问候与安慰，他们往往为我们倾注了心血、精力，而我们又何曾记得他们的生日，体会他们的劳累，又是否察觉到那缕缕银丝，那一丝丝皱纹。感恩需要你用心去体会，去报答。本例讲解如何制作一个短片，来感谢父母对我们无私奉献的爱，完成后的效果如图 17-1 所示。

图 17-1　感恩父母短片

案例精讲 198　新建项目并导入素材

在制作短片之前，首先需要新建项目和将素材文件导入到【项目】面板中，本节对其进行简单的讲解。

案例文件：CDROM \ 场景 \ Cha17 \ 感恩父母短片 .prproj
视频文件：视频教学 \ Cha17 \ 新建项目并导入素材 .avi

(1) 启动 Premiere Pro CC 2017，在欢迎界面中单击【新建项目】按钮，在弹出的对话框中将【名称】设置为"感恩父母短片"，单击【位置】右侧的【浏览】按钮，弹出【请选择新项目的目标路径】对话框，在该对话框中选择正确的存储路径，如图 17-2 所示。

(2) 单击【选择文件夹】按钮，然后单击【确定】按钮即可新建项目，双击【项目】面板的空白区域，在弹出的对话框中选择随书附带光盘中的"CDROM\ 素材 \Cha17"文件夹，单击【导入文件夹】按钮，如图 17-3 所示，即可将素材导入【项目】面板。

图 17-2　【请选择新项目的目标路径】对话框

图 17-3　【导入】对话框

案例精讲 199　新建颜色遮罩和字幕

颜色遮罩和字幕可以使短片更加丰富多彩。本短片拥有多个字幕和颜色遮罩。本例讲解如何制作颜色遮罩和字幕。

案例文件：CDROM \ 场景 \ Cha17 \ 感恩父母短片 .prproj
视频文件：视频教学 \ Cha17 \ 新建颜色遮罩和字幕 .avi

(1) 右击【项目】面板的空白区域，在弹出的快捷菜单中选择【新建项目】|【颜色遮罩】命令，弹出【新建颜色遮罩】对话框，在该对话框中保持默认设置，单击【确定】按钮，如图 17-4 所示。

(2) 弹出【拾色器】对话框，在该对话框中将颜色设置为黑色，弹出【选择名称】对话框，在该对话框中将名称设置为"黑色"，如图 17-5 所示，单击【确定】按钮即可新建颜色遮罩。

图 17-4　【新建颜色遮罩】对话框

图 17-5　【选择名称】对话框

(3) 按 Ctrl+T 键，弹出【新建字幕】对话框，将【名称】设置为 Z1，单击【确定】按钮，在弹出的字幕编辑器中选择【文字工具】 ，输入文字"当生命有了更多的责任和期盼"，将【字体系列】设置为【方正琥珀简体】，将【字体大小】设置为 50，将【X 位置】、【Y 位置】分别设置为 391.7、301.6，如图 17-6 所示。

图 17-6　新建 Z1 字幕并设置参数

(4) 单击【填充】选项中【颜色】右侧的色块，在弹出的对话框中将 RGB 值设置为 255、216、0，单击【内描边】右侧的【添加】按钮，将【大小】设置为 32，将【颜色】RGB 值设置为 199、159、0，单击【外描边】右侧的【添加】按钮，将【大小】设置为 7，将【颜色】RGB 值设置为 255、180、0，勾选【阴影】复选框，将【颜色】RGB 值设置为 39、39、39，将【角度】设置为 -225，将【距离】设置为 15，将【大小】设置为 85，将【扩展】设置为 53，如图 17-7 所示。

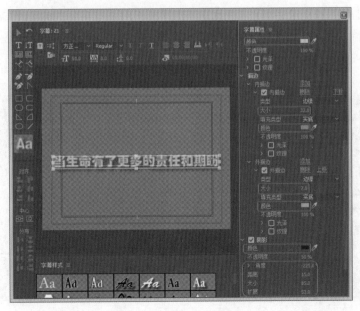

图 17-7　设置 Z1 字幕的参数

(5) 单击【基于当前字幕新建字幕】按钮 ，在弹出的对话框中保持默认设置，将【名称】设置为 Z2，单击【确定】按钮，如图 17-8 所示。

(6) 将原有文字删除，输入文字"我们依然记得您年轻时的容颜"。按 Ctrl+T 键，在弹出的对话框中将【名称】设置为 Z3，单击【确定】按钮，使用【垂直文字工具】 输入文字"您是我枕边的一段梦"，将【字体系列】设置为【汉仪魏碑简】，将【字体大小】设置为 41，将【填充】选项卡中的【颜色】RGB 值设置为 255、108、0，单击【外描边】右侧的【添加】按钮，将【大小】设置为 108，将【颜色】设置为白色，如图 17-9 所示。

图 17-8　新建 Z2 字幕

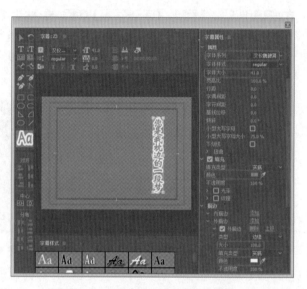

图 17-9　新建 Z3 字幕并设置参数

(7) 将【X 位置】、【Y 位置】分别设置为 650、265，勾选【阴影】复选框，单击【颜色】右侧的色块，在弹出的对话框中将 RGB 值设置为 39、39、39，将【距离】设置为 25，将【大小】设置为 88，将【扩展】设置为 100，如图 17-10 所示。

(8) 单击【基于当前字幕新建字幕】按钮 ，在弹出的对话框中保持默认设置，将【名称】设置为 Z4，将原有的文字删除，使用【文字工具】 输入文字"为我撑起一片明媚的晴空"，将【X 位置】、【Y 位置】分别设置为 352、520，如图 17-11 所示。

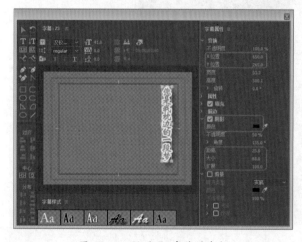

图 17-10　设置 Z3 字幕的参数

图 17-11　新建 Z4 字幕并设置参数

(9) 按 Ctrl+T 键，在弹出的对话框中将【名称】设置为 Z5。选择【椭圆工具】 ⬭ ，按住 Shift 键绘制正圆，在【字幕属性】面板中将【宽度】、【高度】均设置为 560，将【X 位置】、【Y 位置】分别设置为 395、288，将【填充】选项中的【颜色】设置为黑色，如图 17-12 所示。

(10) 单击【基于当前字幕新建字幕】按钮 🔳 ，在弹出的对话框中将【名称】设置为 Z6，将椭圆删除，使用【文字工具】 T 输入文字"进入梦乡都带着微笑"，将【字体系列】设置为【方正华隶简体】，将【字体大小】设置为 51，将【X 位置】、【Y 位置】分别设置为 407、514，将【填充】选项中的【颜色】设置为黑色，单击【外描边】右侧的【添加】按钮，将【大小】设置为 110，将【颜色】设置为白色，如图 17-13 所示。

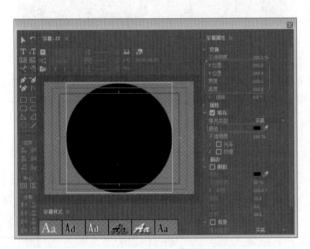

图 17-12 绘制圆形并设置参数

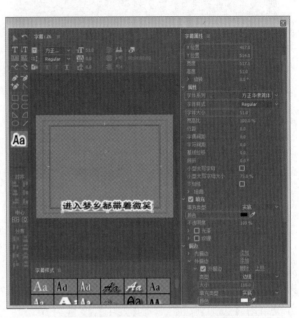

图 17-13 新建 Z6 字幕并设置参数

(11) 单击【基于当前字幕新建字幕】按钮 🔳 ，在弹出的对话框中将【名称】设置为 Z7，将原有的文字删除，选择【垂直文字工具】，输入文字"梦醒时，天亮了"，将【X 位置】、【Y 位置】分别设置为 152、236，如图 17-14 所示。

(12) 按 Ctrl+T 键，在弹出的对话框中将【名称】设置为 Z8，选择【垂直文字工具】 T ，在设计栏中输入文字"你是我生命中的一盏灯"，将【字体系列】设置为【方正康体简体】，将【字体大小】设置为 45，单击【填充】选项中【颜色】右侧的色块，在弹出的对话框中将 RGB 值设置为 0、66、255，单击【确定】按钮，单击【外描边】右侧的【添加】按钮，将【大小】设置为 103，将【颜色】设置为白色，将【X 位置】、

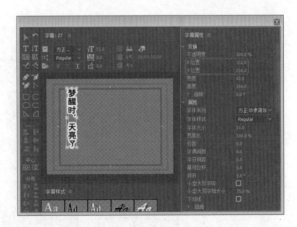

图 17-14 新建 Z7 字幕并设置参数

【Y 位置】分别设置为 94、288，如图 17-15 所示。

(13) 勾选【阴影】复选框，将【颜色】RGB 值设置为 39、39、39，将【距离】设置为 20，将【扩展】设置为 60，单击【基于当前字幕新建字幕】按钮 🔳 ，在弹出的对话框中将【名称】设置为 Z9，使用【垂

直文字工具】，将原有的文字删除，输入文字〝照亮我所有迷惘的角落〞，将【X位置】、【Y位置】分别设置为685、290，如图17-16所示。

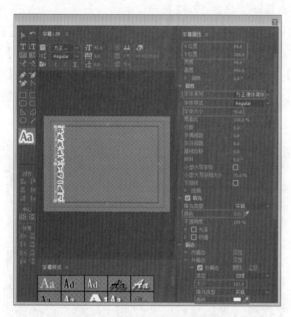

图 17-15　新建 Z8 字幕并设置参数

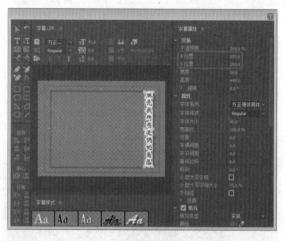

图 17-16　新建 Z9 字幕并设置参数

(14) 按Ctrl+T键，在弹出的对话框中将【名称】设置为Z10，使用【文字工具】 ▣ 输入文字〝教会我真诚、从容、大度〞，将【字体系列】设置为【华文行楷】，将【字体大小】设置为54，将【X位置】、【Y位置】分别设置为397、506，单击【填充】选项中的【颜色】右侧的色块，在弹出的对话框中将RGB值设置为37、120、0，单击【外描边】右侧的【添加】按钮，将【大小】设置为113，将【颜色】设置为白色，再次单击【添加】按钮，将【大小】设置为67，将【颜色】设置为黑色，勾选【阴影】复选框，将【颜色】RGB值设置为39、39、39，将【距离】设置为20，将【扩展】设置为60，图17-17所示。

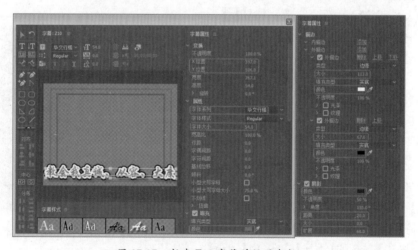

图 17-17　新建 Z10 字幕并设置参数

(15) 按Ctrl+T键，在弹出的对话框中将【名称】设置为Z11，单击【确定】按钮，使用【文字工具】 ▣ 输入文字〝感谢您赐予我们生命〞，将【字体系列】设置为【汉仪魏碑简】，将【字体大小】设置为50，将【填充】选项中的【颜色】RGB值设置为120、1、119，单击【外描边】右侧的【添加】按钮，将【大小】设置为 110，将【颜色】设置为白色，如图 17-18 所示。

(16) 勾选【阴影】复选框，将【颜色】RGB 值设置为 39、39、39，将【距离】设置为 20，将【扩展】设置为 60，将【X 位置】、【Y 位置】分别设置为 337、525，如图 17-19 所示。

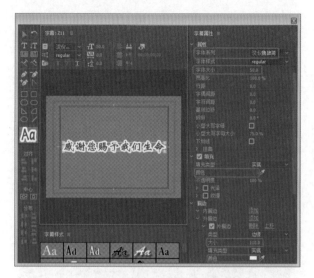

图 17-18　新建 Z11 字幕并设置参数

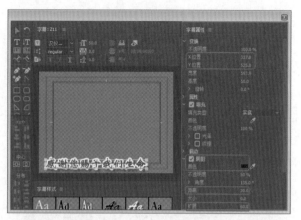

图 17-19　设置 Z11 字幕的参数

(17) 单击【滚动 / 游动选项】按钮，在弹出的对话框中选择【向左游动】单选按钮，勾选【开始于屏幕外】和【结束于屏幕外】复选框，单击【确定】按钮，如图 17-20 所示。

(18) 单击【基于当前字幕新建字幕】按钮，在弹出的对话框中将【名称】设置为 Z12，选择【垂直文字工具】，将原有的文字删除，输入文字"是你付出了爱"，将【X 位置】、【Y 位置】分别设置为 720、236，如图 17-21 所示。

图 17-20　【滚动 / 游动选项】对话框

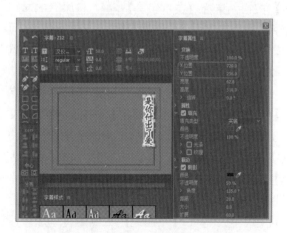

图 17-21　新建 Z12 字幕并设置参数

(19) 单击【滚动 / 游动选项】按钮，在弹出的对话框中选择【滚动】单选按钮，单击【确定】按钮。按 Ctrl+T 键，在弹出的对话框中将【名称】设置为 Z13，单击【确定】按钮，选择【垂直文字工具】，输入文字"教会了我幸福是不管一路多颠簸"，将【字体系列】设置为【汉仪魏碑简】，将【字体大小】设置为 41，将【行距】设置为 35，将【填充】选项中的【颜色】RGB 值设置为 0、246、255，如图 17-22 所示。

(20) 单击【外描边】右侧的【添加】按钮，将【大小】设置为55，将【颜色】设置为黑色，再次单击【添加】按钮，将【大小】设置为122，将【颜色】设置为白色，勾选【阴影】复选框，将【颜色】RGB 值设置为39、39、39，将【距离】设置为20，将【扩展】设置为60，将【X 位置】、【Y 位置】分别设置为156、243，如图17-23所示。

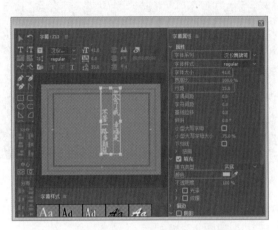

图 17-22　新建 Z13 字幕并设置参数

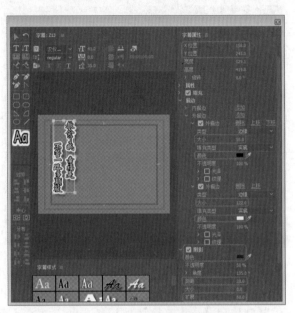

图 17-23　设置 Z13 字幕的参数

(21) 单击【基于当前字幕新建字幕】按钮，在弹出的对话框中将【名称】设置为 Z14，单击【确定】按钮，选择【文本工具】，将原有的文字删除，输入文字"双手依然紧握"，将【字体大小】设置为57，将【X 位置】、【Y 位置】分别设置为494、512，如图17-24所示。

(22) 按 Ctrl+T 键，在弹出的对话框中将【名称】设置为 Z15，单击【确定】按钮，使用【文字工具】输入文字"有一个词语最亲切"，将【字体系列】设置为【华文中宋】，将【字体大小】设置为62，将【X 位置】、【Y 位置】分别设置为385、277，将【填充】选项中的【颜色】

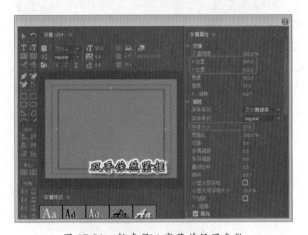

图 17-24　新建 Z14 字幕并设置参数

设置为黑色，单击【外描边】右侧的【添加】按钮，将【大小】设置为54，将【颜色】RGB 值设置为255、174、0，如图17-25所示。

(23) 再次单击【添加】按钮，将【大小】设置为65，将【颜色】设置为白色。勾选【阴影】复选框，将【颜色】RGB 值设置为255、255、0，将【不透明度】设置为75%，将【角度】设置为0°，将【距离】设置为0，将【大小】和【扩展】均设置为100，如图17-26所示。

(24) 单击【基于当前字幕新建字幕】按钮，在弹出的对话框中将【名称】设置为 Z16，输入"有一声呼唤最动听"，将原有的文字替换。单击【基于当前字幕新建字幕】按钮，在弹出的对话框中将【名称】设置为 Z17，输入"有一种人最应感恩"，将原有文字替换，再次单击【基于当前字幕新建字幕】按钮，在弹出的对话框中将【名称】设置为 Z18，输入"有一种人最要感谢"，将原有文字替换，再次单击【基于当前字幕新建字幕】按钮，在弹出的对话框中将【名称】设置为 Z19，输入"——我们的父母"。将【字体大小】设置为 45，将【X 位置】、【Y 位置】分别设置为 540、491，如图 17-27 所示。

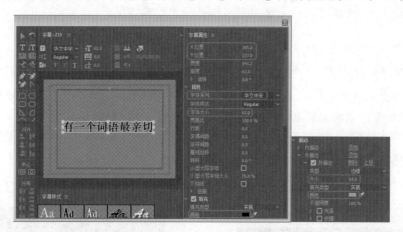

图 17-25　新建 Z15 字幕并设置参数

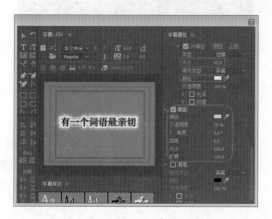

图 17-26　设置 Z15 字幕的参数

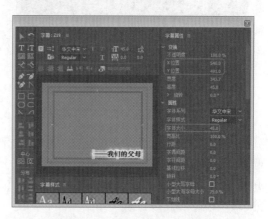

图 17-27　替换文字并设置参数

(25) 按 Ctrl+T 键，在弹出的对话框中将【名称】设置为 Z20，使用【文字工具】输入文本"爸爸妈妈"，将【字体系列】设置为【汉仪丫丫体简】，将【字体大小】设置为 100，将【颜色】设置为白色，将【X 位置】、【Y 位置】分别设置为 397、297，如图 17-28 所示。

(26) 然后使用同样的方法新建并设置其他字幕，至此，字幕就制作完成了。

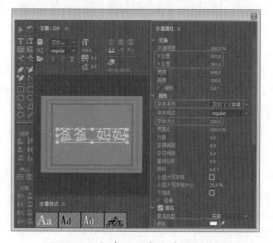

图 17-28　新建 Z20 字幕并设置参数

案例精讲 200　创建并设置序列

本例介绍如何将【项目】面板中的各个素材添加至【序列】面板中，配合在【效果控件】面板中设置参数并添加关键帧和为素材添加视频效果来制作多彩的动态效果。

案例文件：CDROM \ 场景 \ Cha17 \ 感恩父母短片.prproj

视频文件：视频教学 \ Cha17 \ 创建并设置序列.avi

(1) 在菜单栏中选择【文件】|【新建】|【序列】命令，弹出【新建序列】对话框，在该对话框中选择【序列预设】选项卡，选择 DV–PAL|【标准 48kHz】选项，将【序列名称】设置为"感恩父母"，单击【确定】按钮，在【项目】面板中展开 Cha17 素材箱，将 BJ 1.jpg 拖入 V1 轨道，将其持续时间设置为 00:00:10:00，如图 17-29 所示。

(2) 将 Z1 拖入 V2 轨道，将 Z2 拖入 V2 轨道，使其与 Z1 首尾相连，完成后的效果如图 17-30 所示。

图 17-29　将 BJ1.jpg 拖入 V1 轨道

图 17-30　将 Z1、Z2 拖入 V2 轨道

(3) 将"黑色"素材文件拖入 V3 轨道，将其持续时间设置为 00:00:10:00，再次将"黑色"拖至 V3 轨道上方，系统会自动生成 V4 轨道，将其持续时间设置为 00:00:10:00。将当前时间设置为 00:00:00:00，选择 V3 轨道中的"黑色"，在【效果控件】面板中将【位置】设置为 360、591，单击其左侧的【切换动画】按钮，如图 17-31 所示。

(4) 选择 V4 轨道中的"黑色"素材文件，在【效果控件】面板中将【位置】设置为 360、15，单击其左侧的【切换动画】按钮。选择 V1 轨道中的素材，将当前时间设置为 00:00:00:00，单击【缩放】左侧的【切换动画】按钮，将【缩放】设置为 120，如图 17-32 所示。

(5) 将当前时间设置为 00:00:00:20，选择 V3 轨道中的素材，将【位置】设置为 360、697，选择 V4 轨道中的素材，将【位置】设置为 360、-96，选择 Z1 素材文件，在【效果控件】面板中单击【缩放】左侧的【切换动画】按钮，选择 BJ1.jpg，在【效果控件】面板单击【缩放】右侧的【添加 / 移除关键帧】按钮，如图 17-33 所示。

(6) 将当前时间设置为 00:00:03:00，选择 V1 轨道中的素材，将【缩放】设置为 100，选择 V2 轨道的 Z1 素材文件，将【缩放】设置为 85，如图 17-34 所示。

(7) 将当前时间设置为 00:00:00:20，在【效果】面板中选择【镜头光晕】特效，将该特效添加至 Z1 素材文件上。在【效果控件】面板中，将【光晕中心】设置为 357、195.4，单击【光晕亮度】左侧的【切换动画】按钮，将其设置为 184%，将当前时间设置为 00:00:02:10，将【光晕亮度】设置为 0%，如图 17-35 所示。

(8) 将当前时间设置为 00:00:04:10，选择 V3 轨道中的"黑色"素材文件，单击【位置】右侧的【添

加 / 移除关键帧】按钮◎，选择 V4 轨道中的"黑色"素材文件，单击【位置】右侧的【添加 / 移除关
键帧】按钮◎，将当前时间设置为 00:00:05:00，选择 V3 轨道中的"黑色"素材文件，将【位置】设置
为 360、591，选择 V4 轨道中的"黑色"素材文件，将【位置】设置为 360、15，如图 17-36 所示。

图 17-31　设置 V3 轨道中素材的参数

图 17-32　设置 V1 轨道中素材的参数

图 17-33　设置 00:00:00:20 时的参数

图 17-34　设置 00:00:03:00 时的参数

图 17-35　设置【镜头光晕】参数

图 17-36　设置 00:00:05:00 时的参数

(9) 选择 Z2 素材文件，单击【缩放】左侧的【切换动画】按钮◎，将【缩放】设置为 85。将当前
时间设置为 00:00:05:20，选择 V3 轨道中的素材，将【位置】设置为 360、697，选择 V4 轨道中的素材，
将【位置】设置为 360、-96，如图 17-37 所示。

(10) 选择 Z2 素材文件，单击【缩放】右侧的【添加 / 移除关键帧】按钮◎，选择 BJ1.jpg 素材文件，
单击【缩放】右侧的【添加 / 移除关键帧】按钮◎。将当前时间设置为 00:00:08:00，将【缩放】设置为
120，选择 Z2 素材文件，将【缩放】设置为 100，如图 17-38 所示。

(11) 将当前时间设置为 00:00:09:10，选择 V3 轨道中的"黑色"素材文件，单击【缩放】左侧的【切
换动画】按钮◎，选择 V4 轨道中的"黑色"，单击【缩放】左侧的【切换动画】按钮◎。将当前时间
设置为 00:00:10:00，选择 V3 轨道中的素材，将【位置】设置为 360、591，选择 V4 轨道中的素材，将【位置】
设置为 360、15。将当前时间设置为 00:00:05:20，在【效果】面板中选择【镜头光晕】特效，将该特效
添加至 Z2 素材文件上，单击【光晕中心】和【光晕亮度】左侧的【切换动画】按钮◎，将【光晕中心】
设置为 -374、230.4，将【光晕亮度】设置为 203%，如图 17-39 所示。

(12) 将当前时间设置为 00:00:08:00，将【光晕中心】设置为 1166、230.4，将【光晕亮度】设置为
85%，如图 17-40 所示。

(13) 在【项目】面板中选择 01.png，将其拖入 V2 轨道，使其与 Z2 首尾相连，将当前时间设置
为 00:00:10:00，单击【缩放】左侧的【切换动画】按钮◎，将【缩放】设置为 18。将当前时间设置为
00:00:10:10，单击【位置】左侧的【切换动画】按钮◎，将【缩放】设置为 132。将当前时间设置为

00:00:11:10，将【缩放】设置为 46，将【位置】设置为 211、288，如图 17-41 所示。

(14) 选择 Z3 素材文件，将其拖入 V3 轨道，使其开始处与时间线对齐，结尾处与 01.png 结尾处对齐，为其添加【裁剪】效果，单击【底部】左侧的【切换动画】按钮，将【底部】设置为 90%。将当前时间设置为 00:00:12:20，将【底部】设置为 17%，如图 17-42 所示。

图 17-37　设置 00:00:05:20 时的参数

图 17-38　设置 00:00:08:00 时的参数

图 17-39　设置【镜头光晕】参数

图 17-40　修改【镜头光晕】参数

图 17-41　设置 00:00:11:10 时的参数

图 17-42　设置 00:00:12:20 时的参数

(15) 将当前时间设置为 00:00:12:00，将 Z4 拖入 V4 轨道，使其开始处与时间线对齐，结尾处与 Z3 结尾处对齐。切换至效果面板，选择【百叶窗】特效，将其拖至 Z4 素材的开始位置，在【效果控件】面板中选择【自西向东】，如图 17-43 所示。

(16) 将当前时间设置为 00:00:14:00，将 Z5 拖入 V4 轨道的上方，使其开始处与时间线对齐，结尾处与 Z4 结尾处对齐，如图 17-44 所示。

(17) 将 V1 轨道中的 BJ1.jpg 的结尾处与 V2 轨道中的 01.png 结束处对齐。选择 Z5，单击【位置】、【缩放】左侧的【切换动画】按钮，将【位置】设置为 203、288，将【缩放】设置为 10，将【不透明度】设置为 0%。将当前时间设置为 00:00:14:24，将【不透明度】设置为 100%，将【缩放】设置为 179，将【位置】设置为 349、288，如图 17-45 所示。

(18) 右击 V1 轨道中的 BJ1.jpg，在弹出的快捷菜单中选择【速度 / 持续时间】命令，弹出【剪辑速度 / 持续时间】对话框，在该对话框中将【持续时间】设置为 00:00:44:11，如图 17-46 所示。

(19) 将当前时间设置为 00:00:15:10，选择 02.png，将其拖入 V2 视频轨道中，将其开始位置与时间线对齐，将其持续时间设置为 00:00:07:08，在【效果控件】面板中将【位置】设置为 312、470，将【缩放】设置为 45，将【锚点】设置为 -4、766，如图 17-47 所示。

图 17-43　设置【百叶窗】特效的参数

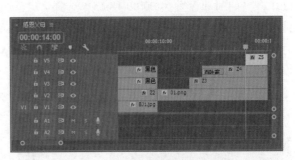

图 17-44　添加 Z5 至 V5 轨道

图 17-45　设置 Z5 的参数

图 17-46　设置 BJ1.jpg 的持续时间

图 17-47　设置 02.png 的参数

(20) 选择【推】特效，将其拖入 02.png 素材文件的开始位置，将当前时间设置为 00:00:18:08，在【效果】面板中选择【颜色平衡】特效，单击【阴影红色平衡】左侧的【切换动画】按钮◎，将当前时间设置为 00:00:18:18，将【阴影红色平衡】设置为 100，如图 17-48 所示。

(21) 单击【阴影绿色平衡】左侧的【切换动画】按钮◎，将当前时间设置为 00:00:19:18，将【阴影绿色平衡】设置为 100，单击【中间调蓝色平衡】左侧的【切换动画】按钮◎，将当前时间设置为 00:00:20:18，将【中间调蓝色平衡】设置为 100，单击【中间调绿色平衡】左侧的【切换动画】按钮◎，将当前时间设置为 00:00:21:18，将其设置为 67，单击【中间调红色平衡】左侧的【切换动画】按钮◎，将当前时间设置为 00:00:22:18，将【中间调红色平衡】设置为 78，如图 17-49 所示。

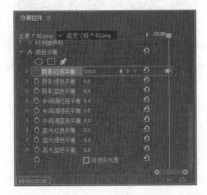

图 17-48　设置【阴影红色平衡】参数

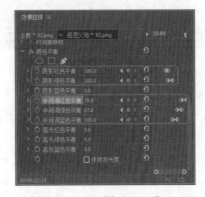

图 17-49　设置【颜色平衡】参数

(22) 将当前时间设置为 00:00:17:00，将 Z6 拖入 V3 轨道，使其开始处与时间线对齐，将其持续时间

设置为00:00:04:18。选择【视频过渡】|【擦除】|【划出】效果，将其拖至Z6的开始位置，如图17-50所示。

(23) 将当前时间设置为00:00:18:15，选择Z7，将其拖入V4轨道，使其开始位置与时间线对齐，将其持续时间设置为00:00:04:05，在【效果控件】面板中单击【缩放】左侧的【切换动画】按钮 ，将【缩放】设置为5，将当前时间设置为00:00:18:20，将【缩放】设置为125，将当前时间设置为00:00:19:00，将【缩放】设置为100，如图17-51所示。

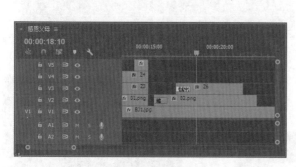

图 17-50　添加【划出】效果

图 17-51　添加 Z7 并设置参数

(24) 选择【立方体旋转】特效，将其添加至Z6的结束位置，选择【翻转】特效，将其添加至Z7的结束位置。将03.jpg拖入V2轨道，使其与02.png首尾相连，将其持续时间设置为00:00:04:22，在02.png和03.jpg素材文件中间添加【翻转】特效，如图17-52所示。

(25) 将当前时间设置为00:00:23:06，选择【高斯模糊】特效，将其添加至03.jpg素材文件上，单击【模糊度】左侧的【切换动画】按钮 ，将其设置为29，将当前时间设置为00:00:24:06，将【模糊度】设置为0，如图17-53所示。

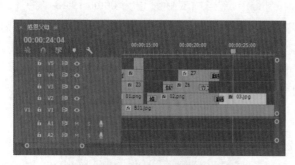

图 17-52　添加【翻转】特效

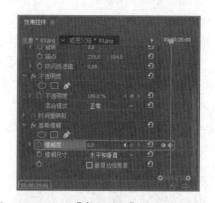

图 17-53　添加【高斯模糊】特效并设置参数

(26) 将当前时间设置为00:00:23:13，将Z8拖入V3轨道，使其开始位置与时间线对齐，结束位置与03.jpg对齐，将Z9拖入V4轨道，使其开始位置与时间线对齐，结束位置与03.jpg对齐，选择Z8，在【效果控件】面板中，将【位置】设置为335、288，如图17-54所示。

(27) 选择【通道模糊】特效，将其添加至Z8上，在【效果控件】面板中单击【蓝色模糊度】和【Alpha模糊度】左侧的【切换动画】按钮 ，将【蓝色模糊度】设置为568，将【Alpha模糊度】设置为486，将当前时间设置为00:00:25:06，将【蓝色模糊度】设置为0，将【Alpha模糊度】设置为0，如图17-55所示。

(28) 将当前时间设置为00:00:25:18，在【效果】面板中选择【颜色平衡HLS】特效，将其添加至

Z8 上，单击【色相】左侧的【切换动画】按钮 ⊙，将当前时间设置为 00:00:26:06，将【色相】设置为 53，将当前时间 00:00:26:19，将【色相】设置为 150，将当前时间设置为 00:00:27:11，将【色相】设置为 171°，如图 17-56 所示。

(29) 在【效果控件】面板中右击【颜色平衡 HLS】特效，在弹出的快捷菜单中选择【复制】命令，然后选择 Z9，右击【效果控件】面板的空白区域，在弹出的快捷菜单中选择【粘贴】命令，完成后的效果如图 17-57 所示。

(30) 将 04.jpg 拖入 V2 轨道，使其与 03.jpg 首尾相连，将其【位置】设置为 360、230。选择【波形变形】特效，将其添加至 04.jpg 文件上，将当前时间设置为 00:00:27:15，单击【波形高度】左侧的【切换动画】按钮 ⊙，将其设置为 123，将当前时间设置为 00:00:28:04，将【波形高度】设置为 0，如图 17-58 所示。

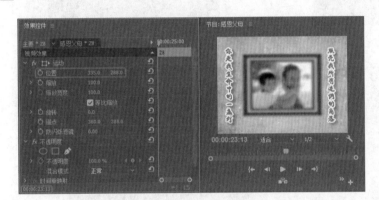

图 17-54　设置 Z8 的参数

图 17-55　设置【通道模糊】参数

图 17-56　设置【色相】参数

图 17-57　复制特效后的效果

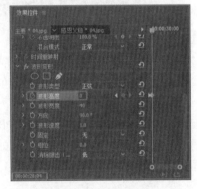

图 17-58　设置【波形高度】参数

(31) 将当前时间设置为 00:00:28:04，单击【缩放】左侧的【切换动画】按钮 ⊙，将当前时间设置为 00:00:29:01，将【缩放】设置为 82。将 Z10 字幕拖入 V3 轨道，使其开始位置与时间线对齐，结尾处与 04.jpg 结尾处对齐，如图 17-59 所示。

(32) 为 Z10 字幕添加【紊乱置换】特效，将【复杂度】设置为 3，单击【数量】左侧的【切换动画】按钮 ⊙，将当前时间设置为 00:00:31:03，将【数量】设置为 0，如图 17-60 所示。

(33) 选择【交叉溶解】过渡效果，将其添加至 Z10 的开始位置。将当前时间设置为 00:00:31:19，选择 "黑色"，使其开始位置与时间线对齐，将其添加至 V4 轨道，将其持续时间设置为 00:00:01:21，单击【位置】左侧的【切换动画】按钮 ⊙，将设置为 360、-302，将当前时间设置为 00:00:32:15，将【位置】设置为 360、285，将当前时间设置为 00:00:33:15，将【位置】设置为 360、865，如图 17-61 所示。

(34) 将 05.jpg 拖入 V2 轨道，使其与 04.jpg 首尾相连，将其持续时间设置为 00:00:06:19，确认当前时间设置为 00:00:33:15，单击【位置】左侧的【切换动画】按钮，将当前时间设置为 00:00:34:17，将【位置】设置为 293、241，如图 17-62 所示。

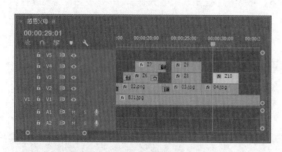

图 17-59　添加 Z10 至 V3 轨道

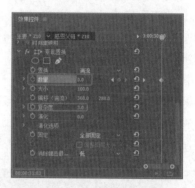

图 17-60　设置【紊乱置换】参数

图 17-61　设置"黑色"的参数

图 17-62　添加 05.jpg 并设置参数

(35) 将当前时间设置为 00:00:34:03，将 Z11 字幕拖入 V3 轨道，使其开始位置与时间线对齐，结尾处与 05.jpg 结尾处对齐，如图 17-63 所示。

(36) 将当前时间设置为 00:00:36:02，将 Z12 字幕拖入 V4 轨道，使其开始位置与时间线对齐，结尾处与 05.jpg 结尾处对齐。将当前时间设置为 00:00:39:11，选择 06.jpg，将其拖入 V2 轨道，使其开始处与时间线对齐，结尾处与 BJ1.jpg 结尾处对齐，将当前时间设置为 00:00:39:11，单击【位置】左侧的【切换动画】按钮，将【位置】设置为 -1、430，将【锚点】设置为 477、361，如图 17-64 所示。

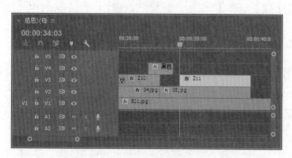

图 17-63　将文件拖至【序列】面板中

图 17-64　设置位置及锚点

(37) 选择 06.jpg 素材文件，将当前时间设置为 00:00:40:00，将【位置】设置为 586、430，单击【位置】左侧的【切换动画】按钮 ，将当前时间设置为 00:00:40:15，将【位置】设置为 677、430，将【旋转】设置为 4°，单击【旋转】左侧的【切换动画】按钮，将当前时间设置为 00:00:40:20，将【位置】设置为 695、430，将【旋转】设置为 0°，如图 17-65 所示。

(38) 将当前时间设置为 00:00:40:22，选择 Z13，将其拖入 V3 轨道，使其结尾处与 06.jpg 素材文件的结尾处对齐，单击【位置】左侧的【切换动画】按钮，将其设置为 133、288，将当前时间设置为 00:00:42:22，将【位置】设置为 342、288，如图 17-66 所示。

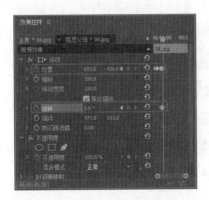
图 17-65 设置 06.jpg 的参数

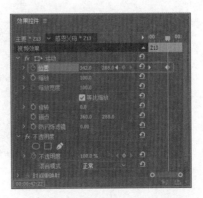
图 17-66 设置 Z13 的参数

(39) 使用同样的方法设置其他动画，设置完成后的效果如图 17-67 所示。

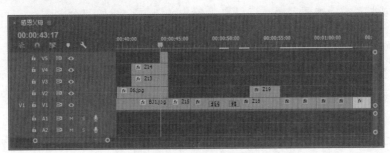
图 17-67 设置完成后的效果

案例精讲 201 添加背景音乐

短片制作完成后，需要为短片添加音频文件，添加背景音乐的具体操作方法如下。

案例文件：CDROM \ 场景 \ Cha17 \ 感恩父母短片 .prproj

视频文件：视频教学 \ Cha17 \ 添加背景音乐 .avi

(1) 在【项目】面板中双击 BJYY.mp3 素材文件，打开【源】面板，在【源】面板中将时间设置为 00:00:42:21，单击【标记入点】按钮，将时间设置为 00:01:47:05，单击【标记出点】按钮，将【项目】面板中的 BJYY.mp3 拖入 A1 轨道，如图 17-68 所示。

(2) 将当前时间设置为 00:01:02:00，使用钢笔工具在 A1 轨道上添加关键帧，然后将当前时间设置为 00:01:04:08，在 A1 轨道上添加关键帧，并移动关键帧的位置，效果如图 17-69 所示。

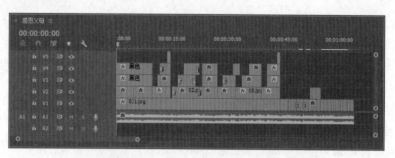

图 17-68　将音频拖入 A1 轨道

图 17-69　为音频添加关键帧

案例精讲 202　输出影片

感恩父母短片制作完成后需要对短片进行影片输出，下面介绍如何输出影片。

案例文件：CDROM \ 场景 \ Cha17 \ 感恩父母短片 .prproj
视频文件：视频教学 \ Cha17\ 输出影片 .avi

激活【感恩父母】序列，在菜单栏中选择【文件】|【导出】|【媒体】命令，弹出【导出设置】对话框，在该对话框中将【格式】设置为 AVI，单击【输出名称】右侧的文字，弹出【另存为】对话框，在该对话框中设置存储路径，将【文件名】设置为"感恩父母短片"，设置完成后单击【保存】按钮，返回到【导出设置】对话框中，单击【导出】按钮，即可将影片导出。影片导出后将场景保存即可。

第 18 章

交通警示录

本章重点

- 制作闯红灯动画
- 制作酒驾动画
- 制作标语动画
- 制作片尾动画

- 嵌套序列
- 添加背景音乐
- 输出序列文件

图 18-1　环保宣传广告

　　截至 2012 年 10 月，我国机动车保有量为 2.38 亿辆，过去五年新增汽车 8000 万辆，如果以一家三口人计算，大约每两个家庭拥有一辆汽车，然而随着车辆的不断增加，因交通事故造成的死亡人数也创下历史新高。本章将根据前面所学的知识来制作交通警示录，效果如图 18-1 所示，从而提醒人们遵守交通规则，坚决杜绝侥幸心理，预防交通事故发生。

案例精讲 203　制作闯红灯动画

在本案例中通过多个小动画来简单讲解了违反交通规则的危害，本例介绍如何制作案例中第一个动画效果，具体操作步骤如下。

> 案例文件：CDROM \ 场景 \ Cha18\ 交通警示录.prproj
> 视频文件：视频教学 \ Cha18 \ 制作闯红灯动画.avi

（1）启动 Premiere Pro CC 2017，在欢迎界面中单击【新建项目】按钮，在弹出的对话框中将【名称】设置为"交通警示录"，并指定其保存路径，如图 18-2 所示。

（2）单击【确定】按钮，完成新建项目，右击【项目】面板中的空白区域，在弹出的对话框中选择随书附带光盘中的"CDROM\ 素材 \Cha18"文件夹中所有的素材文件，如图 18-3 所示。

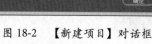

图 18-2　【新建项目】对话框

图 18-3　选择素材文件

（3）单击【打开】按钮，将选择的素材文件导入【项目】面板，按 Ctrl+N 键，在弹出的对话框中选择 DV-24P 文件夹中的【标准 48kHz】，将【序列名称】设置为"闯红灯动画"，如图 18-4 所示。

（4）单击【确定】按钮，右击【项目】面板中的空白区域，在弹出的快捷菜单中选择【新建项目】|【颜色遮罩】命令，如图 18-5 所示。

（5）在弹出的对话框中单击【确定】按钮，在弹出的对话框中将 RGB 值设置为 252、209、17，如图 18-6 所示。

（6）单击【确定】按钮，在弹出的对话框中将遮罩名称设置为"纯色背景"，如图 18-7 所示。

（7）单击【确定】按钮，选择新建的纯色背景，将其拖入 V1 轨道，右击该对象，在弹出的快捷菜单中选择【速度 / 持续时间】命令，如图 18-8 所示。

（8）在弹出的对话框中将持续时间设置为 00:00:15:12，如图 18-9 所示。

图 18-4 选择序列类型并设置序列名称

图 18-5 选择【颜色遮罩】命令

图 18-6 设置 RGB 值

图 18-7 设置遮罩名称

图 18-8 选择【速度/持续时间】命令

图 18-9 设置持续时间

(9) 单击【确定】按钮,在【项目】面板中选择"交通指示灯.png"素材文件,将其拖入 V2 轨道,使其结尾处与 V1 轨道中"纯色背景"的结尾处对齐,选择该对象,在【效果控件】面板中将【位置】设置为 626.3、276.2,将【缩放】设置为 46,如图 18-10 所示。

(10) 按 Ctrl+T 键，在弹出的对话框中将【名称】设置为"红灯"，其他保持默认设置，如图 18-11 所示。

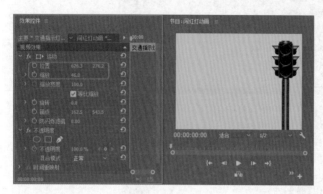

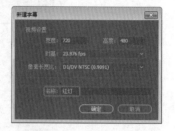

图 18-10　添加"交通指示灯 .png"并设置参数　　　　图 18-11　设置字幕名称

(11) 单击【确定】按钮，在弹出的字幕编辑器中使用【椭圆工具】◯绘制一个椭圆，在【填充】选项中将【填充类型】设置为【径向渐变】，将左侧色标的 RGB 值设置为 255、240、0，将右侧色标的 RGB 值设置为 255、0、0，然后调整色标的位置，在【变换】选项组中将【宽度】、【高度】分别设置为 50.4、46.9，将【X 位置】、【Y 位置】分别设置为 570.3、78.8，如图 18-12 所示。

(12) 在字幕编辑器中单击【基于当前字幕新建字幕】按钮，在弹出的对话框中将【名称】设置为"黄灯"，然后单击【确定】按钮，在【填充】选项组中将左侧色标的 RGB 值设置为 255、252、0，将右侧色标的 RGB 值设置为 255、120、0，在【变换】选项组中将【X 位置】、【Y 位置】分别设置为 570.2、133.9，如图 18-13 所示。

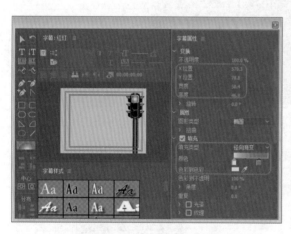

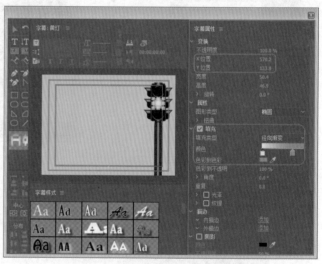

图 18-12　绘制椭圆并设置参数　　　　图 18-13　新建"黄灯"字幕并设置参数

(13) 单击【基于当前字幕新建字幕】按钮，在弹出的对话框中将【名称】设置为"绿灯"，然后单击【确定】按钮，在【填充】选项中将左侧色标的 RGB 值设置为 255、246、0，将右侧色标的 RGB 值设置为 21、181、0，在【变换】选项组中将【X 位置】、【Y 位置】分别设置为 570.2、187.7，如图 18-14 示。

(14) 关闭字幕编辑器，在【项目】面板中选择"红灯"，将其拖入 V3 轨道，使其结尾处与 V2 轨道中"交通指示灯 .png"的结尾处对齐，选择该对象，在【效果控件】面板中将【位置】设置为 360、350.2，如图 18-15 所示。

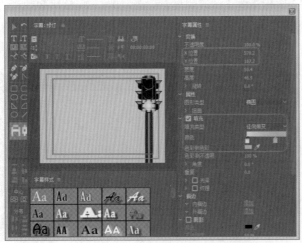

图 18-14　新建"绿灯"字幕并设置参数

图 18-15　添加"红灯"至 V2 轨道并设置参数

(15) 继续选择该对象，为其添加【黑白】效果，效果如图 18-16 所示。

(16) 右击【时间轴】面板中的空白区域，在弹出的快捷菜单中选择【添加轨道】命令，如图 18-17 所示。

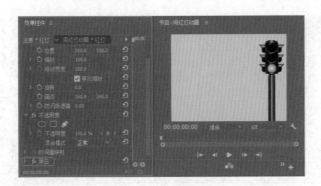

图 18-16　添加【黑白】效果

图 18-17　选择【添加轨道】命令

(17) 在弹出的对话框中将视频轨道设置为 8，将音频轨道设置为 0，如图 18-18 所示。

(18) 单击【确定】按钮，在【项目】面板中选择"绿灯"，将其拖入 V4 轨道，使其结尾处与 V3 轨道中"红灯"的结尾处对齐，将当前时间设置为 00:00:00:00，选中该对象，在【效果控件】面板中单击【不透明度】右侧的【添加／移除关键帧】按钮 ◇，添加一个关键帧，效果如图 18-19 所示。

图 18-18　【添加轨道】对话框

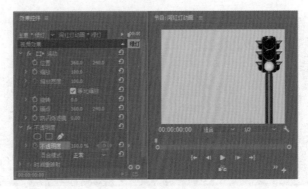

图 18-19　添加"绿灯"至 V4 轨道并设置参数

(19) 将当前时间设置为00:00:00:20，在【效果控件】面板中将【不透明度】设置为0%，如图18-20所示。

(20) 将当前时间设置为00:00:01:16，在【效果控件】面板中将【不透明度】设置为100%，如图18-21所示。

图 18-20　设置 00:00:00:20 时的参数　　　　　　图 18-21　设置 00:00:01:16 时的参数

(21) 将当前时间设置为00:00:02:12，在【效果控件】面板中将【不透明度】设置为0%，如图18-22所示。

(22) 根据相同的方法以此类推，添加其他的关键帧，添加后的效果如图18-23所示。

图 18-22　设置 00:00:02:12 时的参数　　　　　　图 18-23　添加其他关键帧后的效果

(23) 选择V3轨道中的"红灯"，按住Alt键将其拖入V5轨道，选择V5轨道中的对象，在【效果控件】面板中将【位置】设置为360、295.5，如图18-24所示。

(24) 在【项目】面板中选择"黄灯"，将其拖入V6轨道，使其结尾处与V5轨道中对象的结尾处对齐，选择该对象，将当前时间设置为00:00:04:22，在【效果控件】面板中将【不透明度】设置为0%，如图18-25所示。

图 18-24　复制"红灯"至 V5 轨道并设置参数　　　　图 18-25　设置 00:00:04:22 时的参数

(25) 将当前时间设置为 00:00:05:16，在【效果控件】面板中将【不透明度】设置为 100%，如图 18-26 所示。

(26) 将当前时间设置为 00:00:06:12，在【效果控件】面板中将【不透明度】设置为 0%，如图 18-27 所示。

图 18-26　设置 00:00:05:16 时的参数　　　　　图 18-27　设置 00:00:06:12 时的参数

(27) 使用同样的方法在其他时间添加关键帧，效果如图 18-28 所示。

(28) 在【项目】面板中选择"红灯"，将其拖入 V7 轨道，使其结尾处与 V6 轨道中"黄灯"的结尾处对齐，选择该对象，为其添加【黑白】效果，如图 18-29 所示。

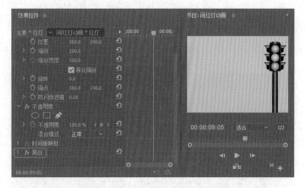

图 18-28　添加其他关键帧后的效果　　　　　图 18-29　添加【黑白】效果

(29) 再次将"红灯"拖入 V8 轨道，使其结尾处与 V7 轨道中对象的结尾处对齐，选择该对象，将当前时间设置为 00:00:10:16，在【效果控件】面板中将【不透明度】设置为 0%，如图 18-30 所示。

(30) 将当前时间设置为 00:00:11:12，在【效果控件】面板中将【不透明度】设置为 100%，如图 18-31 所示。

图 18-30　复制"红灯"至 V8 轨道并设置参数　　　　　图 18-31　设置 00:00:11:12 时的参数

(31) 将当前时间设置为 00:00:14:00，在【项目】面板中选择"汽车 01.png"素材文件，将其拖入 V9 轨道，使其开始处与时间线对齐，将其持续时间设置为 00:00:01:09，如图 18-32 所示。

(32) 确认当前时间为 00:00:14:00，在【效果控件】面板中将【位置】设置为 384.8、-82.1，单击其左侧的【切换动画】按钮，将【缩放】设置为 45，单击其左侧的【切换动画】按钮，如图 18-33 所示。

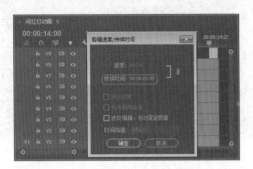

图 18-32　添加"汽车 01.jpg"并设置持续时间

图 18-33　设置 00:00:14:00 时的参数

(33) 将当前时间设置为 00:00:15:00，在【效果控件】面板中将【位置】设置为 384.8、208.9，将【缩放】设置为 100，如图 18-34 所示。

(34) 在【项目】面板中选择"汽车 02.png"素材文件，将其拖入 V10 轨道，使其与 V9 轨道中的对象首尾对齐，确认当前时间为 00:00:15:00，选择 V10 轨道中的对象，将【位置】设置为 360、240，将【缩放】设置为 140，然后单击两个选项左侧的【切换动画】按钮，如图 18-35 所示。

图 18-34　设置 00:00:15:00 时的参数

图 18-35　添加"汽车 02.png"并设置参数

(35) 将当前时间设置为 00:00:14:00，在【效果控件】面板中将【位置】设置为 -157、240，将【缩放】设置为 100，如图 18-36 所示。

(36) 按 Ctrl+T 键，在弹出的对话框中将字幕名称设置为"红色圆形"，单击【确定】按钮，在字幕编辑器中单击【椭圆工具】，按住 Shift 键绘制一个正圆，在【填充】选项组中将【颜色】的 RGB 值设置为 215、0、0，在【变换】选项组中将【宽度】和【高度】都设置为 367，将【X 位置】、【Y 位置】分别设置为 328.4、240，如图 18-37 所示。

(37) 关闭字幕编辑器，将当前时间设置为 00:00:15:00，在【项目】面板中选择"红色圆形"字幕文件，将其拖入 V11 轨道，使其开始处与时间线对齐，并将其持续时间设置为 00:00:01:00，如图 18-38 所示。

(38) 确认当前时间为 00:00:15:00，在【效果控件】面板中将【缩放】设置为 0，并单击其左侧的【切换动画】按钮，将【不透明度】设置为 0%，如图 18-39 所示。

(39) 将当前时间设置为 00:00:15:12，在【效果控件】面板中将【缩放】设置为 222，将【不透明度】设置为 100%，如图 18-40 所示。

(40) 将当前时间设置为 00:00:15:00, 在【项目】面板中选择"碰撞声.wav"音频文件,将其拖入 A1 轨道, 使其开始处与时间线对齐, 如图 18-41 所示。

图 18-36　设置 00:00:14:00 时的参数

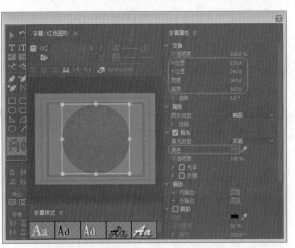

图 18-37　绘制圆形

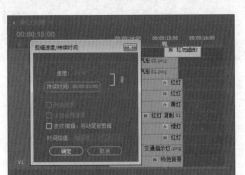

图 18-38　添加"红色圆形"字幕并设置持续时间

图 18-39　设置"红色圆形"字幕的参数

图 18-40　设置 00:00:05:12 的参数

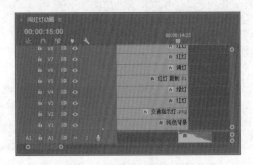

图 18-41　添加音频文件

案例精讲 204　制作酒驾动画

　　根据世界卫生组织的事故调查显示,50%~60% 的交通事故与酒后驾驶有关,酒后驾驶已经被世界卫生组织列为车祸致死的首要原因。本例介绍如何制作酒驾动画。

> 案例文件：CDROM ＼ 场景 ＼Cha18＼ 交通警示录.prproj
>
> 视频文件：视频教学 ＼ Cha18 ＼ 制作酒驾动画.avi

（1）按 Ctrl+N 键，在弹出的对话框中保持默认设置，将【序列名称】设置为"酒驾动画"，然后单击【确定】按钮，在【项目】面板中选择"纯色背景"素材文件，将其拖入 V1 轨道，并将其持续时间设置为 00:00:05:00，如图 18-42 所示。

（2）在【项目】面板中选择"车型.png"素材文件，将其拖入 V2 轨道，选择该对象，将当前时间设置为 00:00:00:00，在【效果控件】面板中将【位置】设置为 995、240，单击其左侧的【切换动画】按钮，将【缩放】设置为 64，如图 18-43 所示。

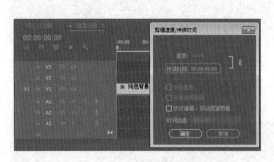

图 18-42　设置持续时间

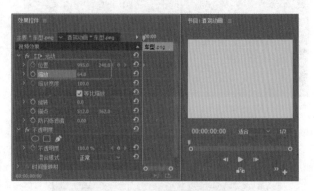

图 18-43　添加"车型.png"并设置参数

（3）将当前时间设置为 00:00:01:01，在【效果控件】面板中将【位置】设置为 360、240，如图 18-44 所示。

（4）将当前时间设置为 00:00:01:05，在【效果控件】面板中将【位置】设置为 380、240，如图 18-45 所示。

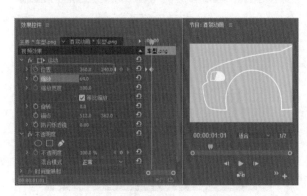

图 18-44　设置 00:00:01:01 时的参数

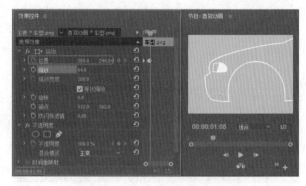

图 18-45　设置 00:00:01:05 时的参数

（5）将当前时间设置为 00:00:01:12，在【效果控件】面板中将【位置】设置为 360、240，如图 18-46 所示。

（6）在【项目】面板中选择"车轮胎.png"素材文件，将其拖入 V3 轨道，将当前时间设置为 00:00:00:00，在【效果控件】面板中将【位置】设置为 1045.7、325，单击其左侧的【切换动画】按钮，将【缩放】设置为 64，将【旋转】设置为 0°然后单击【旋转】左侧的【切换动画】按钮，如图 18-47 所示。

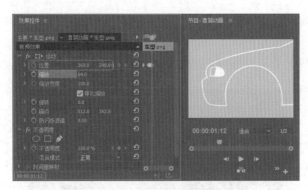

图 18-46 设置 00:00:01:12 时的参数

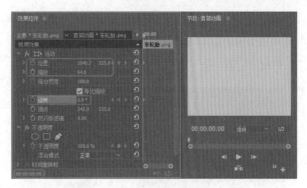

图 18-47 添加"车轮胎.png"设置参数

(7) 将当前时间设置为 00:00:01:01，在【效果控件】面板中将【位置】设置为 448.7、325，将【旋转】设置为 -2×-154°，如图 18-48 所示。

(8) 将当前时间设置为 00:00:01:05，在【效果控件】面板中将【位置】设置为 464.7、325，将【旋转】设置为 -2×-149°，如图 18-49 所示。

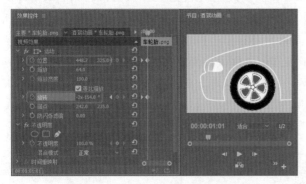

图 18-48 设置 00:00:01:01 时的参数

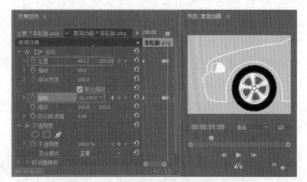

图 18-49 设置 00:00:01:05 时的参数

(9) 将当前时间设置为 00:00:01:12，在【效果控件】面板中将【位置】设置为 437.7、325，将【旋转】设置为 -2×-162°，如图 18-50 所示。

(10) 添加两个视频轨道，将当前时间设置为 00:00:01:10，在【项目】面板中选择 1.png 素材文件，将其拖入 V4 轨道，使其开始处与时间线对齐，结尾处与 V3 轨道中的对象结尾处对齐，如图 18-51 所示。

图 18-50 设置 00:00:01:12 时的参数

图 18-51 添加 1.png 至 V4 轨道

(11) 选择该对象，确认当前时间为 00:00:01:10，在【效果控件】面板中将【缩放】设置为 0，然后单击其左侧的【切换动画】按钮，如图 18-52 所示。

(12) 将当前时间设置为 00:00:01:18，在【效果控件】面板中将【缩放】设置为 36，如图 18-53 所示。

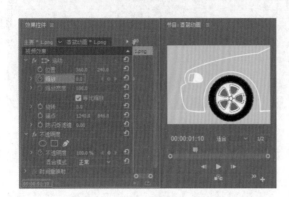

图 18-52　设置 00:00:01:10 时的参数

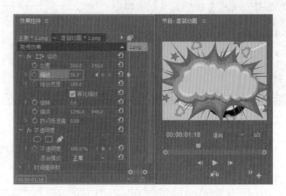

图 18-53　设置 00:00:01:18 时的参数

(13) 按 Ctrl+T 键，在弹出的【新建字幕】对话框中将【名称】设置为 Boom，单击【确定】按钮，使用【文字工具】 T 输入文字，在【字幕属性】面板中将【字体系列】设置为 Cooper Std，将【字体大小】设置为 131，将【填充】选项卡下的【颜色】设置为白色，单击【外描边】右侧的【添加】，将【大小】设置为 51，将【颜色】设置为黑色，将【X 位置】、【Y 位置】分别设置为 331.8、269.6，如图 18-54 所示。

(14) 关闭字幕编辑器，将新建的字幕文件拖入 V5 轨道，使其与 V4 轨道中的对象首尾对齐，确认当前时间为 00:00:01:18，在【效果控件】面板中单击【缩放】左侧的【切换动画】按钮，将【旋转】设置为 -8°，如图 18-55 所示。

图 18-54　新建 Boom 字幕并设置参数

图 18-55　添加 Boom 至 V5 轨道并设置参数

(15) 将当前时间设置为 00:00:01:10，在【效果控件】面板中将【缩放】设置为 0，如图 18-56 所示。

(16) 确认当前时间为 00:00:01:10，在【项目】面板中选择"碰撞声.wav"素材文件，将其拖入 A1 轨道，如图 18-57 所示。

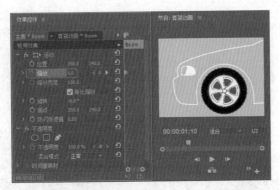

图 18-56　设置 00:00:01:10 时的参数

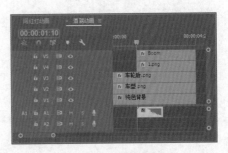

图 18-57　添加音频文件

 案例精讲 205　制作标语动画

标语也是一个无声无息的领导，时时刻刻提醒着我们。本案例通过标语动画来提醒我们违反交通的危害。

> 📖 案例文件：CDROM \ 场景 \ Cha18\ 交通警示录.prproj
>
> 视频文件：视频教学 \ Cha18 \ 制作标语动画.avi

(1) 按 Ctrl+N 键，在弹出的对话框中将【序列名称】设置为"标语动画"，其他参数保持默认设置，单击【确定】按钮，按 Ctrl+T 键，在弹出的对话框中将【名称】设置为"中国每年交通事故 50 万起"，如图 18-58 所示。

(2) 单击【确定】按钮，在弹出的字幕编辑器中使用【文字工具】，输入文字，将【字体系列】设置为【Adobe 黑体 Std】，将【字体大小】设置为 47，将【颜色】RGB 值设置为 229、229、229，如图 18-59 所示。

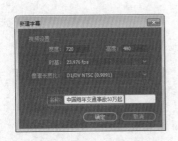

图 18-58　【新建字幕】对话框

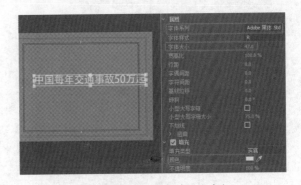

图 18-59　输入文字并设置参数

(3) 选择"50 万"，在【字幕属性】面板中将【字体大小】设置为 62，将填充颜色 RGB 值设置为 255、0、0，将【X 位置】、【Y 位置】分别设置为 326.6、232.1，如图 18-60 所示。

(4) 单击【基于当前字幕新建字幕】按钮，在弹出的对话框中设置字幕名称，然后将文字修改为"因交通事故死亡人数均超过 10 万人"，并将白色文字的大小设置为 39，将【X 位置】、【Y 位置】分别设置为 321.4、232.1，如图 18-61 所示。

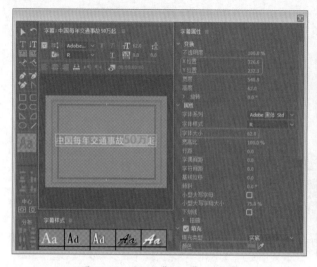

图 18-60　设置"50 万"的参数　　　　图 18-61　新建"因……"字幕并设置参数

（5）再次单击【基于当前字幕新建字幕】按钮，在弹出的对话框中输入字幕名称，然后将文字修改为"每1分钟都会有一人因为交通事故而伤残"，将白色文字的大小设置为35，将红色文字的大小设置为53，将【X位置】、【Y位置】分别设置为326.7、227.6，如图 18-62 所示。

（6）单击【基于当前字幕新建字幕】按钮，在弹出的对话框中输入字幕名称，然后将文字修改为"每5分钟就有人丧身车轮"，将白色文字的大小设置为47，将红色文字的大小设置为62，将【X位置】、【Y位置】分别设置为330、232.1，如图 18-63 所示。

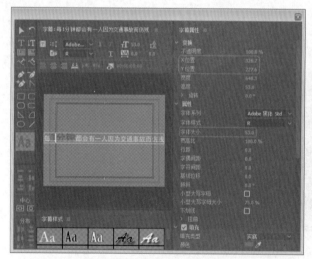
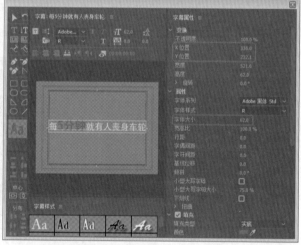

图 18-62　新建"每1分钟……"字幕并设置参数　　图 18-63　新建"每5分钟……"字幕并设置参数

（7）关闭字幕编辑器，在【项目】面板中选择"中国每年交通事故50万起"字幕文件，将其拖入V1轨道，将其持续时间设置为 00:00:06:05，如图 18-64 所示。

（8）将当前时间设置为 00:00:00:00，选择该对象，在【效果控件】面板中将【缩放】设置为90，并单击其左侧的【切换动画】按钮，将【不透明度】设置为11%，如图 18-65 所示。

（9）将当前时间设置为 00:00:00:10，在【效果控件】面板中将【缩放】设置为100，将【不透明度】设置为27.5%，如图 18-66 所示。

(10) 将当前时间设置为00:00:01:12，在【效果控件】面板中单击【缩放】右侧的【添加/移除关键帧】按钮，将【不透明度】设置为64%，如图18-67所示。

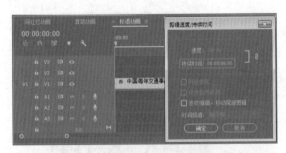

图18-64　添加素材并设置持续时间

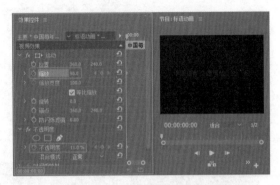

图18-65　设置00:00:00:00时的参数

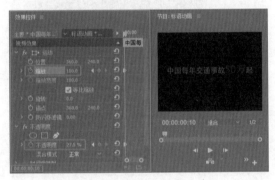

图18-66　设置00:00:00:10时的参数

图18-67　设置00:00:01:12时的参数

(11) 将当前时间设置为00:00:02:15，然后分别单击【缩放】和【不透明度】右侧的【添加/移除关键帧】按钮，如图18-68所示。

(12) 将当前时间设置为00:00:05:08，在【效果控件】面板中将【缩放】设置为70.2，将【不透明度】设置为12.3%，如图18-69所示。

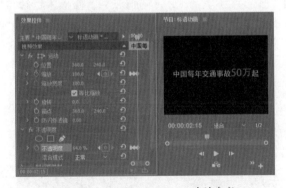

图18-68　设置00:00:02:15时的参数

图18-69　设置00:00:05:08时的参数

(13) 将新建其他三个字幕添加至V1轨道，并将持续时间设置为00:00:06:05，右击V1轨道中的第一个对象，在弹出的快捷菜单中选择【复制】命令，如图18-70所示。

(14) 然后在V1轨道中右击第二个对象，在弹出的快捷菜单中选择【粘贴属性】命令，在弹出的对话框中勾选【运动】、【不透明度】、【时间重映射】复选框，如图18-71所示。

(15) 单击【确定】按钮，然后分别右击第二个和第三个对象，将复制的属性进行粘贴。

图 18-70　选择【复制】命令

图 18-71　勾选复选框

案例精讲 206　制作片尾动画

本案例主要为前面所介绍的动画进行总结。在片尾动画中主要介绍了视频的运用方法，使整个警示录更加完美。

> 案例文件：CDROM \ 场景 \ Cha18\ 交通警示录.prproj
> 视频文件：视频教学 \ Cha18 \ 制作片尾动画.avi

(1) 按 Ctrl+N 键，在弹出的对话框中将【序列名称】设置为"片尾动画"，在【项目】面板中选择"视频 01.avi"素材文件，在弹出的对话框中单击【保持现有设置】按钮，右击该对象，在弹出的快捷菜单中选择【速度 / 持续时间】命令，在弹出的对话框中取消速度和持续时间的链接，将【持续时间】设置为 00:00:05:22，如图 18-72 所示。

(2) 单击【确定】按钮，继续选择该对象，在【效果控件】面板中将【缩放】设置为 178，如图 18-73 所示。

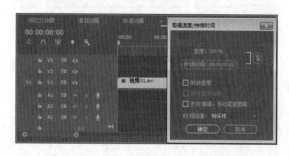

图 18-72　设置"视频 01.avi"持续时间

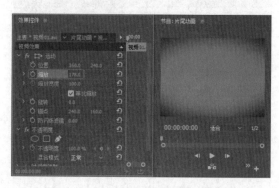

图 18-73　设置"视频 01.avi"的参数

(3) 在【项目】面板中选择 2.jpg 素材文件，将其拖入 V1 轨道，使其与第一个对象首尾相连，将其持续时间设置为 00:00:00:11，如图 18-74 所示。

(4) 将当前时间设置为 00:00:06:03，在【效果控件】面板中将【缩放】设置为 178，单击【不透明度】右侧的【添加 / 移除关键帧】按钮，如图 18-75 所示。

图 18-74　设置 2.jpg 的持续时间

图 18-75　设置 2.jpg 的参数

(5) 将当前时间设置为 00:00:06:07，在【效果控件】面板中将【不透明度】设置为 0%，如图 18-76 所示。

(6) 按 Ctrl+T 键，在弹出的对话框中将字幕名称设置为"黑白渐变"，单击【确定】按钮，在弹出的字幕编辑器中使用【矩形工具】绘制一个矩形，将【填充类型】设置为【径向渐变】，将左侧色标的 RGB 值设置为 255、255、255，将右侧色标的 RGB 值设置为 72、67、67，然后调整色标的位置，将【宽度】、【高度】分别设置为 658、481，将【X 位置】、【Y 位置】分别设置为 326.5、238，如图 18-77 所示。

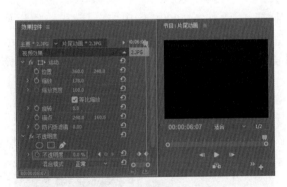

图 18-76　修改 2.jpg 的参数

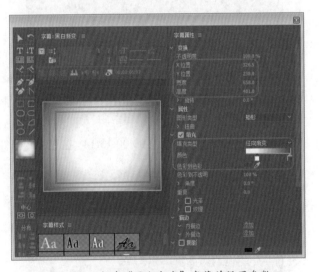

图 18-77　新建"黑白渐变"字幕并设置参数

(7) 关闭字幕编辑器，在【项目】面板中选择"视频 02.avi"素材文件，将其拖入 V1 轨道，使其与 V1 轨道中的对象首尾相连，右击该对象，在弹出的快捷菜单中选择【速度 / 持续时间】命令，在弹出的对话框中将【速度】设置为 80，将【持续时间】设置为 00:00:03:21，如图 18-78 所示。

(8) 在【效果控件】面板中将【位置】设置为 259.6、238.6，将【缩放】设置为 167，如图 18-79 所示。

(9) 确认当前时间为 00:00:06:09，在【项目】面板中选择"黑白渐变"视频效果，将其拖入 V2 轨道，使其开始处与时间线对齐，结尾处与 V1 轨道中"视频 02.avi"的结尾处对齐，在【效果控件】面板中将【缩放】设置为 102，将【不透明度】设置为 67%，将【混合模式】设置为【叠加】，如图 18-80 所示。

(10) 在【项目】面板中选择"视频03.avi"素材文件，将其拖入 V1 轨道，使其与"视频02.avi"首尾相连，选择该对象，在【效果控件】面板中将【缩放】设置为 178，如图 18-81 所示。

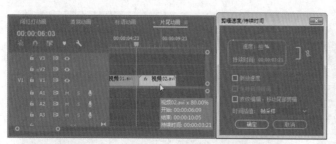

图 18-78　设置"视频02.avi"的速度和持续时间

图 18-79　设置"视频02.avi"的参数

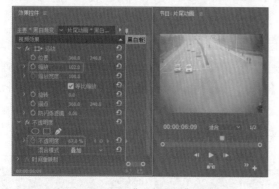

图 18-80　设置"黑白渐变"的参数

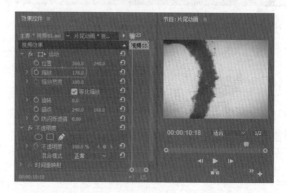

图 18-81　设置"视频03.avi"的参数

(11) 在【项目】面板中选择 3.JPG 素材文件，将其拖入 V1 轨道，使其与"视频03.avi"首尾相连，并将其持续时间设置为 00:00:00:11，选择该对象，将当前时间设置为 00:00:13:10，在【效果控件】面板中将【缩放】设置为 178，然后单击【不透明度】右侧的【添加/移除关键帧】按钮，如图 18-82 所示。

(12) 将当前时间设置为 00:00:13:14，在【效果控件】面板中将【不透明度】设置为 0%，如图 18-83 所示。

图 18-82　设置 3.JPG 的参数

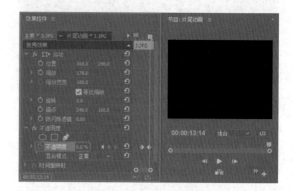

图 18-83　修改 3.JPG 的参数

(13) 根据前面所介绍的方法，将"视频04.avi"添加至 V1 轨道，然后再在其上方添加一个黑白渐变，并设置其相应的参数，效果如图 18-84 所示。

(14) 按 Ctrl+T 键，在弹出的对话框中将字幕名称设置为"珍爱生命"，单击【确定】按钮，在弹出的字幕编辑器中使用【文字工具】输入文字"珍爱生命 遵守交通"，将【字体系列】设置为【长城新艺体】，将【字体大小】设置为 73，将【行距】设置为 30，将"珍爱"和"遵守"的颜色设置为"黑色"，将"生命"和"交通"颜色的 RGB 值设置为 213、0、0，将【X 位置】、【Y 位置】分别设置为 299、258.3，如图 18-85 所示。

图 18-84　添加"视频 04.avi"和"黑白渐变"

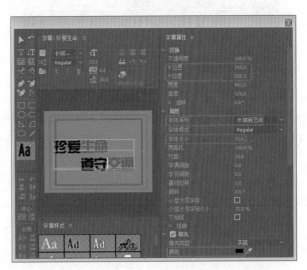

图 18-85　新建"珍爱生命"字幕并设置参数

(15) 关闭字幕编辑器，在【项目】面板中选择"纯色背景"文件，将其拖入 V1 轨道，使其与视频 04.avi"首尾相连，将其持续时间设置为 00:00:03:14。在【项目】面板中选择"珍爱生命"，将其拖入 V2 轨道，并将其开始、结尾处与 V1 轨道中"纯色背景"的开始、结尾处对齐，将当前时间设置为 00:00:19:07，在【效果控件】面板中将【缩放】设置为 407，单击其左侧的【切换动画】按钮，将【不透明度】设置为 0%，如图 18-86 所示。

(16) 将当前时间设置为 00:00:20:18，在【效果控件】面板中将【缩放】和【不透明度】都设置为100，如图 18-87 所示。

图 18-86　添加"珍爱生命"并设置参数

图 18-87　设置 00:00:20:18 时的参数

(17) 将当前时间设置为 00:00:20:21，在【效果控件】面板中将【缩放】设置为 110，如图 18-88 所示。

(18) 将当前时间设置为 00:00:21:00，在【效果控件】面板中将【缩放】设置为 100，如图 18-89 所示。

图 18-88　设置 00:00:20:21 时的参数

图 18-89　设置 00:00:21:00 时的参数

(19) 选择 V1 和 V2 轨道中的所有对象，按住 Alt 键对其进行复制，并调整其顺序，然后为 V1 轨道中的视频文件设置倒放效果，并为其设置持续时间，如图 18-90 所示。

(20) 按 Ctrl+T 键，在弹出的对话框中将字幕名称设置为"标语"，单击【确定】按钮，在弹出的字幕编辑器中输入如图 18-91 所示的文字，将【字体系列】设置为【长城新艺体】，将【字体大小】设置为 37，将【行距】设置为 17，将【字体颜色】设置为白色，如图 18-91 所示。

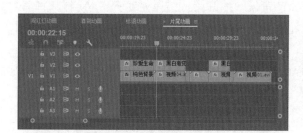

图 18-90　复制素材并进行设置

图 18-91　新建"标语"字幕并设置参数

(21) 再在该文本框中输入"杀手！"，选择输入的文字，将【字体大小】设置为 48，将字体颜色 RGB 值设置为 255、0、0，将【X 位置】和【Y 位置】分别设置为 350.1、219.9，如图 18-92 所示。

(22) 关闭字幕编辑器，在【项目】面板中选择"视频 05.mov"素材文件，将其拖入 V1 轨道，使其与"视频 01.avi"首尾相连，将当前时间设置为 00:00:35:22，将"标语"拖入 V2 轨道，使其开始处与时间线对齐，然后将其持续时间设置为 00:00:05:04，如图 18-93 所示。

(23) 确认当前时间为 00:00:35:22，在【效果控件】面板中将【缩放】设置为 0，并单击其左侧的【切换动画】按钮，将【不透明度】设置为 0%，如图 18-94 所示。

(24) 将当前时间设置为 00:00:37:22，在【效果控件】面板中将【缩放】和【不透明度】都设置为 100，如图 18-95 所示。

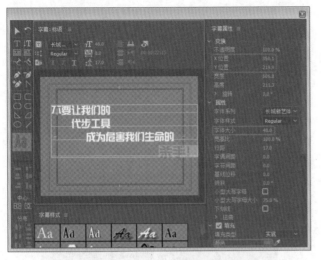

图 18-92 再次输入文字并设置参数

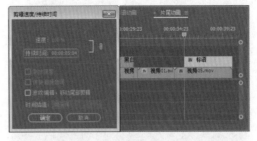

图 18-93 添加素材文件并设置参数

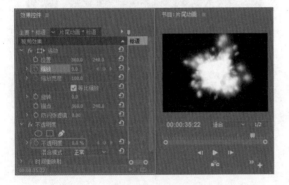

图 18-94 设置 00:00:35:22 时的参数

图 18-95 设置 00:00:37:22 时的参数

案例精讲 207 嵌套序列

本例介绍如何将前面所介绍的序列动画进行嵌套，具体操作步骤如下。

 案例文件：CDROM \ 场景 \ Cha18\ 交通警示录 .prproj
视频文件：视频教学 \ Cha18 \ 嵌套序列 .avi

(1) 按 Ctrl+N 键，在弹出的对话框中将【序列名称】设置为"交通警示录"，单击【确定】按钮，在【项目】面板中选择"闯红灯动画"序列文件，将其拖入 V1 轨道，如图 18-96 所示。

(2) 将当前时间设置为 00:00:16:00，在【项目】面板中选择"酒驾动画"序列文件，将其拖入 V2 轨道，使其开始处与时间线对齐，如图 18-97 所示。

(3) 将当前时间设置为 00:00:21:00，在【项目】面板中选择"标语动画"序列文件，将其拖入 V2 轨道，使其开始处与时间线对齐，如图 18-98 所示。

(4) 将当前时间设置为 00:00:45:20，在【项目】面板中选择"片尾动画"序列文件，将其拖入 V2 轨道，使其开始处与时间线对齐，如图 18-99 所示。

图 18-96 添加"闯红灯动画"序列文件

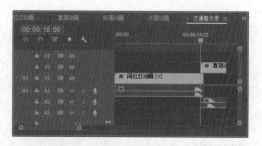

图 18-97 添加"酒驾动画"序列文件

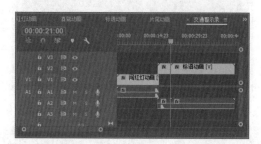

图 18-98 添加"标语动画"序列文件

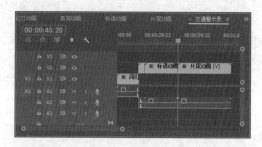

图 18-99 添加"片尾动画"序列文件

案例精讲 208 添加背景音乐

本例介绍如何为交通警示录添加背景音乐，具体操作步骤如下。

> 案例文件：CDROM \ 场景 \ Cha18\ 交通警示录 . prproj
> 视频文件：视频教学 \ Cha18 \ 添加背景音乐 . avi

(1) 将当前时间设置为 00:00:21:00，将"背景音乐 .mp3"拖入 A1 轨道，使其开始处与时间线对齐，将音频轨放大，将当前时间设置为 00:01:21:23，单击 A1 轨道右侧的【添加 / 移除关键帧】按钮，如图 18-100 所示。

(2) 将当前时间设置为 00:01:26:15，单击 A1 轨道右侧的【添加 / 移除关键帧】按钮，然后使用【钢笔工具】对关键帧进行调整，效果如图 18-101 所示。

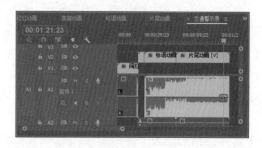

图 18-100 添加"背景音乐 .mp3"并设置关键帧

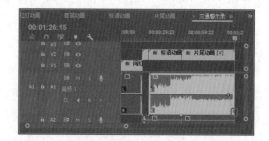

图 18-101 添加关键帧并进行调整

案例精讲 209 输出序列文件

本例介绍如何将制作完成后的交通警示录进行输出，具体操作步骤如下。

案例文件：CDROM \ 场景 \ Cha18\ 交通警示录 .prproj

视频文件：视频教学 \ Cha18 \ 输出序列文件 .avi

(1) 激活【序列】面板，在菜单栏中选择【文件】|【导出】|【媒体】命令，在弹出的【导出设置】对话框中将【格式】设置为 AVI，将【预设】设置为 PAL DV，单击【输出名称】右侧的名称，如图 18-102 所示。

图 18-102　设置输出参数

(2) 弹出【另存为】对话框，在该对话框中设置输出路径，然后单击【保存】按钮，如图 18-103 所示。返回到【导出设置】对话框中，在该对话框中单击【导出】按钮即可对影片进行渲染输出。

图 18-103　【另存为】对话框

第 19 章

房地产宣传动画

本章重点

- 导入素材文件
- 标题动画 01
- 标题动画 02
- 建筑过渡字幕
- 建筑过渡动画
- 创建三大优势字幕

- 创建三大优势动画
- 飞机动画
- 优质生活动画
- 最终动画
- 添加背景音乐并导出视频文件

图 19-1　房地产宣传动画

　　房地产宣传动画在日常生活中随处可见，其表现形式也是多种多样，本案例将详细讲解如何制作房地产宣传动画，通过本章节的学习，可以使读者对房地产宣传类动画制作有一定的了解，完成后的效果如图 19-1 所示。

案例精讲 210　导入素材文件

本例是制作动画的第一步，将所有的素材图片添加到【项目】面板中的"素材"文件夹中。

> 案例文件：CDROM \ 场景 \ Cha19\ 房地产宣传动画 .prproj
> 视频文件：视频教学 \ Cha19 \ 导入素材文件 .avi

(1) 启动 Premiere Pro CC 2017，在欢迎界面中单击【新建项目】选项，弹出【新建项目】对话框，设置合适的位置，并将名称设置为"房地产宣传动画"，然后单击【确定】按钮，如图 19-2 所示。

(2) 激活【项目】面板，单击面板底部的【新建文件夹】按钮█，并将文件夹名称修改为"素材"，如图 19-3 所示。

图 19-2　新建项目

图 19-3　新建"素材"文件夹

|||||▶提 示

　　在实际操作过程中由于序列或者素材比较多，在项目面板中可以新建文件夹，将其打包，这样便于管理。

(3) 双击【项目】面板的空白区域，在弹出的【导入】对话框中选择随书附带光盘中的"CDROM\ 素材 \cha19"中的所有素材文件，并单击【打开】按钮，如图 19-4 所示。

(4) 将导入的素材文件拖入【项目】面板中的"素材"文件夹，如图 19-5 所示。

图 19-4　选择需要导入的素材文件

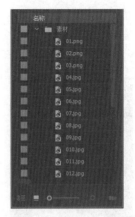

图 19-5　导入【项目】面板

案例精讲 211　标题动画 01

本案例的制作方法是将 LOGO 框架进行分解，然后使各个分解部分在不同时间段内出现，呈现出最终的 LOGO 标志。

 案例文件：CDROM \ 场景 \ Cha19\ 房地产宣传动画 .prproj
　　视频文件：视频教学 \ Cha19 \ 标题动画 01.avi

(1) 在【项目】面板中单击底部的【新建文件夹】按钮▉，并将文件夹的名称修改为"标题动画"，右击下方的空白区域，在弹出的快捷菜单中选择【新建项目】|【序列】命令，如图 19-6 所示。

(2) 弹出【新建序列】对话框，选择 DV-24P |【标准 48kHz】，将序列名称设置为"标题动画 01"，并单击【确定】按钮，如图 19-7 所示。

(3) 将当前时间设置为 00:00:02:10，在【项目】面板的【素材】文件夹中选择 03.png 素材文件，并将其拖入 V1 轨道，使其开始处与时间线对齐，如图 9-8 所示。

(4) 右击添加的素材文件，在弹出的快捷菜单中选择【速度 / 持续时间】命令，如图 19-9 所示。

(5) 弹出【剪辑速度 / 持续时间】对话框，将【持续时间】设置为 00:00:06:14，并单击【确定】按钮，如图 19-10 所示。

(6) 在【效果】面板中搜索【高斯模糊】特效，并将其添加到素材文件上，确认当前时间为 00:00:02:10，选择素材文件，切换到【效果控件】面板，单击【缩放】前面的【切换动画】按钮◉，并将【缩放】设置为 600，将【不透明度】设置为 0%，将【高斯模糊】下的【模糊度】设置为 100，并设置关键帧，如图 19-11 所示。

(7) 将当前时间设置为 00:00:03:06。将【缩放】设置为 31%，将【不透明度】设置为 100%，将【模糊度】设置为 0，如图 19-12 所示。

图 19-6　选择【序列】选项　　　　　　　　　图 19-7　创建 "标题动画 01" 序列

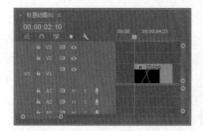

图 19-8　添加 03.png 到 V1 轨道

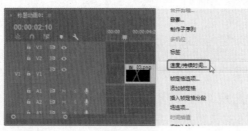

图 19-9　选择【速度/持续时间】命令

图 19-10　设置持续时间

知识链接

【高斯模糊】：该特效可以将对象模糊和柔化，并能消除锯齿，也可以指定模糊的方向为水平、垂直或者双向。

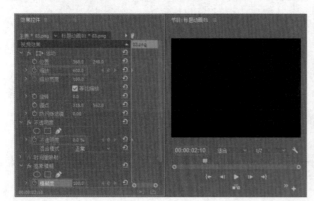

图 19-11　添加【高斯模糊】特效并设置参数

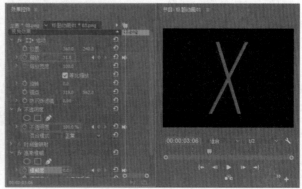

图 19-12　设置 00:00:03:06 时的参数

(8) 将当前时间设置为 00:00:01:08，将 01.png 素材文件拖入 V2 轨道，使其开始处与时间线对齐，结尾处与 V1 轨道中的素材文件的结尾处对齐，如图 19-13 所示。

(9) 切换到【效果控件】面板，将【位置】设置为 217、240，将【缩放】设置为 31，如图 19-14 所示。

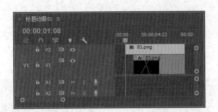

图 19-13　添加 01.png 至 V2 轨道

图 19-14　添加【裁剪】特效并设置参数

(10) 在【效果】面板中搜索【裁剪】特效，并将其添加到 01.png 素材文件上，确认当前时间为 00:00:01:08，在【效果控件】面板中，将【裁剪】特效下的【底部】设置为 100%，并单击左侧的【切换动画】按钮，如图 19-15 所示。

(11) 将当前时间设置为 00:00:02:00，将【底部】设置为 0%，如图 19-16 所示。

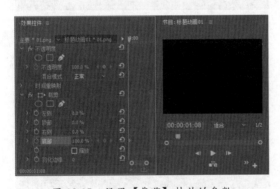

图 19-15　设置【裁剪】特效的参数

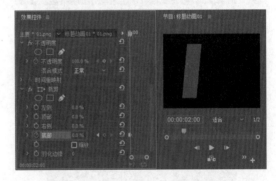

图 19-16　修改【裁剪】特效的参数

(12) 继续在【项目】面板中选择 01.png 素材文件，将其添加到 V3 轨道，使其与 V2 轨道的 01.png 素材文件对齐，如图 19-17 所示。

(13) 选择上一步添加的素材文件，切换到【效果控件】面板，将【位置】设置为 501、240，将【缩放】设置为 31，如图 19-18 所示。

(14) 在【效果】面板中选择【裁剪】特效，将其添加到素材文件上，将当前时间设置为 00:00:01:08，在【效果控件】面板中将【裁剪】特效下的【顶部】设置为 100%，并单击左侧的【切换动画】按钮，如图 19-19 所示。

(15) 将当前时间设置为 00:00:02:00，将【顶部】设置为 0%，如图 19-20 所示。

(16) 将当前时间设置为 00:00:02:00，在【项目】面板中选择 02.png 素材文件，将其拖至 V3 轨道的上方，使其开始处与时间线对齐，结尾处与 V3 轨道中的素材文件结束处对齐，如图 19-21 所示。

(17) 选择上一步添加的素材文件，切换到【效果控件】面板，将【缩放】设置为 31，如图 19-22 所示。

图 19-17　添加 01.png 至 V3 轨道

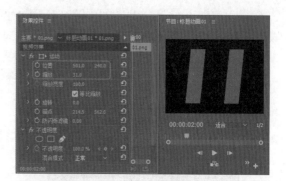

图 19-18　设置 01.png 的参数

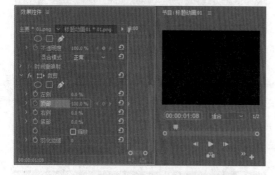

图 19-19　设置【裁剪】特效的参数

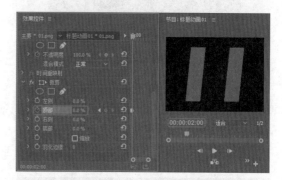

图 19-20　修改"裁剪"特效的参数

图 19-21　添加 02.png 至 V4 轨道

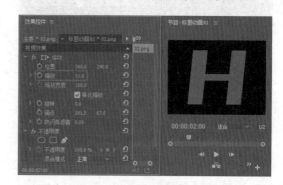

图 19-22　设置 02.png 的参数

(18) 确认当前时间为 00:00:02:00，在【效果控件】面板中将【不透明度】设置为 0%，将当前时间设置为 00:00:02:10，将【不透明度】设置为 100，如图 19-23 所示。

(19) 按 Ctrl+T 键，弹出【新建字幕】对话框，将【名称】设置为"圆 01"，并单击【确定】按钮，如图 19-24 所示。

(20) 进入字幕编辑器，使用【椭圆形工具】绘制，在【变换】选项中将【宽度】和【高度】都设置为 100，将【X 位置】、【Y 位置】分别设置为 328.1、238.8，将【填充颜色】设置为白色，如图 19-25 所示。

(21) 在字幕编辑器中单击【基于当前字幕新建字幕】按钮，弹出【新建字幕】对话框，将【名称】设置为"圆 02"，并单击【确定】按钮。选择白色椭圆，将其【填充颜色】的 RGB 值设置为 194，12，35，在【变换】选项中将【宽度】和【高度】都设置为 30，将【X 位置】、【Y 位置】分别设置为 327.5、238.5，如图 19-26 所示。

对于具有相同属性的字幕，用户可以在该字幕的基础上进行新建，这里就可以用到【基于当前字幕新建】按钮▣，这样可以大大提高工作效率。

(22) 在【项目】面板中将上一步创建的两个字幕拖入"标题动画"文件夹，将当前时间设置为 00:00:03:14，将"圆 01"字幕拖入 V5 轨道，使其开始处与时间线对齐，结尾处与 V4 轨道中的素材结束处对齐，如图 19-27 所示。

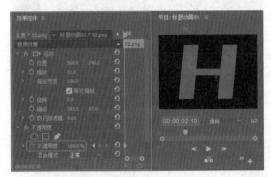

图 19-23 设置【不透明度】参数

图 19-24 新建"圆 01"字幕

图 19-25 设置"圆 01"字幕的参数   图 19-26 设置"圆 02"字幕的参数   图 19-27 添加"圆 01"至 V5 轨道

(23) 确认当前时间为 00:00:03:14，选择上一步添加的字幕，切换到【效果控件】面板，单击【缩放】左侧的【切换动画】按钮▣添加关键帧，并将【缩放】设置为 600，将【不透明度】设置为 0%，如图 19-28 所示。

(24) 将当前时间设置为 00:00:03:20，将【缩放】设置为 53，将【不透明度】设置为 100%，如图 19-29 所示。

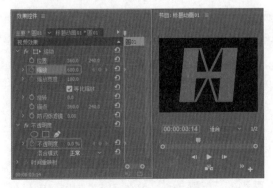

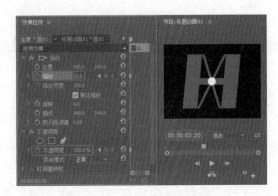

图 19-28 设置 00:00:03:14 时的参数   图 19-29 设置 00:00:03:20 时的参数

(25) 将当前时间设置为 00:00:03:20，将"圆 02"字幕拖入 V6 轨道，使开始处与时间线对齐，结尾处与 V5 轨道中的字幕结束处对齐，如图 19-30 所示。

(26) 确认当前时间为 00:00:03:20，在【效果控件】面板中将【不透明度】设置为 0%，将当前时间设置为 00:00:05:21，将【不透明度】设置为 100%，如图 19-31 所示。

图 19-30 添加"圆 02"至 V6 轨道

图 19-31 设置【不透明度】参数

(27) 在【效果】面板中搜索【镜头光晕】特效，将其添加到"圆 02"字幕上，切换到【效果控件】面板，将【镜头光晕】下的【光晕中心】设置为 360.9、238.3，确认当前时间为 00:00:05:21，单击【光晕亮度】左侧的【切换动画】按钮，并将【光晕亮度】设置为 0%，如图 19-32 所示。

(28) 将当前时间设置为 00:00:06:14，将【光晕亮度】设置为 42%。将当前时间设置为 00:00:07:10，将【光晕亮度】设置为 0%，如图 19-33 所示。

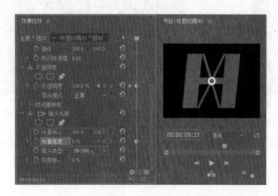

图 19-32 添加【镜头光晕】特效并设置参数

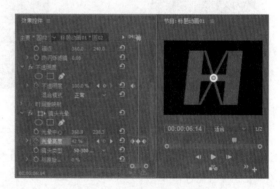

图 19-33 设置【光晕亮度】参数

案例精讲 212 标题动画 02

本案例的制作难点是如何使标题文字出现，其次是文字出现后是如何运动的，在这里我们选择【高斯模糊】特效，使文字从模糊变为清楚，并配合【镜头光晕】特效，使文字出现后不至于太单调。

对于标题字幕的创建，也与上一个 LOGO 动画的颜色相一致，使整个动画更为紧凑。

案例文件：CDROM ＼ 场景 ＼ Cha19＼ 房地产宣传动画 . prproj

视频文件：视频教学 ＼ Cha19＼ 标题动画 02 . avi

(1) 新建"标题动画 02"序列，并将其放置到【项目】面板的"标题动画"文件夹中，如图 19-34 所示。

(2) 在【项目】面板中的"素材"文件夹中选择"04.jpg"素材文件，将其拖入"标题动画 02"序列的 V1 轨道，并将其持续时间设置为 00:00:14:05，如图 19-35 所示。

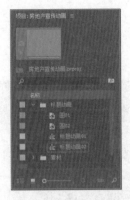

图 19-34 新建"标题动画 02"序列

图 19-35 添加 04.jpg 至 V1 轨道

(3) 选择上一步添加的素材文件，切换到【效果控件】面板，将当前时间设置为 00:00:00:00，单击【缩放】前面的【切换动画】按钮 🔘，并将【缩放】设置为 68，如图 19-36 所示。

(4) 将当前时间设置为 00:00:14:04，将【缩放】设置为 100，如图 19-37 所示。

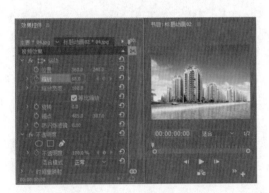

图 19-36 设置 04.jpg 的参数

图 19-37 设置 00:00:14:04 时的参数

(5) 切换到【效果】面板，搜索【渐隐为黑色】特效，并将其添加到 V1 轨道素材文件的开始处位置，如图 19-38 所示。

(6) 在【项目】面板中将"标题动画 01"序列拖入 V2 轨道，如图 19-39 所示。

知识链接

【渐隐为黑色】：该特效可以使对象 A 逐渐变为黑色，然后使对象 B 由黑色逐渐显示，在电影特效中最为常用。

图 19-38 添加【渐隐为黑色】特效

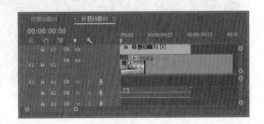

图 19-39 添加"标题动画 01"至 V2 轨道

(7) 在【效果】面板中搜索【高斯模糊】特效，并将其添加到"标题动画 01"序列上，将当前时间设置为 00:00:08:00，切换到【效果控件】面板中单击【不透明度】右侧的【添加 / 移除关键帧】按钮，添加关键帧，在【高斯模糊】选项中单击【模糊度】左侧的【切换动画】按钮，添加关键帧，如图 19-40 所示。

(8) 将当前时间设置为 00:00:08:23，将【不透明度】设置为 0%，将【模糊度】设置为 100，如图 19-41 所示。

图 19-40　添加【高斯模糊】特效并设置参数

图 19-41　设置 00:00:08:23 时的参数

(9) 切换到【效果控件】面板，选择【视频效果】|【生成】|【镜头光晕】特效，并将其添加到 V2 轨道中的"标题动画 01"序列上，将当前时间设置为 00:00:00:00，将【光晕中心】设置为 -14、229，将【光晕亮度】设置为 0%，单击【光晕中心】和【光晕亮度】左侧的【切换动画】按钮，将当前时间设置为 00:00:01:03，将【光晕亮度】设置为 166%，将当前时间设置为 00:00:07:20，单击【光晕亮度】右侧的【添加 / 移除关键帧】按钮，将当前时间设置为 00:00:09:00，将【光晕中心】设置为 1069.7、229.9，将【光晕亮度】设置为 0%，效果如图 19-42 所示。

(10) 按 Ctrl+T 键弹出【新建字幕】对话框，将【名称】设置为"标题"，然后单击【确定】按钮，如图 19-43 所示。

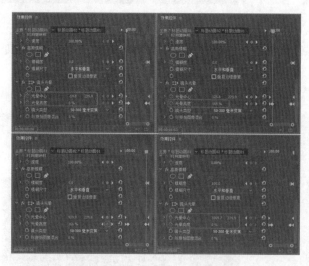

图 19-42　添加【镜头光晕】特效

图 19-43　新建标题字幕

(11) 进入字幕编辑器，使用【文字工具】输入"恒兴地产"，将【字体系列】设置为【方正综艺简体】，【字体大小】设置为 124，【字偶间距】设置为 25，在【填充】选项中将【颜色】的 RGB 值设置为 193、13、35，在【变换】选项中将【X 位置】设置为 329，将【Y 位置】设置为 174，如图 19-44 所示。

(12) 继续输入英文 Heng Xing Real Estate，将【字体系列】设置为 Arial，【字体样式】设置为 Black，【字体大小】设置为 83.8，将【宽高比】设置为 56.1，在【填充】选项中将【颜色】的 RGB 值设置为 193、13、35，在【变换】选项中将【X 位置】设置为 330，将【Y 位置】设置为 317，如图 19-45 所示。

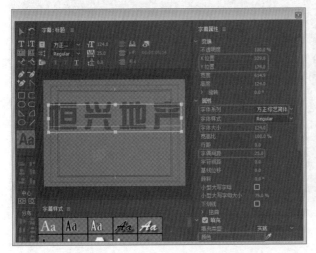

图 19-44　设置"恒兴地产"的参数

图 19-45　设置 Heng Xing Real Estate 的参数

(13) 关闭字幕编辑器，选择创建的字幕，并将其拖入 V2 轨道，使其与"标题动画 01"序列首尾相连，如图 19-46 所示。

(14) 在【效果】面板中选择【视频特效】|【模糊与锐化】|【高斯模糊】特效，并将其添加到"标题"字幕上，将当前时间设置为 00:00:09:00，在【效果控件】面板中将【高斯模糊】下的【模糊度】设置为 4787，并单击【切换动画】按钮，添加关键帧，如图 19-47 所示。

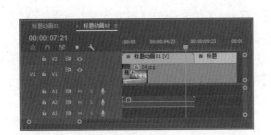

图 19-46　添加"标题"字幕至 V2 轨道

图 19-47　设置【模糊度】参数

(15) 将当前时间设置为 00:00:10:00，将【模糊度】设置为 0，如图 19-48 所示。

(16) 切换到【效果控件】面板，选择【视频效果】|【生成】|【镜头光晕】特效，将其添加到"标题"字幕上，将当前时间设置为 00:00:09:00，将【光晕中心】设置为 -14、229，将【光晕亮度】设置为 0%，单击【光晕中心】和【光晕亮度】左侧的【切换动画】按钮，将当前时间设置为 00:00:09:16，将【光晕亮度】设置为 166%，将当前时间设置为 00:00:13:12，单击【光晕亮度】右侧的【添加/移除关键帧】按钮，将当前时间设置为 00:00:14:05，将【光晕中心】设置为 1069.7、229.9，将【光晕亮度】设置为 0%，效果图 19-49 所示。

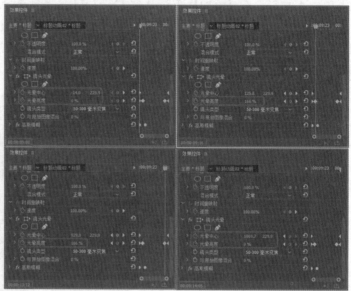

图 19-48　修改"模糊度"参数　　　　　　　　　图 19-49　添加【镜头光晕】特效

 案例精讲 213　建筑过渡字幕

本例中过渡字幕的创建采用了白色文字来装饰，文字的内容生动表达了公司和用户之间的良好关系，对于重点文字则采用了放大的效果，使文字更能生动地表达公司的宗旨。

案例文件：CDROM ＼ 场景 ＼ Cha19＼ 房地产宣传动画 .prproj
视频文件：视频教学 ＼ Cha19 ＼ 建筑过渡字幕 .avi

(1) 激活【项目】面板，单击面板底部的【新建文件夹】按钮，新建"建筑过渡"文件夹，然后使用前面讲过的方法创建"建筑过渡动画"序列，如图 19-50 所示。

(2) 在【项目】面板中选择"建筑过渡"文件夹，然后按 Ctrl+T 键，弹出【新建字幕】对话框，将【名称】设置为"过渡字幕01"，然后单击【确定】按钮，如图 19-51 所示。

(3) 进入字幕编辑器，使用【文字工具】输入"我们成长的足迹"，选择输入的文字，将【字体系列】设置为【汉仪中黑简】，将【字体大小】设置为 16，将【字偶间距】设置为 10，将【颜色】设置为白色，如图 19-52 所示。

图 19-50　新建"建筑过渡动画"序列　　　图 19-51　新建过渡字幕01　　　图 19-52　设置"我……"的参数

(4) 选择上一步输入的文字"足迹"，将【字体大小】设置为 20，在【变换】选项中，将【X 位置】设置为 179.7，【Y 位置】设置为 104.9，如图 19-53 所示。

(5) 使用【文字工具】输入"与你同行的途中，路遥而心近"，选择输入的文字，将【字体系列】设置为【汉仪中黑简】，将【字体大小】设置为 16，将【字偶间距】设置为 10，将【填充颜色】设置为白色，如图 19-54 所示。

图 19-53 设置"足迹"的参数

图 19-54 设置"与……"的参数

(6) 在上一步输入的文字中选择"路"和"心"字，将其【字体大小】设置为 20，选择该文本框，在【变换】选项中将【X 位置】设置为 311，将【Y 位置】设置为 138.5，如图 19-55 所示。

(7) 在字幕编辑器中单击【基于当前字幕新建字幕】按钮 ，弹出【新建字幕】对话框，将【名称】设置为"过渡字幕 02"，单击【确定】按钮，如图 19-56 所示。

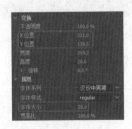

图 19-55 "路"和"心"的参数

图 19-56 新建过渡字幕 02

(8) 进入字幕编辑器，使用前面讲过的方法更改文字，完成后的效果如图 19-57 所示。

(9) 使用同样的方法制作其他的字幕，完成后的效果如图 19-58 所示。

图 19-57 设置"过渡字幕 02"后的效果

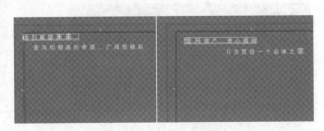

图 19-58 制作完成后的效果

案例精讲 214　建筑过渡动画

　　本案例的制作思路来自 PPT 展示，在日常生活中常会用到 PPT，其展示类似一种图片的切换，本案例就应用该技术特点，但值得注意的是该案例是背景图片和字幕之间的切换展示，在展示的过程中，字幕和图片也添加了相应的特效。

　　在背景图片的选择上，一定要符合字幕所描述的内容，在该动画中充分体现了这一点。

> 案例文件：CDROM \ 场景 \ Cha19\ 房地产宣传动画 .prproj
>
> 视频文件：视频教学 \ Cha19 \ 建筑过渡动画 .avi

　　(1) 激活【建筑过渡动画】序列，在【项目】面板中的【素材】文件夹中选择 05.jpg 素材文件，并将其拖入 V1 轨道中，如图 19-59 所示。

　　(2) 选择上一步添加的素材文件，切换到【效果控件】面板，将【缩放】设置为 30，如图 19-60 所示。

图 19-59　添加 05.jpg 至 V1 轨道

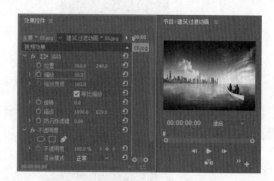

图 19-60　设置 05.jpg 的参数

　　(3) 切换到【效果】面板，选择【视频过渡】|【溶解】|【交叉溶解】特效，将其添加到 05.jpg 素材文件的开始处，如图 19-61 所示。

　　(4) 选择 06.jpg 素材文件，将其拖入 V1 轨道，使其与 05.jpg 素材首尾相连，并在【效果控件】面板中将【缩放】设置为 26，如图 19-62 所示。

图 19-61　添加特效至 05.jpg 的开始处

图 19-62　添加 06.jpg 至 V1 轨道并设置参数

　　(5) 在【效果】面板中选择【交叉溶解】特效，将其添加到 05.jpg 和 06.jpg 素材文件之间，如图 19-63 所示。

　　(6) 选择 07.jpg 素材文件，将其拖入 V1 轨道，使其与 06.jpg 首尾相连，并在【效果控件】面板中将【位置】设置为 370、240，将【缩放】设置为 42，如图 19-64 所示。

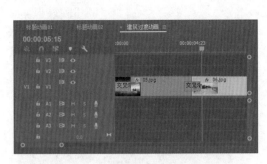

图 19-63　添加特效至 05.jpg 和 06.jpg 之间

图 19-64　添加 07.jpg 至 V1 轨道并设置参数

(7) 在【效果】面板中选择【交叉溶解】特效，将其添加到 06.jpg 和 07.jpg 素材文件之间，如图 19-65 所示。

(8) 选择 08.jpg 素材文件，将其拖入 V1 轨道，使其与 07.jpg 首尾相连，并在【效果控件】面板中将【位置】设置为 307、240，将【缩放】设置为 44，如图 19-66 所示。

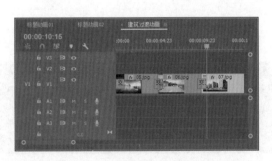

图 19-65　添加特效至 06.jpg 和 07.jpg 之间

图 19-66　添加 08.jpg 至 V1 轨道并设置参数

(9) 在【效果】面板中选择【交叉溶解】特效，将其添加到 07.jpg 和 08.jpg 素材文件之间，如图 19-67 所示。

(10) 将当前时间设置为 00:00:01:12，将"过渡字幕 01"添加到 V2 轨道，使其开始处与时间线对齐，并设置【持续时间】为 00:00:03:00，如图 19-68 所示。

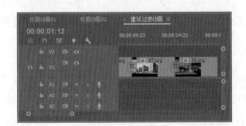

图 19-67　添加特效至 07.jpg 和 08.jpg 之间

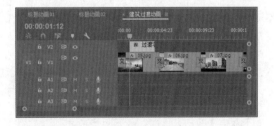

图 19-68　添加"过渡字幕 01"至 V2 轨道

(11) 切换到【效果】面板，选择【视频效果】|【模糊与锐化】|【高斯模糊】特效，并添加到 V2 轨道中的字幕上，设置关键帧，如图 19-69 所示。

(12) 将当前时间设置为 00:00:06:12，将"过渡字幕 02"添加到 V2 轨道，使其开始处与时间线对齐，并设置【持续时间】为 00:00:03:00，如图 19-70 所示。

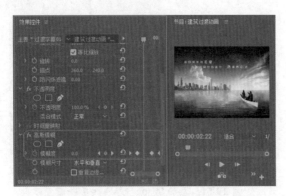

图 19-69　为"过渡字幕 01"添加特效

图 19-70　添加"过渡字幕 02"至 V2 轨道

(13) 在【效果】面板中选择【高斯模糊】特效添加到【过渡字幕 02】文件上设置关键帧，如图 19-71 所示。

(14) 使用相同的方法在 00:00:11:12 和 00:00:16:12 添加字幕，并设置【持续时间】为 00:00:03:00，并对其添加【高斯模糊】特效，如图 19-72 所示。

图 19-71　为"过渡字幕 02"添加特效

图 19-72　设置完成后的效果

案例精讲 215　创建三大优势字幕

根据动画需求，需要先制作出三大优势的主标题文字，在制作该文字时使用了与公司标题相同的字体和颜色，由于动画需要以圆的形式展现三大优势，所以绘制了四个不同颜色的圆，对于三大优势的字幕采用微软雅黑字体。

案例文件：CDROM \ 场景 \ Cha19\ 房地产宣传动画 .prproj

视频文件：视频教学 \ Cha19 \ 创建三大优势字幕 .avi

(1) 激活【项目】面板，单击面板底部的【新建文件夹】按钮，新建"三大优势"文件夹，如图 19-73 所示。

(2) 在【项目】面板中选择"三大优势"文件夹，按 Ctrl+T 键，弹出【新建字幕】对话框，将【名称】设置为"三大优势"，并单击【确定】按钮，如图 19-74 所示。

(3) 使用【文字工具】输入"恒兴地产"，将【字体系列】设置为【汉仪大黑简】，将【字体大小】设置为 59，将【字偶间距】设置为 26，并将【填充】选项下【颜色】的 RGB 值设置为 192，0，0，在【变换】选项中将【X 位置】设置为 212，将【Y 位置】设置为 100，如图 19-75 所示。

图 19-73 新建文件夹　　图 19-74 【新建字幕】对话框　　图 19-75 设置"恒兴地产"的参数

（4）复制上一步输入的文字，并修改文字内容为"三大优势"，将【字偶间距】设置为26，在【变换】选项中将【X位置】设置为306，将【Y位置】设置为177，如图19-76所示。

（5）单击【基于当前字幕新建字幕】按钮，弹出【新建字幕】对话框，将【名称】设置为"圆01"，并单击【确定】按钮，如图19-77所示。

（6）进入字幕编辑器，将多余的文字删除，并使用【椭圆工具】绘制椭圆，将【填充】选项中的【颜色】的RGB值设置为192，0，0，在【变换】选项中将【宽度】和【高度】都设置为140，将【X位置】设置为328，将【Y位置】设置为241，如图19-78所示。

图 19-76 设置"三大优势"的参数　　图 19-77 新建"圆01"字幕　　图 19-78 绘制椭圆并设置参数

||||▶提　示

使用【椭圆工具】时，按住Shift键可以绘制正圆，用户也可以在【变换】选项中设置宽和高，使其成为正圆。

（7）使用【文字工具】在文档中输入"三大优势"，将【字体系列】设置为【微软雅黑】，【字体大小】设置为32，在【填充】选项中将【颜色】设置为白色，将【X位置】设置为328，将【Y位置】设置为241，如图19-79所示。

（8）继续单击【基于当前字幕新建字幕】按钮，将【名称】设置为"圆02"，进入字幕编辑器，将文字删除，并将正圆【颜色】的RGB值设置为45，127，0，效果如图19-80所示。

图 19-79 设置"三大优势"的参数

(9) 继续单击【基于当前字幕新建字幕】按钮，将【名称】设置为"圆 03"，进入字幕编辑器，并将正圆【颜色】的 RGB 值设置为 0，145，158，效果如图 19-81 所示。

(10) 继续单击【基于当前字幕新建字幕】按钮，将【名称】设置为"圆 04"，进入字幕编辑器，并将正圆【颜色】的 RGB 值设置为 255，144，0，效果如图 19-82 所示。

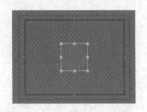

图 19-80　设置"圆 02"的颜色

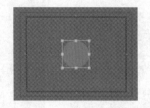
图 19-81　设置"圆 03"的颜色

图 19-82　设置"圆 04"的颜色

(11) 继续单击【基于当前字幕新建字幕】按钮，将【名称】设置为"文字 01"，进入字幕编辑器，将正圆删除，使用【文字工具】输入"便捷交通"，将【字体系列】设置为【微软雅黑】，将【字体样式】设置为 Bold，将【字体大小】设置为 30，在【填充】选项中将【颜色】设置为白色，在【变换】选项中将【X 位置】设置为 456.5，将【Y 位置】设置为 110，如图 19-83 所示。

(12) 继续单击【基于当前字幕新建字幕】按钮，将【名称】设置为"文字 02"，进入字幕编辑器，将文字修改为"邻近学府"，在【变换】选项中将【X 位置】设置为 184.8，将【Y 位置】设置为 119，如图 19-84 所示。

(13) 继续单击【基于当前字幕新建字幕】按钮，将【名称】设置为"文字 03"，进入字幕编辑器，将文字内容修改为"优质生活"，在【变换】选项中将【X 位置】设置为 321.7，将【Y 位置】设置为 75，如图 19-85 所示。

图 19-83　设置"文字 01"的参数

图 19-84　设置"文字 02"的参数

图 19-85　设置"文字 03"的参数

案例精讲 216　创建三大优势动画

三大优势字幕创建完成后，需要根据字幕考虑如何将其生动形象地表现出来，首先是主标题的表现，在这里应用了【球面化】特效，将主标题文字引出。

三大优势动画是以饼形图的形式出现的，通过设置旋转使副标题文字进行旋转，利用旋转牵引出三大特效字幕。

案例文件：CDROM \ 场景 \ Cha19\ 房地产宣传动画 . prproj
视频文件：视频教学 \ Cha19 \ 创建三大优势动画 . avi

(1) 新建名为"三大优势动画"的序列，并将其添加到"三大优势"文件夹中，如图 19-86 所示。

(2) 在【项目】面板中的"素材"文件夹中将 09.jpg 素材文件拖入"三大优势动画"序列的 V1 轨道中，并将其持续时间设置为 00:00:12:00，如图 19-87 所示。

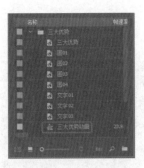

图 19-86　新建 "三大优势动画" 序列

图 19-87　添加 09.jpg 至 V1 轨道

(3) 选择上一步添加的素材文件，切换到【效果控件】面板，将【缩放】设置为 20，如图 19-88 所示。

(4) 将 "三大优势" 字幕添加到 V2 轨道，并将其持续时间设置为 00:00:03:00，如图 19-89 所示。

图 19-88　设置 09.jpg 的参数

图 19-89　添加 "三大优势" 字幕至 V2 轨道

(5) 切换到【效果】面板，选择【视频效果】|【扭曲】|【球面化】特效，将其添加到 "三大优势" 字幕上，并设置其参数，如图 19-90 所示。

知识链接

【球面化】：利用该特效可以将对象转变为类似球装的形状，可以赋予物体和文字三维效果。常利用该特效制作放大镜效果。

(6) 将当前时间设置为 00:00:05:10，将 "圆 04" 字幕拖入 V2 轨道，使其开始处与时间线对齐，结尾处与 V1 轨道中素材文件的结尾处对齐，如图 19-91 所示。

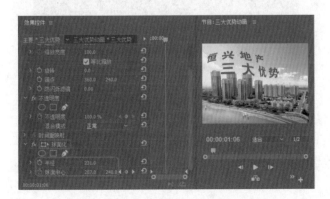

图 19-90　添加【球面化】特效并设置参数

图 19-91　添加 "圆 04" 至 V2 轨道

(7) 确认当前时间为 00:00:05:10，切换到【效果控件】面板，单击【位置】左侧的【切换动画】按

钮 ，如图 19-92 所示。

　　(8) 将当前时间设置为 00:00:06:10，将【位置】设置为 504.3、109.7，如图 19-93 所示。

图 19-92　设置 00:00:05:10 时的参数　　　　　　图 19-93　设置 00:00:06:10 时的参数

　　(9) 确认当前时间为 00:00:06:10，将"文字 01"字幕添加到 V3 轨道，使其开始处与时间线对齐，结尾处与 V1 轨道中的素材文件结尾处对齐，如图 19-94 所示。

　　(10) 确认当前时间为 00:00:06:10，在【效果控件】面板中将【不透明度】设置为 0%，如图 19-95 所示。

图 19-94　添加"文字 01"至 V3 轨道　　　　　　图 19-95　设置【不透明度】参数

　　(11) 将当前时间设置为 00:00:07:00，将【不透明度】设置为 100%，如图 19-96 所示。

　　(12) 将当前时间设置为 00:00:07:00，将"圆 02"字幕添加到 V4 轨道，使其开始处与时间线对齐，结尾处与 V1 轨道中的素材文件结尾处对齐，如图 19-97 所示。

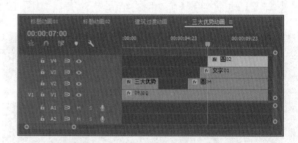

图 19-96　设置 00:00:07:00 时的参数　　　　　　图 19-97　添加"圆 02"至 V4 轨道

　　(13) 确认当前时间为 00:00:07:00，在【效果控件】面板中单击【位置】左侧的【切换动画】按钮 ，如图 19-98 所示。

　　(14) 将当前时间设置为 00:00:08:00，将【位置】设置为 203.2、118.9，如图 19-99 所示。

图 19-98　添加 00:00:07:00 时的关键帧

图 19-99　设置 00:00:08:00 时的【位置】参数

(15) 确认当前时间为 00:00:08:00，将〝文字 02〞字幕添加到 V5 轨道，使其开始处与时间线对齐，结尾处与 V1 轨道中素材文件结尾处对齐，如图 19-100 所示。

(16) 将当前时间设置为 00:00:08:00，选择上一步添加的字幕，在【效果控件】面板中将【不透明度】设置为 0%，如图 19-101 所示。

图 19-100　添加〝文字 02〞至 V5 轨道

图 19-101　设置 00:00:08:00 时的【不透明度】参数

(17) 将当前时间设置为 00:00:08:14，将【不透明度】设置为 100%，如图 19-102 所示。

(18) 确认当前时间为 00:00:08:14，将〝圆 03〞字幕添加到 V6 轨道，使其开始处与时间线对齐，结尾处与 V1 轨道中素材文件的结尾处对齐，如图 19-103 所示。

图 19-102　设置 00:00:08:14 时的参数

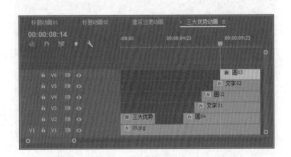

图 19-103　添加〝圆 03〞至 V6 轨道

(19) 确认当前时间为 00:00:08:14，切换到【效果控件】面板，单击【位置】左侧的【切换动画】按钮，如图 19-104 所示。

(20) 将当前时间设置为 00:00:09:14，将【位置】设置为 353.7、75.4，如图 19-105 所示。

图 19-104　添加 00:00:08:14 时的关键帧

图 19-105　设置 00:00:09:14 时的【位置】参数

(21) 确认当前时间为 00:00:09:14，将文字 03 字幕添加到 V7 轨道，使其开始处与时间线对齐，结尾处与 V1 轨道中素材文件的结尾处对齐，如图 19-106 所示。

(22) 确认当前时间为 00:00:09:14，切换到【效果控件】面板，将【不透明度】设置为 0%，如图 19-107 所示。

图 19-106　添加 "文字 03" 至 V7 轨道

图 19-107　设置 00:00:09:14 时的【不透明度】参数

(23) 将当前时间设置为 00:00:10:04，设置【不透明度】为 100%，如图 19-108 所示。

(24) 确认当前时间为 00:00:03:00，将 "圆 01" 字幕添加到 V8 轨道，使其开始处与时间线对齐，结尾处与 V1 轨道中素材文件的结尾处对齐，如图 19-109 所示。

图 19-108　设置 00:00:10:04 时的参数

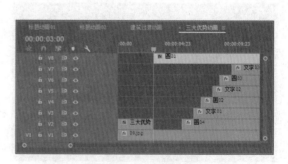

图 19-109　添加 "圆 01" 至 V8 轨道

(25) 将当前时间设置为 00:00:03:00，选择添加的字幕，切换到【效果控件】面板，将【不透明度】设置为 0%，如图 19-110 所示。

(26) 将当前时间设置为 00:00:04:00，将【不透明度】设置为 100%，如图 19-111 所示。

图 19-110　设置 00:00:03:00 时的参数

图 19-111　设置 00:00:04:00 时的参数

(27) 确认当前时间为 00:00:04:00，在【效果控件】面板中单击【旋转】左侧的【切换动画】按钮添加关键帧，如图 19-112 所示。

(28) 将当前时间设置为 00:00:11:23，设置【旋转】为 3×0.0°，如图 19-113 所示。

图 19-112　添加 00:00:04:00 时的关键帧

图 19-113　设置 00:00:11:23 时的参数

案例精讲 217　飞机动画

本案例动画的设置主要是利用【位置】关键帧使其具有运动效果，然后利用【色彩平衡 (HLS)】特效对旗帜的颜色进行更改，最终完成整个动画的设置。

📖 案例文件：CDROM ＼ 场景 ＼ Cha19＼ 房地产宣传动画 .prproj

　　视频文件：视频教学 ＼ Cha19＼ 飞机动画 .avi

(1) 在【项目】面板中单击【新建文件夹】按钮🗀，新建"飞机动画"文件夹，并在该文件夹下创建"飞机动画"序列，如图 19-114 所示。

(2) 激活"飞机动画"序列，在【项目】面板的"素材"文件夹下，将"飞机 .png"拖入 V1 轨道，并将其持续时间设置为 00:00:20:00，如图 19-115 所示。

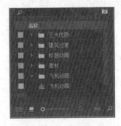

图 19-114　新建"飞机动画"序列

图 19-115　添加"飞机 .png"至 V1 轨道

(3) 选择上一步添加的素材文件，切换到【效果控件】面板，将【缩放】设置为 41，将当前时间设置为 00:00:00:00，然后单击【位置】左侧的【切换动画】按钮 ⏱，添加关键帧，并将【位置】设置为 133、153.1，如图 19-116 所示。

(4) 将当前时间设置为 00:00:20:00，将【位置】设置为 586、153.1，如图 19-117 所示。

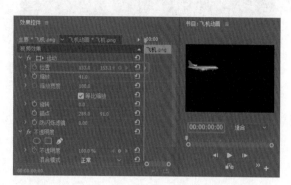

图 19-116　设置"飞机 .png"的参数

图 19-117　设置 00:00:20:00 时的参数

(5) 在【项目】面板中选择"飞机动画"文件夹，然后按 Ctrl+T 键，弹出【新建字幕】对话框，将【名称】设置为"飞机动画字幕"，单击【确定】按钮，如图 19-118 所示。

(6) 进入字幕编辑器，使用【矩形工具】绘制矩形，并将【填充】选项下的【颜色】RGB 值设为 169、1、180，在【变换】选项中将【宽度】设置为 66，将【高度】设置为 44，将【X 位置】设置为 61.1，将【Y 位置】设置为 91.8，如图 19-119 所示。

(7) 继续使用【矩形工具】绘制矩形，并将【填充】选项下的【颜色】RGB 设置为 169、1、180，在【变换】选项中将【宽度】设置为 5.7，将【高度】设置为 81.8，将【X 位置】设置为 90，将【Y 位置】设置为 115.5，如图 19-120 所示。

图 19-118　新建飞机动画字幕

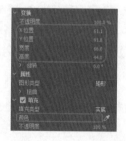

图 19-119　绘制矩形并设置参数

图 19-120　继续绘制矩形并设置参数

(8) 使用【文字工具】输入"恒兴"，将【字体系列】设置为【微软雅黑】，将【字体大小】设置为 25，在【填充】选项中将【颜色】设置为白色，在【变换】选项中将【X 位置】设置为 58.4，将【Y 位置】设置为 93.4，如图 19-121 所示。

(9) 关闭字幕编辑器，选择上一步创建好的"飞机动画字幕"，并将其添加到 V2 轨道，使其与"飞机 .png"素材文件对齐，如图 19-122 所示。

(10) 选择添加的字幕，切换到【效果控件】面板，确定当前时间为 00:00:00:00，单击【位置】左侧的【切换动画】按钮 ⏱，如图 19-123 所示。

(11) 将当前时间设置为 00:00:20:00，将【位置】设置为 806、240，如图 19-124 所示。

(12) 切换到【效果】面板，选择【视频特效】|【色彩校正】|【颜色平衡 (HLS)】特效，并将其添加到"飞机动画字幕"上，将当前时间设置为 00:00:00:00，在【效果控件】面板中单击【颜色平衡 (HLS)】

选项下【色相】左侧的【切换动画】按钮◎，如图 19-125 所示。

(13) 将当前时间设置为 00:00:19:23，将【色相】设置为 11×307°，如图 19-126 所示。

图 19-121 设置"恒兴"的参数

图 19-122 添加"飞机动画字幕"至 V2 轨道

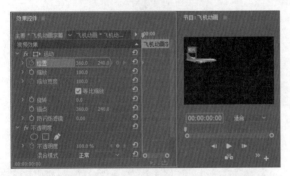

图 19-123 添加 00:00:00:00 时的关键帧

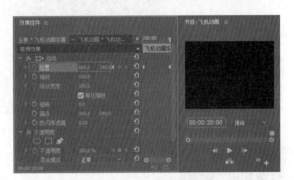

图 19-124 设置 00:00:20:00 时的参数

知识链接

【颜色平衡(HLS)】：利用该特效可以调整对象的色调、饱和度和明亮度。

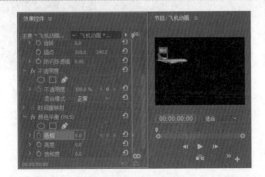

图 19-125 添加【颜色平衡(HLS)】特效并设置参数

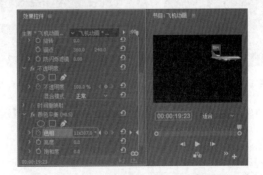

图 19-126 设置【色相】参数

案例精讲 218 优质生活动画

本案例主要利用【位置】关键帧使动画具有运动效果，然后利用【色彩平衡(HLS)】特效对旗帜的颜色进行更改，最终完成整个动画的设置。

案例文件：CDROM \ 场景 \ Cha19\ 房地产宣传动画 .prproj

视频文件：视频教学 \ Cha19 \ 优质生活动画 .avi

（1）根据前面介绍的方法，新建"优质生活"字幕，完成后的效果如图 19-127 所示。

（2）激活【项目】面板，新建"优质生活动画"序列，并将其拖入"优质生活"文件夹，如图 19-128 所示。

（3）在【项目】面板中的"素材"文件夹中选择 010.jpg 素材文件，并将其拖入 V1 轨道，如图 19-129 所示。

（4）将当前时间设置为 00:00:00:00，选择添加的素材文件，切换到【效果控件】面板，单击【缩放】左侧的【切换动画】按钮，并将【缩放】设置为 600，将【不透明度】设置为 22%，如图 19-130 所示。

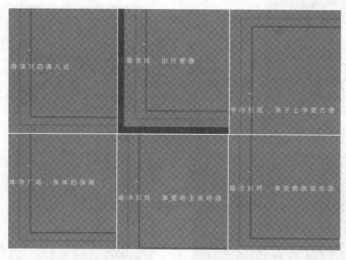

图 19-127 【优质生活】字幕

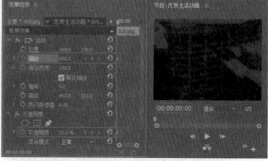

图 19-128 新建序列　　图 19-129 添加 010.jpg 至 V1 轨道　　图 19-130 设置 010.jpg 的参数

（5）将当前时间设置为 00:00:04:12，设置【缩放】为 93，将【不透明度】设置为 100%，如图 19-131 所示。

▶▶▶提示

利用图片制作动画时，常常用到图片的【缩放】设置关键帧，当图片由大到小时会给人一种放大的感觉。

（6）选择 011.jpg 素材文件并将其拖至 V1 轨道中的 010.jpg 文件的结尾处，如图 19-132 所示。

图 19-131　设置 00:00:04:12 时的参数

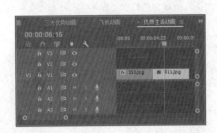

图 19-132　添加 011.jpg 至 V1 轨道

(7) 将当前时间设置为 00:00:05:13，选择上一步添加的素材文件，切换到【效果控件】面板，单击【缩放】左侧的【切换动画】按钮，并设置【缩放】为 71，如图 19-133 所示。

(8) 将当前时间设置为 00:00:09:23，设置【缩放】为 83，如图 19-134 所示。

图 19-133　设置 00:00:05:13 时的参数

图 19-134　设置 00:00:09:23 时的参数

(9) 将 012.jpg 素材文件拖至 V1 轨道中的 011.jpg 素材文件后，如图 19-135 所示。

(10) 将当前时间设置为 00:00:10:13，选择上一步添加的素材文件，切换到【效果控件】面板，单击【缩放】左侧的【切换动画】按钮，并设置【缩放】为 67，如图 19-136 所示。

图 19-135　添加 012.jpg 至 V1 轨道

图 19-136　设置 00:00:10:13 时的参数

(11) 将当前时间设置为 00:00:14:12，设置【缩放】为 75，如图 19-137 所示。

(12) 将 013.jpg 素材文件拖至 V1 轨道中的 012.jpg 后，如图 19-138 所示。

(13) 将当前时间设置为 00:00:15:13，选择上一步添加的素材文件，切换到【效果控件】面板，单击【缩放】左侧的【切换动画】按钮，并设置【缩放】为 27，如图 19-139 所示。

(14) 将当前时间设置为 00:00:19:12，设置【缩放】为 35，如图 19-140 所示。

图 19-137　设置 00:00:14:12 时的参数

图 19-138　添加 013.jpg 至 V1 轨道

图 19-139　设置 00:00:15:13 时的参数

图 19-140　设置 00:00:19:12 时的参数

(15) 将 014.jpg 素材文件拖至 V1 轨道中的 013.jpg 文件后，如图 19-141 所示。

(16) 将当前时间设置为 00:00:20:13，选择上一步添加的素材文件，切换到【效果控件】面板，单击【缩放】左侧的【切换动画】按钮，添加关键帧，并设置【缩放】为 85，如图 19-142 所示。

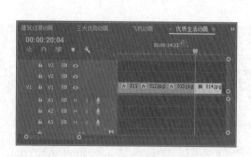

图 19-141　添加 014.jpg 至 V1 轨道

图 19-142　设置 00:00:20:13 时的参数

(17) 将当前时间设置为 00:00:24:12，设置【缩放】为 100，如图 19-143 所示。

(18) 将 015.jpg 素材文件拖至 V1 轨道中的 014.jpg 文件后，如图 19-144 所示。

(19) 将当前时间设置为 00:00:25:13，选择上一步添加的素材文件，切换到【效果控件】面板，单击【缩放】左侧的【切换动画】按钮，添加关键帧，并设置【缩放】为 26，如图 19-145 所示。

(20) 将当前时间设置为 00:00:29:23，设置【缩放】为 36，如图 19-146 所示。

图 19-143　设置 00:00:24:12 时的参数

图 19-144　添加 015.jpg 至 V1 轨道

图 19-145　设置 00:00:25:13 时的参数

图 19-146　设置 00:00:29:23 时的参数

(21) 切换到【效果】面板,搜索【交叉溶解】特效,如图 19-147 所示。

(22) 将选择的特效分别添加到两个素材之间,如图 19-148 所示。

图 19-147　选择【交叉溶解】特效

图 19-148　添加【交叉溶解】特效

(23) 将当前时间设置为 00:00:01:00,将"字幕 01"拖入 V2 轨道,使其开始处与时间线对齐,并设置其持续时间为 00:00:04:00,如图 19-149 所示。

(24) 将当前时间设置为 00:00:05:13,将"字幕 02"拖入 V2 轨道,使其开始处与时间线对齐,并设置其持续时间为 00:00:04:11,如图 19-150 所示。

图 19-149　添加"字幕 01"至 V2 轨道

图 19-150　添加"字幕 02"至 V2 轨道

(25) 使用同样的方法，分别在 00:00:10:13、00:00:15:13、00:00:20:13、00:00:25:13 位置添加"字幕03"~"字幕06"，并设置它们的持续时间为 00:00:04:11，如图 19-151 所示。

图 19-151　添加其他字幕

(26) 在【项目】面板中选择"飞机动画"序列，并将其添加到 V3 轨道，使其开始处于 00:00:00:00 位置，如图 19-152 所示。

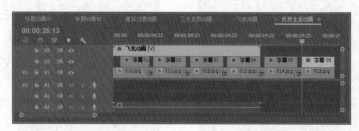

图 19-152　添加"飞机动画"序列

案例精讲 219　最终动画

各个部分的序列制作完成后，需要创建一个序列将各个部分的序列进行组合，本案例讲解如何将不同的序列进行组合。

 案例文件：CDROM ＼ 场景 ＼ Cha19＼ 房地产宣传动画 .prproj
　　　　　视频文件：视频教学 ＼ Cha19 ＼ 最终动画 .avi

图 19-153　新建"最终动画"序列

(1) 激活【项目】面板，新建 DV-24P|【标准 48kHz】序列，将名称设置为"最终动画"，如图 19-153 所示。

(2) 在【项目】面板中，将"标题动画 02"拖入"最终动画"序列的 V1 轨道，使其开始处于 00:00:00:00 位置，如图 19-154 所示。

图 19-154　添加"标题动画"序列

(3) 使用同样的方法，依次将"建筑过渡动画""三大优势动画"和"优质生活动画"序列拖入 V1 轨道，如图 19-155 所示。

图 19-155　添加其他序列

案例精讲 220　添加背景音乐并导出视频文件

动画制作完成后，需要对动画添加音频文件，本案例讲解如何对案例添加背景音效。视频动画制作完成后，需要对动画进行输出，用户可以根据需要保存成自己需要的格式。

> 案例文件：CDROM ＼ 场景 ＼ Cha19＼ 房地产宣传动画 .prproj
>
> 视频文件：视频教学 ＼ Cha19 ＼ 添加背景音乐并导出视频文件 .avi

(1) 激活【项目】面板，将【素材】文件夹中的"音频 01.mp3"音频文件添加到 A2 轨道中，如图 19-156 所示。

(2) 将当前时间设置为 00:00:14:05，使用【剃刀工具】沿着时间线进行切割，并将时间线后面的音频删除，如图 19-157 所示。

图 19-156　添加"音频 01.mp3"至 A2 轨道

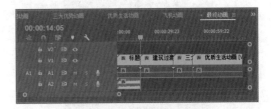

图 19-157　删除多余的音频

(3) 将当前时间设置为 00:00:11:10，选择添加的音频素材，切换到【效果控件】面板，单击【级别】后面的【添加 / 移除关键帧】按钮，如图 19-158 所示。

(4) 将当前时间设置为 00:00:14:04，设置【级别】为 -42dB，完成后的效果如图 19-159 所示。

(5) 在"素材"文件夹中选择"音频 02.mp3"素材文件，并将其拖至 A2 轨道"音频 01.mp3"的后面，并设置其持续时间为 00:01:02:00，如图 19-160 所示。

图 19-158　添加 00:00:11:10 时的关键帧

图 19-159　设置【级别】参数

图 19-160　添加"音频 02.mp3"至 A2 轨道

(6) 激活"最终动画"序列，按 Ctrl+M 键，弹出【导出设置】对话框，在【导出设置】选项中单击【格式】后面的下三角按钮，在弹出的下拉列表中选择一种输出格式，在这里选择 AVI，如图 19-161 所示。

(7) 单击【输出名称】后面的文件名称，弹出【另存为】对话框，将【文件名】设置为"房地产宣传动画"，并单击【保存】按钮，如图 19-162 所示。

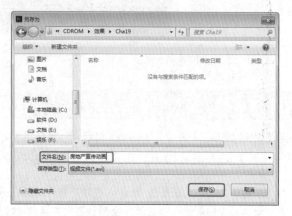

图 19-161　选择视频格式

图 19-162　设置保存路径

(8) 返回【导出设置】对话框，勾选【导出视频】和【导出音频】复选框，然后单击【导出】按钮，如图 19-163 所示。

(9) 系统会显示导出的进度条，显示导出的剩余时间及进度，如图 19-164 所示。

图 19-163　导出视频

图 19-164　显示导出进度